区块链：助力产业蝶变

王寅峰　吴　非　主　编

章　贡　陈文涛　副主编

電子工業出版社

Publishing House of Electronics Industry

北京•BEIJING

内 容 简 介

在数字经济时代，不仅是数字产业化，而且更多的是产业数字化。本书针对区块链技术及其他相关产业的发展需求，系统地分析了区块链技术与数字金融、物联网、智能制造、供应链管理、数字资产交易等产业创新融合的案例。除讲解易混淆的知识外，本书还重点分析了区块链应用工程开发与实践中的操作及方法。本书可满足不同层次读者的需求，既可作为高等院校区块链技术专业的学习用书，也可作为软件工程、大数据、移动应用开发等专业的教学参考书，以及对区块链技术感兴趣人员的自学参考用书。

图书在版编目（CIP）数据

区块链：助力产业蝶变 / 王寅峰，吴非主编. —北京：电子工业出版社，2023.6

ISBN 978-7-121-45765-4

Ⅰ. ①区… Ⅱ. ①王… ②吴… Ⅲ. ①区块链技术－高等学校－教材 Ⅳ. ①TP311.135.9

中国国家版本馆 CIP 数据核字（2023）第 103636 号

责任编辑：康　静　　　　特约编辑：田学清
印　　刷：北京瑞禾彩色印刷有限公司
装　　订：北京瑞禾彩色印刷有限公司
出版发行：电子工业出版社
　　　　　北京市海淀区万寿路 173 信箱　　　邮编：100036
开　　本：787×1092　1/16　印张：11.25　字数：295 千字
版　　次：2023 年 6 月第 1 版
印　　次：2023 年 6 月第 1 次印刷
定　　价：49.00 元

凡所购买电子工业出版社图书有缺损问题，请向购买书店调换。若书店售缺，请与本社发行部联系，联系及邮购电话：（010）88254888，88258888。

质量投诉请发邮件至 zlts@phei.com.cn，盗版侵权举报请发邮件至 dbqq@phei.com.cn。

本书咨询联系方式：（010）88254609，hzh@phei.com.cn。

前言

区块链技术和经济社会的融合发展，正在打破信息障碍，成为可信赖的全社会和全人类信息领域的基础设施。区块链技术作为核心技术自主创新的重要突破口，其发展已经上升到国家战略规划。掌握区块链技术，已经成为新一代数字工程师必备的基本技能。

本书全面贯彻党的教育方针，落实立德树人的根本任务，满足国家信息化发展战略对人才培养的要求。本书通过真实的企业案例，既详细介绍了构成区块链的加密体系、分布式存储、P2P 网络、共识机制等组成技术，又分析了数字存证、分布式身份认证、隐私计算、多方计算等新技术，引导读者面向生产一线、面向前沿、面向创新制高点，不断深入探究科学技术的深度和广度，多多产出原创性成果。

本书编写团队一直工作在区块链产业一线，同时密切参与国际标准化组织的相关工作，在编写中注重理论与实践相结合，以概念和操作相统一为原则，在遵守相关知识产权的要求下，探讨了产品溯源、医疗、保险、数字资产等行业的案例，详细介绍了区块链技术在产业融合、功能拓展、产业细分等方面的特色，力求通过实践案例原汁原味地将复杂的技术用浅显的语言呈现出来，帮助读者了解区块链核心技术，熟悉进行区块链工程应用的技能，掌握利用区块链开发行业应用的方法。

本书在具体案例分析中提供了详细的实现步骤，具有较强的实用性和可操作性，具有如下特点。

1. 针对性强。本书编写着眼于区块链工程技术人员的能力培养，选取了合适的案例和对应的知识讲解，与真实任务相结合，具有较强的可操作性、代表性和职业性。

2. 贴合实际。本书案例取自生产一线，技术符合相关国际标准化组织的相关规范，并给出了具体实现细节，贴近企业实务，对接岗位要求，具有较高的实践价值。

3. 可操作性强。本书采用案例分析式的编写风格，针对每个案例，通过详细的分析给出解决方案和操作步骤，方便学习者学练结合、知其然并知其所以然，从而循序渐进地实现技能的巩固、提升。

此外，编写团队还围绕“区块链外传——关于央行数字货币的思考”这一议题进行了一系列的探讨，希望抛砖引玉，和读者共同思考。

本书由深圳信息职业技术学院王寅峰老师和知名行业专家吴非担任主编，负责第一章、第二章、第三章和第六章的编写工作；具有多年产业应用开发经验的章贡、陈文涛工程师担任副主编，分别负责第四章、第五章的编写工作。

本书在编写过程中得到了电子工业出版社的大力支持和帮助，在此表示感谢！

由于编写团队的认知水平和实践经验有限，书中难免有不妥之处，恳请读者批评指正。请将建议和意见发至电子邮箱 1597534579@qq.com。

目录

1 绪论

1.1 回顾区块链的发展

由2008年美国次贷危机所引发的金融危机，暴露了以美元为中心的国际货币制度的严重失衡问题。有人试图摒弃现有货币体系和规则，完全模拟黄金，运用计算机系统技术等，形成一套新的货币运行机制。作为区块链技术最为人熟知的呈现，比特币于2009年1月3日诞生，不知不觉中已走过十余年，在此期间，区块链技术从无人问津到炙手可热，从只受小众极客圈青睐转而得到普罗大众的追捧。比特币的成功推动了区块链技术的蓬勃发展，而随着互联网的发展，区块链技术也因其去中心化、去第三方信任、数据不可篡改、可溯源、可追踪等特征有了更广阔的用武之地，基于区块链的应用在当今产业互联网中更是方兴未艾的热点。

在区块链发展的早期，区块链先驱者就像普罗米修斯式的盗火者一样，不断地尝试着将无币化的区块链技术应用到产业中去。虽然大多数从业者受业务环境和管理模式的限制持观望的态度，区块链技术在实际应用中一直存在落地难、曲高和寡、推广不易等问题，但这些有益的尝试带来了宝贵的经验及深刻的教训。2017年后，区块链又成为热点，现在区块链与产业结合的成功案例如雨后春笋般不断涌现：防伪溯源、供应链金融、司法存证、政务数据共享、民生服务等领域涌现出一批有代表性的区块链应用。

区块链的发展百花齐放而又争奇斗艳，在令人振奋的同时，我们也要注意其在发展过程中表现出的不足，其在某些关键技术领域仍亟待突破。更重要的是，区块链与应用的融合尚不成熟，产业生态还不完善，在很多场景中还缺少理论上的自洽性，尚不能形成逻辑闭环。如何让“阳春白雪”式的区块链技术成为接地气的产品，还需要找出阻碍区块链与产业结合发展的“堵点”（误区），如下所述。

误区1：区块链的应用需要技术驱动。无论是在工业时代、信息化时代，还是在数字化时代，技术革命都是由社会发展需求驱动的，这些需求代表着广大用户的利益。企业需要从用户的角度出发，基于适合的技术，为用户提供个性化的产品服务。当用户体验到更多个性化服务后，会对企业抱有更高的期望。如果一家企业的技术无法快速满足用户的需求，那么用户便会选择另一家能够满足其需求的企业。例如，人们曾常常使用ATM避免去银行柜台排队。但如今，越来越多的人习惯于随时随地地使用手机进行电子支付，全国ATM的数量从2018年的百余万台开始以每年减少约 8 万台的规模快速下降。因此，产业应用区块链技术是由用户驱动的，而非由技术驱动的。区块链更类似于一种分布式数据库，现实中业务系统的信息化的最终客户需要的是软件开发者或集成商提供的应用解决方案和可直接使用的软件系统，而不是需要重新学习的底层技术（如图数据库、微服务中间件等）。因此，解决区块链离落地还差“最后一公里”的难题需要从切实解决用户需求的角度出发。

误区 2：应用区块链就是商业模式重构。这种思考的片面性在于没有考虑到除可以从模式上颠覆外，还可以通过提升效率和用户体验来实现转型。人工智能中的人脸识别或语音识别技术，应用到各类行业中的差异性不大，可通过看得见、摸得着、听得见的方式进行检验和展示；大数据技术通过可视化亦是如此，可以汇总出各类报表，并给出分析或论断，以直观、形象的图表展示出来。而区块链作为底层技术很难直接呈现，这导致区块链平台在项目中更像一个呈现给用户的“工具”，具体使用时还需要结合业务逻辑和上层应用才能获得用户最终的认可。在商业模式已经成熟且没有可挖掘的空间时，应用区块链技术要从是否能提高效率或提升用户体验来进行评价。

误区 3：区块链技术是“锦上添花”，而非必需品。现实中的软件系统和应用平台在区块链出现之前就已经存在且能够满足基本的业务需求，而应用新的架构和技术可能为已成熟的业务系统带来风险。对于很多已经上线的软件/业务系统来说，区块链技术可以简化为具有共享能力、不可篡改的分布式账簿的底层技术。系统采纳区块链技术并非一蹴而就的过程，不仅要对技术进行革新，更多的是观念和习惯的改变，只有这些条件具备之后，才能循序渐进地开展相关工作。区块链的优势和好处往往在项目的初期很难看到，当区块链真正地构建起全团体、全行业、全社会的基础设施后，从对事务的简单记录到合约的自动执行，其颠覆性和巨大的好处才会显现出来。

误区 4：区块链的应用需要领先企业去推动。发挥区块链最大的价值的关键在于标准化，区块链可以充当“价值”的翻译器，将“农工商”、流通和供应链等多个环节标准化，实现多方参与，从而推动信息的高效共享。参与方往往隶属于不同的主体，甚至是不同行业中独立的参与方，如企业、组织、政府机构等，这就要求有一个系统能够协调不同参与方的利益，这恰恰和以往工程学、项目管理的经验相违背。众所周知，在一个主体内部进行信息化、数字化演进相对容易，但跨领域、跨企业、跨主体进行软件项目的实施往往困难重重。区块链自带的信任技术，可以为数据提供可信的流转通道，解决产业协作的信任难题，从而打破数据的藩篱和隔离墙。

误区 5：区块链颠覆原有体系和架构尚需时间。很少有人愿意承担项目失败的风险，因此先驱者不仅需要拥有对新技术的良好认知和探索精神，还需要拥有占领市场制高点的勇气和坚定的意志。虽然人们可以持观望的态度等待第一个“吃螃蟹者”，等待其稳定、成熟后再做出决定，但先驱者利用技术的红利，可以以较少的成本创造更多的价值，突破企业的发展瓶颈，推动企业更好地进行产业升级。

区块链自从诞生以来，虽然“喊着”“让区块链应用到产业中去”这一嘹亮的口号，但一直面临着重重考验、经历着众多磨难。在整个区块链行业还处在一种焦灼、徘徊的状态时，一个划时代的事件恰似一声春雷，让整个区块链业态的寒冬在这场春风化雨中，润物无声地消融了冻结已久的坚冰。

2019 年 10 月 24 日，这是一个能够载入史册的日子！

1.2 春风化雨——区块链迎来发展的新机遇

2019年10月24日，在中央政治局第十八次集体学习中，明确将区块链作为核心技术自主创新的重要突破口。区块链技术应用已延伸到数字金融、物联网、智能制造、供应链管理、数字资产交易等多个领域。目前，全球主要国家都在加快布局区块链技术发展。我国在区块链领域拥有良好的基础，要加快推动区块链技术和产业创新发展，积极推进区块链和经济社会融合发展。要强化基础研究，提升原始创新能力，努力让我国在区块链这个新兴领域走在理论最前沿、占据创新制高点、取得产业新优势。要抓住区块链技术融合、功能拓展、产业细分的契机，发挥区块链在促进数据共享、优化业务流程、降低运营成本、提升协同效率、建设可信体系等方面的作用。要推动区块链和实体经济深度融合，解决中小企业贷款融资难、银行风控难、部门监管难等问题。要探索"区块链+"在民生领域的运用，积极推动区块链技术在教育、就业、养老、精准脱贫、医疗健康、产品防伪、食品安全、公益、社会救助等领域的应用，为人民群众提供更加智能、更加便捷、更加优质的公共服务。要推动区块链底层技术服务和新型智慧城市建设相结合，探索在信息基础设施、智慧交通、能源电力等领域的推广应用，提升城市管理的智能化、精准化水平。

以上的集体学习，无疑给我国的区块链事业注入了一针强心剂。随后于2021年6月7日，工业和信息化部联合中央网信办发布了《关于加快推动区块链技术应用和产业发展的指导意见》（以下简称《指导意见》），明确了22项重点任务，其中包括要在2030年前使区块链技术在各领域实现普遍应用，培育形成若干具有国际领先水平的企业和产业集群。这是中国在"十四五"规划中将区块链和人工智能等并列为"七大数字经济重点产业"后，第一次就如何令中国的区块链技术在国际上处于领先地位绘就出的一份清晰的产业发展路线图。

在发展目标方面，《指导意见》提出："到2025年，区块链产业综合实力达到世界先进水平，产业初具规模。区块链应用渗透到经济社会多个领域，在产品溯源、数据流通、供应链管理等领域培育一批知名产品，形成场景化示范应用。培育3～5家具有国际竞争力的骨干企业和一批创新引领型企业，打造3～5个区块链产业发展集聚区。区块链标准体系初步建立。形成支撑产业发展的专业人才队伍，区块链产业生态基本完善。区块链有效支撑制造强国、网络强国、数字中国战略，为推进国家治理体系和治理能力现代化发挥重要作用。

"到2030年，区块链产业综合实力持续提升，产业规模进一步壮大。区块链与互联网、大数据、人工智能等新一代信息技术深度融合，在各领域实现普遍应用，培育形成若干具有国际领先水平的企业和产业集群，产业生态体系趋于完善。区块链成为建设制造强国和网络强国，发展数字经济，实现国家治理体系和治理能力现代化的重要支撑。"

如果说中央政治局第十八次集体学习高屋建瓴地指明了发展方向和战略规划，那么《指导意见》给出的是具体指导要求并制定出了战术的安排，明确了区块链发展的快车道。中央政治局第十八次集体学习和《指导意见》的颁布有着极其重大的意义，当前制约区块链发展的最大障碍就是**区块链的项目和应用无法自组织地形成全社会的基础设施**，而区块链的要义和与生俱来的诉求就是**要成为打破信息障碍的、可信赖的全社会和全人类信息领域的基础设施**，这些都需要政府的牵头与背书，使全社会合力而共建之，结束之前一盘散沙式、自发式的无序发展。

"币圈"的火热曾经带动一波又一波的区块链浪潮，国家在提倡发展区块链技术的同时，也在整治虚拟货币的市场乱象，留其精华去其糟粕。当前"去币存链"正在如火如荼地进行着，如何将区块链技术应用到实体产业中和真实的业务场景里，已经成为越来越多人关注的问题。在区块链被提升到国家战略的高度后，区块链再次回归到普罗大众的视野中，它必将以全新的面貌展现在我们面前。我们有理由相信，区块链技术进入了新纪元，区块链技术会成为足以颠覆时代、引领人类社会过渡到下一代价值互联网的新兴信息技术！

1.3 区块链技术为什么能成为国家战略

自 2019 年 10 月 24 日之后，我国掀起了政府牵头、以各类基础设施建设为导向的区块链建设高潮。然而，为什么是区块链，而不是人工智能、量子计算、大数据、云计算等其他技术被提升到如此高度？

1.3.1 区块链成为国家战略的基础原因

首先回顾一下人类社会的运作方式，从古至今，虽然科学技术在不断进步，但树状社会组织形态似乎从未发生改变。过去人们为了获得高效的通信方式，信鸽飞书和八百里加急是常态，进入电子时代后有了电报、电话，如今更是拥有互联网的加持，但凡此种种，我们看到社会的治理形态和组织结构并未改变。树状社会组织形态（根节点→子节点→叶节点）如图 1-1 所示。下面，我们一起分析一下为什么在很多情景中树状社会组织形态显得效率不高。

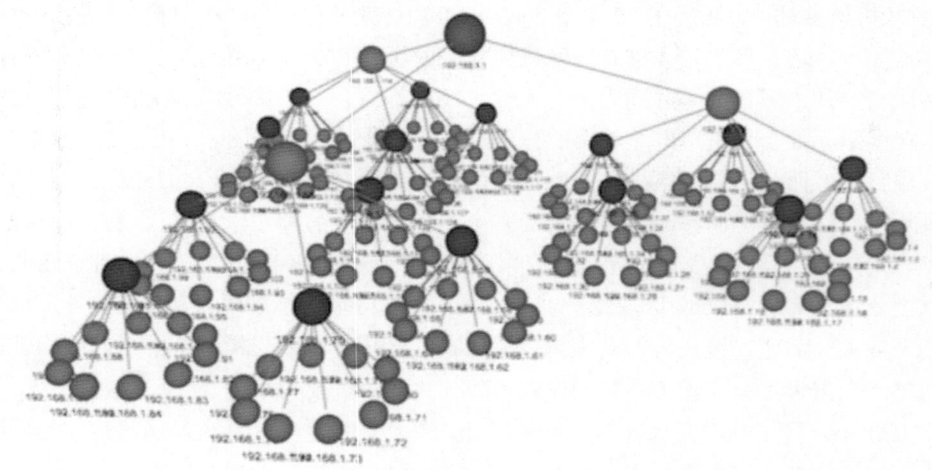

图 1-1 树状社会组织形态（根节点→子节点→叶节点）

（注：其中，最大的节点为根节点，然后是子节点，最下层是叶节点；节点下模糊的数字是 A 类、B 类、C 类 IP 地址，这里不做详细介绍）

树状社会组织形态的问题在于，基层的问题需要层层汇报、逐层传达才能到达顶端，而每一次的信息传递，都有可能由于对信息的加工、处理而产生失真，人们最后得到的信息往往有较大的噪声与遗漏，不一定能获得问题的真相及本质。这是因为人往往从自身的高度、角度看问题，具有一定的倾向性和偏向性。同样来自最高层的信息或指令，也需要层层传递、逐级地指示，信息和指令同样会有失真的风险，最终的效果也就大打折扣。树状结构的每个枝杈节点之间又会形成信息的藩篱，造成信息在不同的体系间会出现壁垒而形成信息的“堰塞湖”。

有一类社会组织正在尝试打破这一架构，这就是号称高效的组织机器——军队，军队的运作方式往往代表了当时生产力所能达到的最高组织效率的顶点。当前采用马赛克的联合作战方式越来越流行，为了应对某一突发事件，可以随时快速、机动地组织多兵种的协同作战，将陆军、海军、空军、天军、特种部队、后勤等组成合成部队。这种多兵种的合成、协同作战，离不开更加高效和有弹性的指挥网络，而这种网络最为重要的组织形态就是**“扁平化”**，让信息最大化地快速流动并减少信息传递的层级。过去的战争形态通常采用上传下达的方式，动辄几个小时甚至以天为单位才能做出反馈，而从近几年的局部高科技战争冲突来看，战争的形态已经发生变化，以分钟甚至以秒为单位就能获得战场信息并进行决策（达成共识），从而抓住战场中转瞬即逝的机会，这就是扁平化机制给人类组织形式所带来的管理上的变革。当然，军事改革信息的扁平化依赖于对一线战斗力信息的真实获取，如果只一厢情愿地获取想听到的问题、只倾向于看到想看到的结果，那么即使采用了所谓“合成营”的方式也无法达到目的。扁平化的多兵种的协同作战如图 1-2 所示。

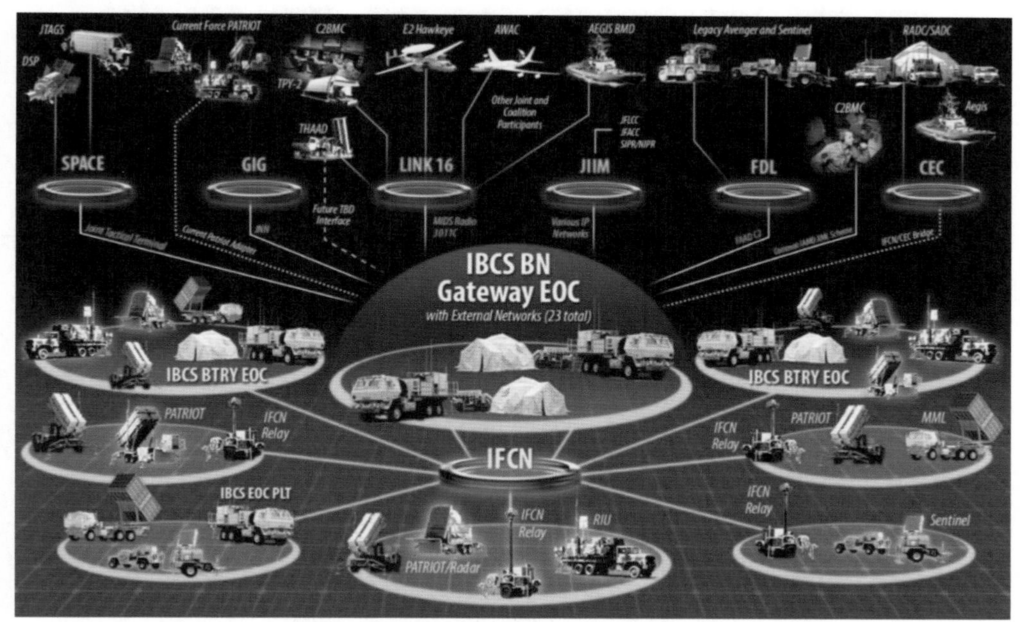

图 1-2　扁平化的多兵种的协同作战

而模仿军队的另外一个高效社会组织形态就是前沿的高科技公司。我们可以看到现代的科技公司也越来越强调架构的扁平化和网格化，减少管理和汇报的层级，以终为始，加强市场信息的反馈，以效果导向加快决策和执行效率，追求极致的组织效能，这就是这类公司能够在商业战场上取得成功，并能够快速发展、壮大的原因。扁平化的组织架构也催生着新的企业管理模式和市场营销策略的产生，使我们进一步看到了扁平化、网格化的巨大潜力。

区块链的网络具有点对点的扁平化特点无疑契合了上述组织形态（见图 1-3），那么其在达成共识方面又有哪些优势呢？信息无须逐级汇总和加工，而公共的账簿让每个参与者都能高效地直接获取信息。区块链账簿中信息的不可篡改性，避免了信息在传递过程中失真。区块链的多方参与特点，让互相监督、互相校验成为可能，最大化地避免了个别个体作恶的可能性。区块链天然具备分布式的特点，避免了因局部节点失效而引起信息丢失，从而引发系统崩溃和系统灾难。因此，如果将区块链技术融入社会组织和社会治理中，能更快地达成共识，并将获得更大的收益。区块链参与社会治理形成网格化管理的变革如图 1-4 所示。

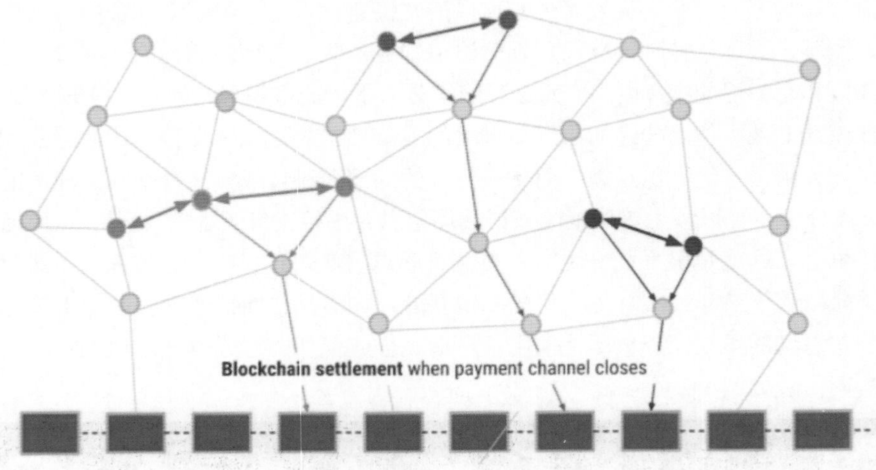

图 1-3　点对点的扁平化区块链网络

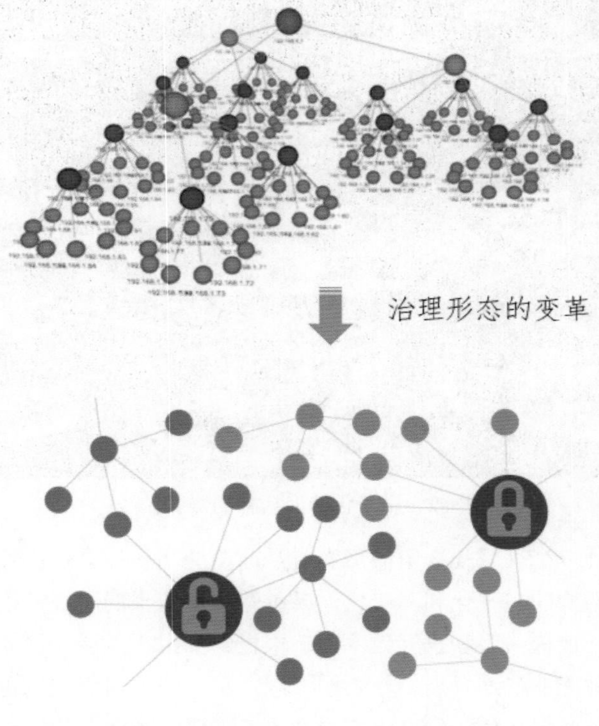

图 1-4　区块链参与社会治理形成网格化管理的变革

党的十八届三中全会通过的《中共中央关于全面深化改革若干重大问题的决定》提出，要改进社会治理方式，创新社会治理体制，以网格化管理、社会化服务为方向，健全基层综合服务管理平台，及时反映和协调人民群众各方面各层次利益诉求。自此，网格化在国家政策的鼓励下大范围推行。近年来，随着单位制消解、社区制建立，网格化社会治理的内涵和外延逐步深化，在城乡社区行政、公共服务、劳动保障、就业帮扶、消防安全、信息采集等多领域得到拓展，呈现出“无网格，不治理”的发展趋势。

区块链的国家战略正是为应对这一网格化管理的需求而产生的，区块链无疑契合了这种扁平化的社会治理诉求，并避免了信息传递过程的失真和丢失，快速达成共识。这是区块链能成为国家战略的第一层原因，也是最为基础的原因。

1.3.2 区块链成为国家战略的核心原因

目前，操作系统、数据库、芯片制造、人工智能等领域的核心技术掌握在西方少数几个国家手里。在众多的技术领域中，西方国家政府对区块链技术明显重视不足，区块链技术在这些国家多在民间自由地发展。而我国把区块链作为核心技术，同时作为自主创新重要突破口，将区块链提升为国家战略，就如同在战场上寻找到了敌人的盲点并进行突破，从而形成优势。我国大力发展区块链，旨在几年之内在这一新型信息技术领域占据国际主导地位，通过大力发展这一个平行技术来扩充全球区块链基础设施，达成在技术领域弯道超车的目的。这才是区块链成为我国国家战略的核心原因。

如果能够构建一个全网、全社会的国家级区块链服务网络，同时该网络具备了支持低代码开发、能快速部署、免除繁重的运维、低监管成本的特点，并为全球的开发者提供一个跨地域、跨机构的全球性区块链服务基础设施，那么它将成为由中国自主创新，并由中国控制入网权的全球性基础设施网络（如具备自主可控属性的长安链）。如果该网络能够推广成功，则将使我国处于先导性的有利地位，并能够影响互联网标准本身未来的发展（北京航空航天大学是制定 Web 相关国际标准的 W3C 国际组织的四总部之一），进而重新定义 Web 3.0。

2 区块链技术介绍

什么是区块链？区块链本质上是一个安全的、分布式的共享“数据库”，但它又迥异于传统意义上的数据库。区块链的数据存储需要大多数节点达成共识才能确认，而数据则以数据块的方式进行存储。区块链是一种使用密码学算法来关联一串数据块的技术，数据块不断地产生，新产生的数据块不断地追加在链的尾部，每一个数据块包含了若干信息，用于验证自身的有效性（防伪）和生成下一个区块。简而言之，区块链是由“区块”和“链”两部分组成的，整个技术栈也是围绕着这两个主题展开的。

本书的主旨更多的是从生产一线应用的角度去解读区块链，并详细阐述区块链在实际产业中的真实案例，因此需要从一线的视角对区块链中真实世界所关注的技术问题进行详细解读。例如，区块链无限增长的存储需要如何处理等。

首先，我们要理解区块链，就要从其包含的特定技术说起。区块链技术包含四大基础技术，即加密体系、分布式存储、P2P（点对点）网络、共识机制，如图 2-1 所示。让不了解区块链的人感到意外的是，区块链并非一种“重新发明轮子”的技术，而是将已有技术进行叠加、组合而来的一个“系统”，似乎有种“新瓶装旧酒”的既视感，然而颠覆性技术往往站在巨人的肩膀上，并非直接“万丈高楼平地起”般地重新构建。以 iPhone 横空出世为例（很多人回忆，看到乔布斯从兜里掏出 iPhone 就感觉他掏出了一枚火箭），在这之前智能机要么类似于黑莓全键盘的操作方式，要么类似于多普达（当时国内的品牌名称，国际品牌名为 HTC）照搬 PC 操作系统采用指点杆操作方式的桌面系统，iPhone 虽然可以堪称多种已有技术的组合（iPod +移动电话+视网膜屏+多点指控操作），但它的出现依然颠覆了已往的交互模式。虽然是已有技术，但将它们组合在一起并产生全新的操作模式和交互体验，还是智能机历史上的第一次。例如，用手指的多维操作替代指点杆（多点指控是早已存在的技术，但应用在用户产品中在当时是新鲜事儿），用全屏幕代替全键盘，屏幕既是操作空间也是显示空间，提高了用户交互的显示和操作范围，让信息展示更加丰富多彩。再结合当时苹果公司已有的多媒体交互设备，并辅以令人惊艳的视网膜屏（在 iPhone 出现之前，大猩猩钢化玻璃屏是尘封已久的技术，一直“英雄无用武之地”），以娱乐+通信的方式重新“发明”了手机，此后采用全键盘和指点杆的手机几乎消失不见了。时至今日，当年 iPhone 的设计和制造理念依然深深地影响着现代手机的设计——无论是安卓手机还是其他智能手机的交互模式，都借鉴 iPhone 改为大屏（折叠）的操作模式。期待区块链的出现也能延续像 iPhone 一样的“神话”，通过对已有技术的组合，呈现惊艳不断、推陈出新的颠覆式发明！

图 2-1 区块链技术包含四大基础技术

下面我们就逐一介绍区块链中各种已有技术的模块是如何打造一把削铁如泥的“龙泉宝剑”的。

2.1 加密体系

区块链所用的密码学算法及安全技术体系，包含了对称加密、非对称加密、哈希算法、数字签名、数字证书、PKI 体系、布隆过滤器、同态加密、零知识证明等一系列内容。加密/解密虽然重要，在计算机体系里也不可或缺，但密码学算法在计算机行业中并非显学，属于相对冷僻的方向，能够把各类密码学算法和理论运用得如此炉火纯青，并促进密码学体系发展的非区块链技术莫属。所有的区块链本体技术几乎都使用了非对称加密及哈希算法，而同态加密、零知识证明等并非必要手段，多存在于部分底层区块链（Zcash）或使用在应用层以作为对现有的区块链进行信息安全增强的方式。

谈起区块链的密码学体系，首先要介绍非对称加密，这是区块链中最为常用的加密算法，是整个区块链赖以存在的基础。非对称加密由两个部分组成：一个是公钥，另一个是私钥。公钥和私钥总是成对出现，一个私钥对应一个公钥，公钥可以向任何人公开，而私钥是私密的密钥，不能公开，由拥有者妥善保管。加密是利用公钥对明文信息进行数学运算来得到一串随机数字和字母组合（乱码）的过程，而解密是将这组随机数字和字母组合用私钥应用到一个困难的运算中，从而退回原来的明文的过程。所谓困难的运算是指这个数学函数是一个陷门（Trapdoor）函数，下文会对其进行详细介绍。经过公钥加密的密文只能被拥有私钥的人解码，而其他看到密文的人即使拥有公钥也无法反推得到明文，这样就保证了信息的安全可靠传输。

目前，大多数区块链系统所采用的非对称加密方式为椭圆曲线加密算法（Elliptic Curve Cryptography，ECC），而非之前业界广泛使用的 RSA（非对称加密）算法。相比 RSA 算法，ECC 最大的优势是可以采用更短的密钥，来获得与 RSA 算法相当或更高的安全性。例如，160 位密钥的 ECC 与 1024 位密钥的 RSA 算法的安全性相当，256 位密钥的 ECC 与 3072 位密钥的 RSA 算法的安全性相当。ECC 的性能更好且占用的资源相对于 RSA 算法来说更少，即使在嵌入式受限资源（CPU 慢、耗电少）的环境中使用也显得游刃有余，这就是在区块链中采用 ECC 的缘故。RSA 算法与 ECC 的密钥长度对比如表 2-1 所示。

表 2-1 RSA 算法与 ECC 的密钥长度对比

RSA 算法的密钥长度（bits）	ECC 的密钥长度（bits）
1024	160
2048	224
3072	256
7680	384
15 360	521

RSA 算法的原理是基于大数的分解，十分简单而朴素：将两个大素数相乘十分容易，但是想要对其乘积进行因式分解却极其困难，而寻找两个大质数就是实现 RSA 算法中可靠性的关键。将两个大质数之一通过一定的数学运算得到的结果作为私钥，将两个大质数的乘积通过一定的数学运算得到的结果作为公钥，这样由私钥可以很容易推导出公钥，但由公钥却很难推导出私钥（大数分解存在计算量的困难，需要动用很高的运算量）。这种存在一个方向解容易，另一方向解很难的特性的算法被称作陷门函数。例如：

$$961748941 \times 982451653 = 944871836856449473$$

公钥是乘积 944871836856449473，而私钥可以是 961748941 和 982451653 这两个大质数中的任何一个。可以看到，公钥是一个非常大的数字，而私钥是公钥中的一个主要因子，这是陷门函数的一个例子。因为在私钥中很容易将多个数字相乘以获取公钥，但如果只拥有公钥，那将花费很高的代价才能破解、重建私钥。这里再次强调的是，本段内容只是为了更加方便地阐述 RSA 算法的原理，将私钥等同于大质数、公钥等同于两个大质数的乘积，实际上大质数及两个大质数的乘积仍需要通过一定的数学函数运算来获得，这样才能保障严格意义上的数学上的安全性。

ECC 虽然也是非对称加密算法，但它的因子选择不同，它不是通过大数分解获得公钥和私钥的，它是通过数学函数的方式来找到两个大数的，而这个数学函数对两个大数而言仍然满足陷门函数的关系。这个函数就是由椭圆曲线函数结合一定的运算法则而构成的。其中，椭圆曲线函数是类似于 $y^2=ax^3+bx^2+cx+d$ 的方程，如图 2-2 所示。

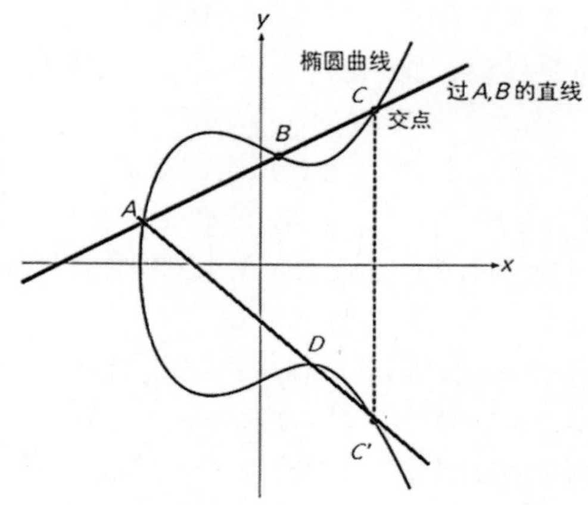

图 2-2 椭圆曲线函数及其运算

已知 AB 直线与椭圆曲线有 3 个交点：A、B、C，通过 A 和 B 两点可以得到点 C，通过点 C 可以获得与 x 轴的对称点 C'，再通过 AC′直线可以得到其与椭圆曲线的交点 D，同理通过点

D 可以获得在椭圆曲线上与 x 轴的对称点 D'（为了避免图形过于凌乱，图 2-2 中省略了 D'的标识），如此往复，可以通过“N 跳”的方式获得直线与椭圆曲线的新交点。这就构造出了一个非常优秀的陷门函数，如果知道哪里是起点 A，以及需要多少跳才能达到终点 D'，那么找到终点会很容易。但从另一方面来说，如果你知道的只是起点与终点的位置，那么要发现需要多少跳才能抵达终点几乎是不可能的。因此，公钥就是起点 A 与终点 D'（A 与 D'是经过特定的数学运算得到的值），私钥就是从起点 A 到终点 D'的跳数（跳数是经过特定的数学运算得到的值）。

以上介绍了椭圆曲线加密算法可快速理解的原理，实际其所包含的数学理论和知识（如数论中的伽罗瓦域）远比此复杂，有兴趣的读者可以查看专门介绍密码学算法的书籍进行深入研究。区块链中还有诸如同态加密、零知识证明等更加前沿的密码学算法，这些算法虽然并非区块链中的必要技术，但同样应用广泛。比如，区块链有了同态加密之后就可以对密文的内容做运算（如在不知道搜索的明文的情况下却可以完成对密文的搜索等），可以更好地保护链上数据的安全且不妨碍对密文进行处理和运算。

需要指出的是，同态加密算法在数学原理方面仍待完善：一是因为其目前的运算效率还不够高，二是因为目前只能做到加法同态，而乘法同态仍然是当前的难点。另外，零知识证明也称交互式证明系统。简单来讲，零知识证明是指证明者知道问题的答案，他需要向验证者证明“他知道答案”这一事实，但是要求验证者不能获得答案的任何信息（类似于科幻小说《三体》中的“安全声明”，但不同于“破壁人”）。零知识证明主要提升区块链的性能和隐私性，是提供更好的保护匿名性的一种解决方案，目前它也是密码学领域研究的热点之一。

这些新兴技术伴随着区块链技术的应用得到快速的发展，同时也促进了区块链技术的安全性和隐私保护能力的提高，双方形成了相辅相成、互相促进的双赢局面，可以预见密码学算法在区块链领域将有更加精彩、丰富的应用。

2.2 分布式存储

区块链是通过分布式节点对数据和信息进行存储的。正常情况下，区块链网络中的每个全（量）节点都保存了所有数据的副本，因此有 n 个区块链全节点，并具有 n 份冗余，因而在区块链网络中不存在单点故障的问题。在此读者可能会有疑问：这样的存储网络是不是冗余过度、浪费存储较多？一般在我们的印象中，大多数具备高可靠性的存储系统，在本地通常采用 3 份或 5 份副本即可，最多加上异地的远端备份，我们经常所说的“两地三中心”（同城两个不同的中心机房，外加异地中心机房）就是这样的概念。诚然，区块链相比传统的分布式存储和中心化存储的确存在“浪费”资源较多的“问题”，但区块链是一个无中心化的分布式系统，这是从安全性、可靠性、防止作弊等角度进行考虑而不得不做出的妥协，而且在存储技术快速进步、容量变大而价格又日益下降的今天，存储的“过度”使用已不再是什么大问题（也有如星际存储这样避免过度存储的解决方案），现今所聚焦的关键在于信息的安全保存、信息的分散式分布、信息保存的一致性，以及如何在没有统一协调控制中心的调度下完成信息可靠保存等问题。

区块链网络中并不一定总是要求每个接入的节点都保存全量数据，而需要因地制宜地进行划分。一般而言，区块链网络会根据存储信息量的多少对节点进行分类。比如，在比特币系统中就有全节点、轻节点简单支付验证（Simplified Payment Verification，SPV）的概念，如下所述。

（1）在比特币系统中，全节点负责保存所有的数据，是一个记录自区块链系统诞生以来所有完整信息的区块链节点。全节点是负责区块链存储网络运行的基础，当有需要时，轻节点 SPV 会从全节点中获取数据，全节点负责交易验证，而轻节点 SPV 由于不具备全量交易数据，只能做支付验证，而不能做交易验证。

（2）在比特币网络中，轻节点 SPV 有时也称简单交易验证节点 SPV，一般需要和全节点进行配合使用。它和全节点的不同之处在于用户只需要保存所有的区块头部（Block Header）。轻节点 SPV 的用户虽然不能自己验证交易，但如果能够从区块链的某处（全节点）找到相符的交易数据，他就可以知道网络已经认可了这笔交易，而且得到了网络中多少个节点的确认，因此它可以做支付验证。比特币网络中存储节点的类型如图 2-3 所示。

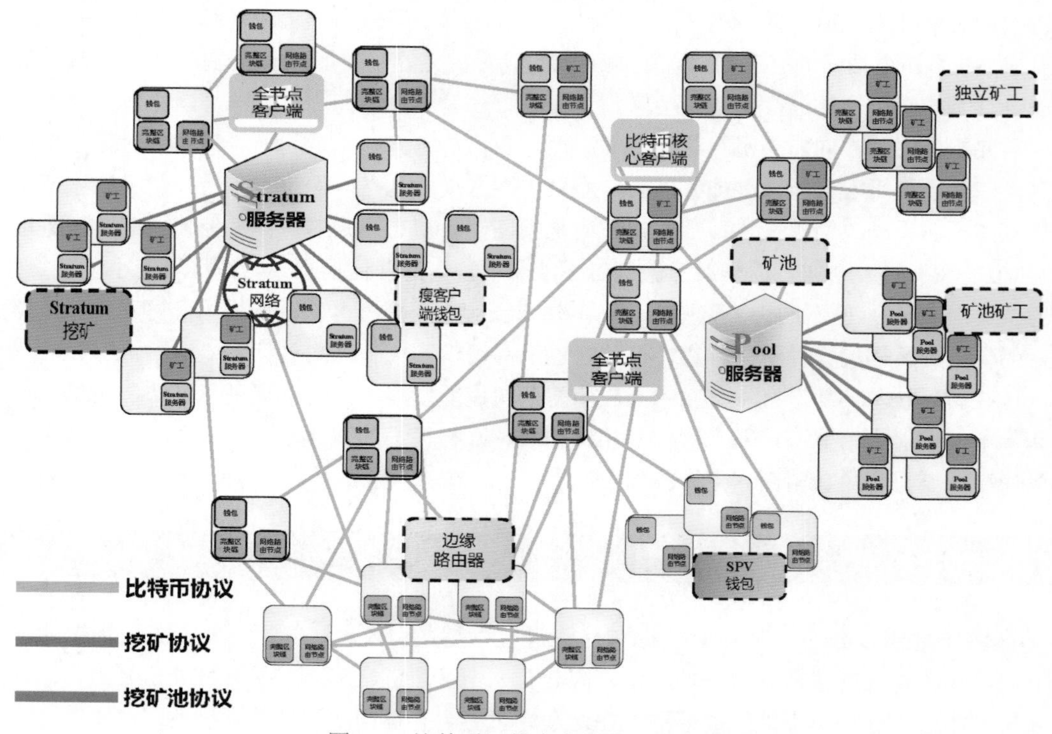

图 2-3　比特币网络中存储节点的类型

总的来说，全节点可以做交易验证，需要的存储空间大；轻节点 SPV 只能做支付认证，只保存区块链头信息，因此其需要保存的信息量极小，甚至在容量和资源都非常有限的嵌入式设备中也可以使用。通过对区块链网络中存储节点这样分类就大幅降低了对接入设备的要求，算力强、存储量大的主机可以作为全节点而存在，而手机、平板电脑等嵌入式设备建议以轻节点 SPV 的身份加入，这样就不需要下载整个网络中动辄几百 GB 甚至 TB 量级的信息了。

在以太坊中，其对存储节点的划分则更进一步，其将存储节点分为全节点、轻节点和归档节点三大类，前述两个类别和比特币中的概念类似，而归档节点是在全节点的基础之上额外存储了每个区块高度的区块状态（个人账户与合约账户的当时余额等信息），即针对每个区块高度（指该区块在区块链中的位置）当下的状态进行快照并存档的节点，归档节点能让我们快速回到某个区块高度去查询当下的状态。

随着区块链数据的快速膨胀，轻量级节点即使仅保存区块链头部可能也会对现有的嵌入式设备造成压力，因此在社区也有人提出超轻节点的概念，将区块链节点对存储的要求进一步降低。

在非数字货币的区块链——联盟链（如 Hyperledger Fabric）的规范中并没有特意去区分存储节点的类型，一般来说，通常意义上接入联盟链的节点需要保存全量信息，即默认接入的节点都是全节点。但这样的粗粒度的规范也给设计者或架构师留有余地，我们仍然可以参照比特币或以太坊对节点的分类方式，对联盟链的存储节点进行规划，允许轻节点的存在，以方便满足不同场景下接入的需求。以 Hyperledger Fabric 为例，轻节点无法直接接入区块链网络，但可以让轻节点先接入全节点，以间接的方式连接区块链系统。细心的读者可能会有所察觉：这样会降低轻节点的系统安全性，如果与轻节点连接的全节点出现作恶或故障情况，应如何应对呢？在考虑到这种安全问题的前提下，我们仍然采用连接全节点这样的设计是因为：一方面，联盟链是许可链，比公有链有更加规范的准入安全，其安全性有着比较好的可靠性保障；另一方面，轻节点可以连接多个全节点并进行信息比对，以防止与轻节点连接的全节点作恶情况的发生。这又将是一个比较有挑战性的课题，但好在开源社区给出了一些相对完善的解决方案，鉴于本文并非专门介绍区块链技术的图书，有兴趣的读者可以参考 FlyClient 的设计模式。联盟链中轻节点接入全节点的方式如图 2-4 所示。

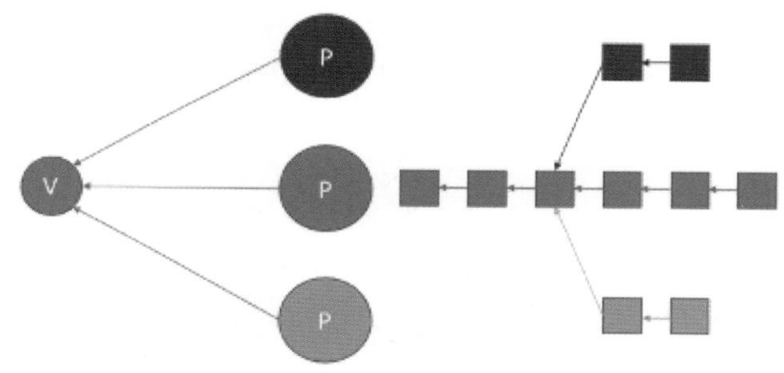

图 2-4　联盟链中轻节点接入全节点的方式

无论是中心化存储还是分布式存储，都要考虑到存储的一致性问题，这是存储设计中的重中之重，也是最为棘手的问题。在传统的中心化和分布式存储系统中，为了保证存储的一致性，应防止“脑裂”情况的发生。所谓的“脑裂”，就是指在一个原本统一的集群中，由于出现网络或主机故障，原来的系统分裂成两个（或多个）集群对外提供服务，从而出现数据不一致的情况。通俗来说就是当一个集群的不同部分在同一时间都认为自己是“活动”时，我们就可以将这个现象称为“脑裂”。对于存储系统来说，这是一个非常严重的事件，不仅会出现信息的不一致，严重的情况下还会导致数据的损坏，以至于很难恢复。

在中心化的系统或传统的分布式系统中，为了避免“脑裂”情况的发生，通常采用分类角色为“领导人”（Leader 或 Master 节点）和“追随者”（Follower 或 Slave 节点）的机制。有了“领导人”进行协调和总控就避免了数据不一致的情况，当出现网络或主机故障时，为了避免“脑裂”，会重新对“领导人”进行选择。简要地说，新“领导人”的选举采用过半原则，这也是为什么很多集群的选举节点需要为奇数个。对于这类中心化的集群或传统意义上的分布式集群，选举新“领导人”的算法有 Paxos 和 Raft 等算法，这样，在节点数有限的情况下，可以快速达成共识。而区块链中不仅节点众多，还可能发生作恶的情况，因此不能采用原有的方式，这就引出了一个重要的课题——区块链的共识机制。

2.3 妙笔生花——共识机制

如果问区块链中最伟大的“发明”是什么，一定非共识机制莫属。而“发明”之所以带引号，是因为无论是公有链还是联盟链的共识机制，都是将已有技术进行组合以后的再发明，但这些技术要么之前没有被这样叠加过，要么很多还仅仅是概念或雏形，甚至更多停留在尚未落地的纯粹理论阶段。只有深入技术环节，我们才会发现区块链的共识机制被设计得如此精巧，本节同样将尽量以直白的方式对此进行介绍。

所谓共识，简单地说就是达成一致、形成信息的一致性。这句话的言外之意包含了两个层面的内容：一是数据在**保存**方面的一致性，二是数据在保存之前达成的共识。也就是说，**数据本身不存在歧义性**。因此，本章讲述的是广义上的“共识机制”，包含了数据存储的一致性和共识算法。

一、数据存储的一致性

数据存储的一致性在以往的分布式系统中都有所体现，这也是分布式系统设计中的重点。提及数据的一致性必须提及 CAP 理论。CAP 由 3 个单词的首字母构成，是指在一个分布式计算系统中，对于一致性（Consistency）、可用性（Availability）、分区容错性（Partition Tolerance）这 3 项内容，只能满足其中两项，而不能同时满足所有项，如图 2-5 所示。

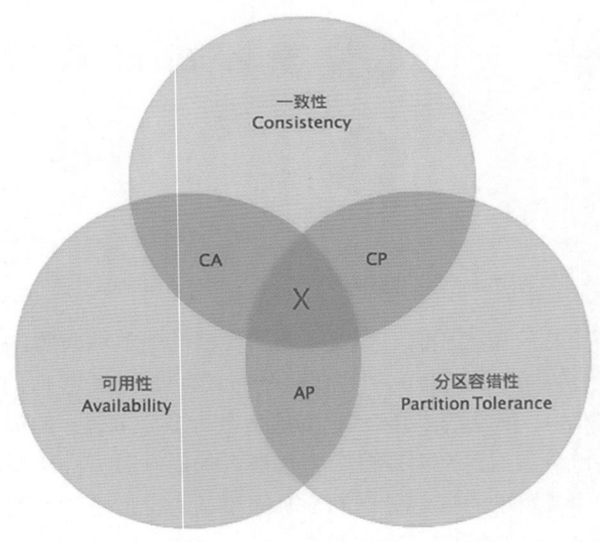

图 2-5　分布式系统中的 CAP 理论

1. 一致性

一致性意味着所有客户端可以同时看到相同的数据，无论它们连接到哪个节点。为此，每当数据写入一个节点时，必须立即将其转发或复制到系统中的所有其他节点，然后才会认为写入“成功”。

2. 可用性

可用性意味着任何请求数据的客户端都会得到响应，即使一个或多个节点出现故障，另一种表述方式——分布式系统中的所有工作节点也仍然可以对任何请求做出有效响应，无一例外。

3. 分区容错性

分区是指分布式系统内的通信中断——两个节点之间的连接丢失或暂时延迟。分区容错意味着集群必须继续工作，尽管系统中的节点之间出现了任意数量的通信故障。

无论什么样的分布式系统都要努力满足 CAP 理论的要求，因此一个系统要么是 CA（同时满足一致性和可用性），要么是 CP（同时满足一致性和分区容错性），要么是 AP（同时满足可用性和分区容错性），而不能是三者在“同一时刻”得到满足的 CAP（同时满足一致性、可用性、分区容错性）系统。需要注意的是，这里的“同一时刻”很重要，如一个系统在同一时刻只能满足 AP（可用性和分区容错性），虽然其在这一刻缺失了一致性但可以实现最终的一致性。

从分布式系统的设计经验来看，它们大体上分为需要进行投票（选举“领导人”）并协调一致的算法，如 ZAB、Paxos 和 Raft 等算法，以及一些比较简单的、不需要复杂协作的简单算法，如我们比较常见的“主-从”模式（包含一主一备、一主两备等方式）。但无论是哪种模式，最终都符合 CAP 理论。例如，传统的关系型数据库 RDBMS 中的 Oracle、MySQL 等就属于 CA 类型，即只满足一致性和可用性，而放弃了分区容错性。因此我们看到，关系型数据集群一旦出现了分区，就会出现崩溃或拒绝对外提供服务的情况；而一个一主两备的 MongoDB 的数据库集群属于典型的 CP 类型，当主节点宕机后，在选出新“领导人”前，MongoDB 的系统表现为一个一致性系统，但在分区期间影响了可用性。Cassandra 是一个 AP 数据库——它提供可用性和分区容错性，但不能始终提供一致性。因为 Cassandra 这个集群中没有主节点，所以所有节点必须连续可用。但是，Cassandra 通过允许客户端随时写入任何节点并尽快协调不一致之处来保证最终一致性。

回到区块链的讨论中，奇怪的是，似乎在区块链中违反了 CAP 理论，尤其是在最成功的实现——比特币中。事实并非如此，区块链的工作模式更类似于 Cassandra 集群，是一个不折不扣的 AP 系统。因此，在区块链中，为了可用性和分区容错性而牺牲了一致性。在这种情况下，区块链上的一致性不是与分区容错性和可用性同时实现的（这被称为最终一致性），而是随着时间的推移，通过来自多个节点的验证而实现的。为此，比特币引入了“挖矿”的概念。这是一个通过使用工作量证明（Proof of Work，PoW）共识算法促进达成共识的过程，在更高的层面上，“挖矿”可以被定义为一个用于向区块链添加更多区块的过程。

当出现分区后，以比特币为例，可能会在两个不同的比特币网络中出现两种不同的分支。以图 2-6 为例，假设在 Block 4 处和 Block 7 处分别出现了两次分裂，当系统恢复后，两个不同的网络中的区块链会进行比对，其中较长的链条会被保留，而相对较短的链条会被放弃（Block 4b、Block 7a+Block 8a 所代表的链条会被放弃），链条中已经封装的交易会被退回交易池中等待重新打包，这样就实现了数据的最终一致性。

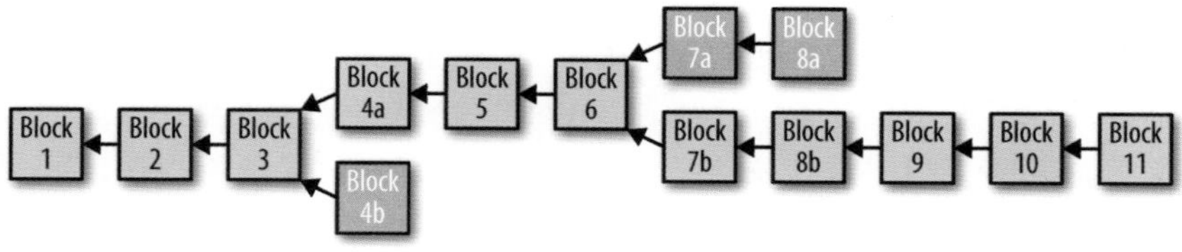

图 2-6　区块链出现分裂

二、共识算法

在区块链进入普通公众视野之前，读者所能接触到的分布式系统有很多（如 Zookeeper、etcd、Kafka、Consul 等），它们所使用的共识算法也不一而足，耳熟能详的有 ZAB、Paxos、Raft 等。而在区块链中，共识算法与之前系统中的截然不同，前述分布式系统中的共识算法只能做到失效容错（Crash Fault Tolerance），而区块链中的共识算法不仅要做到失效容错，而且要做到防止作恶。传统的分布式系统往往部署在数据中心或云平台之上，其共识机制更多用于保证节点或网络失效后的数据一致性，而假定不会有恶意攻击或节点自身出现作恶的情况发生，其安全性由计算中心的基础平台（如防火墙、防毒软件等）和运营商的运维、防护来保证。但区块链所面临的情况就不一样了，区块链是去中心化（公有链）或多中心化（联盟链）的模式，不仅会有失效的情况发生，也肯定会有接入节点的恶意攻击，这使得区块链的共识机制必须具备“对抗不信任”的特征。

在公有链中对抗这种不信任的方式就是采用以 PoW 或“权益证明”（Proof of Stake，PoS）为代表的共识机制。通俗地讲就是，大家共同解决一个难题，但解决这个难题需要花费很多的工作量（实际上是运算量），当某个人得到答案后，其他人可以很容易地进行验证，得到众人的验证后，第一个给出答案的人将获得奖励的这样一个过程。而这个难题同样具有单向性，即解答不易，需要很大的计算量，但是验证很容易。举例来说，这更像一个数独游戏，如图 2-7 所示，左侧是待解答的谜题，在空格中填入数字 1～9，使得数字 1～9 在每行、每列及小九宫格中能且仅能出现一次，不允许重复。显然要解决这个数独非常耗时和困难，但一旦给出答案，如图 2-7 右侧所示，任何人都可以简单而快速地去验证这个答案是否正确。

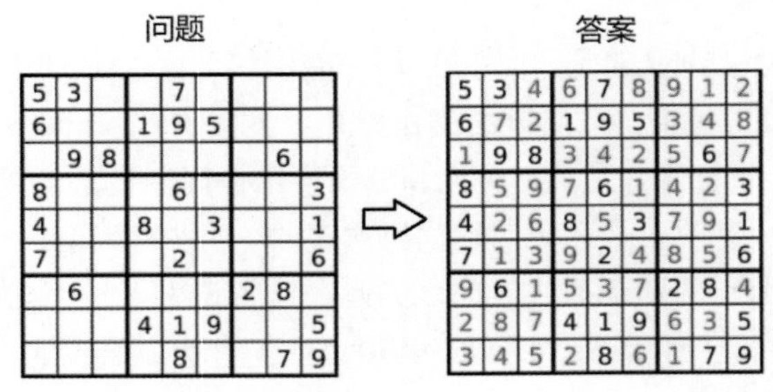

图 2-7 数独游戏

区块链中的 PoW 就是按照这个思路去设计的难题，而密码学中的哈希算法及哈希函数正符合这一特性。哈希值具有单向的特性，即正向计算哈希值很容易，但通过一个哈希值来反向推导出原文则极其困难，不存在可逆性。为了解出难题我们可以采用“暴力破解”的方式，尝试使用不同的字母、数字、符号的排列组合来进行哈希计算，查看是否能够匹配已有的哈希值，显然这样的过程类似于暴力破解密码，不断尝试用不同的字符组合来进行匹配。

这个产生 PoW 的过程被形象地比喻为“挖矿”，因为最先得到一个谜题的答案就意味着最先获得“奖励”，每个区块的头部都记录着这个区块的“奖励”由某个解出谜题的人（“矿工”）获得，由于这样的谜题往往比较难以解答，所以“矿场”就纠集了众多“矿工”一起并行操作来提高计算能力，从而加快解题过程。当获得“奖励”后，“矿场”会根据每个人贡献的算力来分割“奖励”，这个过程非常类似于人类社会中“淘矿”“挖矿”的过程，因而得名。PoW 如图 2-8 所示。

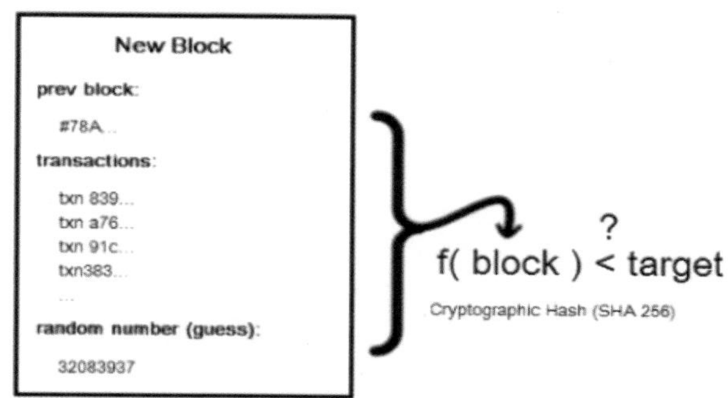

图 2-8 PoW

我们知道哈希值是由数字和大小写字母构成的字符串，每一位有 62 种可能性（可能为 26 个大写字母、26 个小写字母、10 个数字中的任意一个）。假设任何一个字符出现的概率是均等的，那么第一位为 0 的概率是 1/62（其他位出现什么字符先不管），理论上需要尝试 62 次哈希运算才会出现一次第一位为 0 的情况，如果前两位为 0，则需要尝试 62 的平方次哈希运算，以 *n* 个 0 开头就需要尝试 62 的 *n* 次方次哈希运算。而“挖矿”的谜题就是根据新区块的内容计算以 *n* 个 0 为开头的哈希值，显然开头的 0 越多，哈希值的计算难度就越大，具体情况如图 2-9 所示。

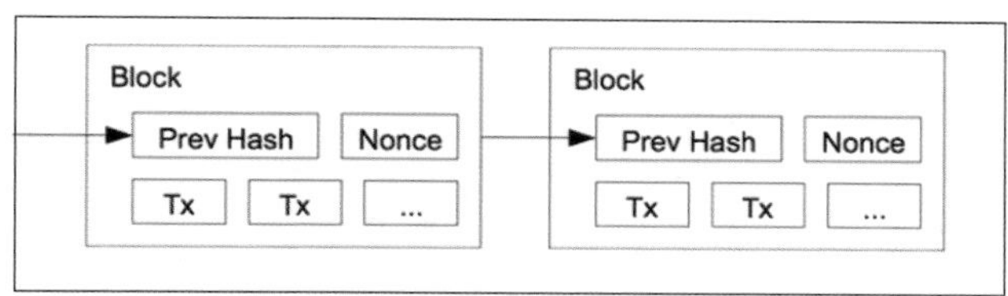

图 2-9 区块的结构与目标哈希值的计算

一个区块链大体包含前一个区块的哈希值、若干交易（Tx）的集合、随机值（Nonce）等（真实情况还包含梅克尔树、时间戳、难度值等内容，在这里为了阐述方便做简化处理）。对一个亟待上链的新区块而言，前一个已在链上的区块（最末尾的区块）的哈希值是固定的、打包的交易集合是给定的，且区块上的难度值也给定了约束条件（目标哈希值是以多少个 0 开头的），那么能调节的只有随机值。实际上，“矿工”就是通过不断地调节随机值来获得开头为 *n* 个 0 的哈希值的，整个过程就像一个反向计算哈希初始值的过程。我们知道哈希值具有单向的特性，即给定一个字符串，利用哈希函数计算其哈希值非常容易，但如果仅知道哈希值则无法推导出原始的字符串是什么。当如果给定一个哈希值，非得需要计算初始字符串时，我们就不得不采用暴力计算的方式，试遍世间所有的字符串（大小写字母、数字、特殊字符等）的组合来碰撞出目标哈希值[①]，而“挖矿”就是这一暴力碰撞的过程：

Hash((Prev Hash)+(Tx 集合)+ Nonce)=00…0x…xx

① 有兴趣的读者，在这里可以以常用的哈希函数 SHA256（也可以是 MD5、SHA1、SHA512、PBKDF2 等其他哈希函数）为例进行计算，通过编程语言提供的库函数或“在线哈希函数计算”网站提供的服务来获得哈希值。

从这个公式中我们可以看到，“00...0x...xx”代表 n 个 0 的哈希值，这里的“x”代表任何字符皆可的含义，在区块链的哈希值计算中只要求头部的值为 n 个 0 即可。例如，假设 n 为 4，则某个“矿工”通过不断碰撞计算得到的哈希值为 0000Fsc2U...sImNya81XQiOl7，即可满足目标要求。“矿工”不断计算哈希值以达成碰撞成功的方式以更加形象的类比例子做对照，情况如下：

```
    "Hello, world!0" => 1312af178c253f84028d480a6adc1e25e81caa44c749ec81976192e2ec934c64 =
2^252.253458683
    "Hello, world!1" => e9afc424b79e4f6ab42d99c81156d3a17228d6e1eef4139be78e948a9332a7d8 =
2^255.868431117
    "Hello, world!2" => ae37343a357a8297591625e7134cbea22f5928be8ca2a32aa475cf05fd4266b7 =
2^255.444730341
    ...
    "Hello, world!4248" => 6e110d98b388e77e9c6f042ac6b497cec46660deef75a55ebc7cfdf65cc0b965
= 2^254.782233115
    "Hello, world!4249" => c004190b822f1669cac8dc37e761cb73652e7832fb814565702245cf26ebb9e6
= 2^255.585082774
    "Hello, world!4250" => 0000c3af42fc31103f1fdc0151fa747ff87349a4714df7cc52ea464e12dcd4e9
= 2^239.61238653
```

假设“Hello, world!”相当于区块里的“前一区块的哈希”+“若干交易的集合”，这部分内容对于一个亟待上链的区块是固定的信息，然后我们不断调整随机值，从“0”开始尝试，一直尝试到“4250”，即进行了 4251 次尝试之后，终于找到了头部为 4 个 0 的哈希值，至此“挖矿”结束。在区块中的“Nonce”字段填入“4250”，在区块中填入自己的签名信息（代表该区块是“我”挖到的），并将挖到该区块的信息广播出去，我们知道哈希运算在正向方向是非常容易计算的，因此其他人只需要进行一步简单的运算，即通过哈希函数：Hash(“Hello, world!”+“4250”)就可验证是否正确挖到了该区块，如果得到大多数人的确认，则该新区块会追加到已有区块链的末尾。当这一过程完成后，意味着发令枪再次响起，新一轮的“挖矿”竞赛开始了。为了奖励挖到区块的“矿工”，每个区块中还包含了一笔奖励该“矿工”的数字货币，而这将成为“矿工”“挖矿”的动力。由于每次封装的新区块的内容并不相同（每个新区块的前一区块的哈希值和每次封装的交易集合的内容完全不同），因此这个反向计算哈希初始值的过程，对于每个新区块都需要重新计算，并无捷径可走，从而保证了区块链长期、稳定的运行。需要说明的是，对一个头部为4个0的哈希值，在二进制的计算机中也可以表示为“2^239.61238653”，即 $2^{239.61238653}$。我们也可以将整个表达式表示为 Hash(Block) < target，其中哈希函数也可以是 MD5、SHA256 之类的哈希算法，“<”代表头部至少为 n 个 0（本例中要求的是 4 个 0，“<”代表头部为 5 个 0、6 个 0 等，这样更满足要求），而 target 就是目标哈希值。

显然，这个“挖矿”的过程取决于算力和运气，但主要由算力所决定，纵向来看需要有强大计算能力的“挖矿”设备，横向来看则需要更多的计算机。因此，我们知道采用 PoW 的方式，会消耗大量的电力能源，在强调绿色环保、碳达峰、碳中和的今天，似乎这种方式确实不是很合时宜，因此社区就有了 PoS 等其他解决方案。PoS 简单来说就是参加投票的节点必须质押一定的资产（通常为本身的数字货币），然后对新产生的区块进行投票，作恶的节点一经发现则其质押的资产会被没收甚至被取消投票权，相反非作恶的节点在每次投票中都会获得奖励，因此其是一个通过鼓励正向、惩罚作恶来实现的共识机制。在公有链中还存在其他的共识机制，如

DPoS（Delegated Proof-of-Stake）、PoA（Proof of Activity）、PoC（Proof of Capacity）、PoET（Proof of Elapsed Time）、PoR（Proof of Reputation）、DAG（Directed Acyclic Graphs）等，呈现出百花齐放的态势。将来 PoW 是否会被取代，或者采用与 PoW 混合的模式，则需要实践的检验，让我们拭目以待。由于本书并非专门介绍公有链技术的图书，因此这里不再赘述，有兴趣的读者可以参考其他相关书籍。

联盟链的共识机制又与公有链有所不同，而联盟链所采用的这种共识机制，相信绝大多数读者在现实生活中甚少见到，甚至闻所未闻，但是它在生活中一直与我们息息相关。例如，我们远行时经常乘坐的交通工具——民航客机，以及军事领域的战斗机等现代化的飞机大多采用了四余度控制的电传操纵系统。电传操纵系统的重要性就如同人体中枢神经的重要性。所谓的四余度控制，就是系统由 4 套完全相同的单通道电传操纵系统组合而成，以保证其可靠性不低于古老而传统的机械操纵控制系统。这时我们不禁要问：为什么是四余度，而不是三余度或两余度呢？这里引出了一种共识机制，它也是目前联盟链区块链所使用的主流共识机制——拜占庭容错算法。

拜占庭容错算法是为了解决拜占庭将军问题（Byzantine Generals Problem）而出现的，这是一个古老但又严谨的数学问题。拜占庭将军问题的产生过程如下所述。拜占庭的多位将军分别率领一支军队共同围困一座城市，并将各支军队的行动策略限定为进攻或撤离两种。如果发生部分军队进攻而其余军队撤离的情况，则会造成灾难性的失败，因此各位将军必须通过投票来达成一致策略，即所有军队一起进攻或所有军队一起撤离。因为各位将军分处该城市的不同方向，所以他们只能通过信使互相联系。在投票过程中，每位将军都将自行投票给进攻或撤退的选项，通过信使分别通知其他所有将军，这样一来每位将军根据自己的投票和其他所有将军送来的信息就可以知道共同的投票结果而决定行动策略。问题在于，将军中可能出现叛徒，他们不仅可能向较为糟糕的策略方向投票，还可能选择性地发送投票信息来干扰大家一致的行动。

虽然问题很棘手，但必然有解决方案。假定任意两位将军之间都可以进行通信，那么可以通过多轮投票，来排除与大家行动不一致的将军。在数学方面已经能够证明，对于拜占庭将军问题，在不作恶的将军人数不超过 1/3 时，系统可以排除干扰的杂音（背叛将军的恶意投票），并达成整体团队行动的一致性。这就是著名的 $3f$+1 公式：

$$y = 3f + 1$$

其中，y 代表所有的将军（或节点），f 代表失效（Failure）或作恶的将军（或节点）。这样，在拜占庭容错算法中，如果有 4 位将军，则可以允许有一位将军作恶，而不影响最终的一致性；如果有 7 位将军，则最多允许有两位将军作恶，以此类推。在此，我们看到拜占庭容错算法与传统分布式系统容错算法最大的不同在于，传统的分布式系统容错算法只是失效容错算法，如在本例中可以是其中某些将军无法被其他人联系上，但不会出现恶意投票的情况，而拜占庭容错算法不仅能够对失效进行容错，而且对出现少量恶意叛徒的系统依然可以容错。因此，在一些至关重要的领域，如航空航天的关键性控制系统，采用“四余度”的容错方式优于二余度或三余度。

早期的拜占庭容错算法不仅非常复杂，而且不具备足够的健壮性，而真正在实际中得到应用的是一种叫作实用拜占庭容错（Practical Byzantine Fault Tolerance，PBFT）的算法。恰如其名，该算法不仅相对简单、有效，而且能提供高性能的运算，使系统可以每秒处理数以千计的请求，比早期的拜占庭容错算法的处理速度快了很多倍。PBFT 算法的运算过程如图 2-10 所示。

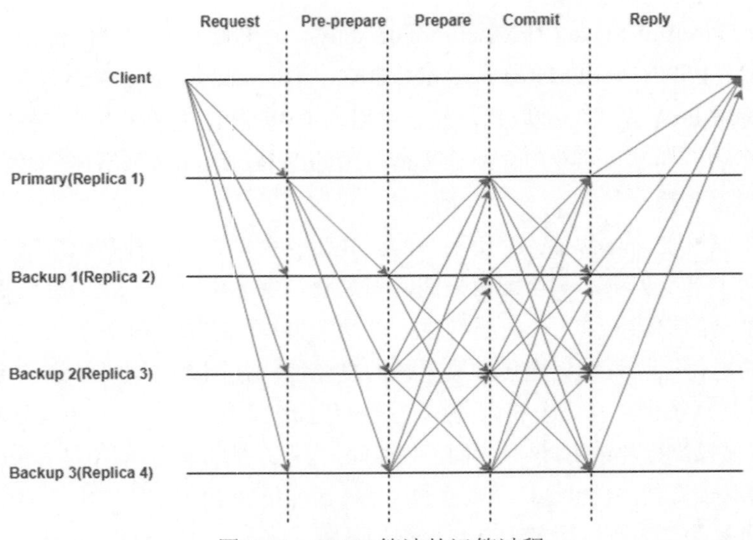

图 2-10　PBFT 算法的运算过程

PBFT 算法是一个三阶段协议（Three-Phase Protocol），节点分为一个主节点（Primary，或称“领导人”）和若干个从节点（Replica，或称副本），主节点在一次交易（三阶段提交的过程）之内保持不变，但主节点并非在多批次的交易中也保持一成不变，而是采用轮流坐庄的方式，以尽量减少被攻击的可能性。当主节点发生切换时，我们称之为视图切换（View Change）。以一个四节点的拜占庭沟通过程为例，PBFT 算法的三阶段提交过程如下所述。

1. **预准备阶段**（Pre-prepare）

主节点负责接收拜占庭客户端的请求（Request），并负责发起提案，其所发送给从节点的提案应包括消息内容（攻击或撤退）、视图编号（与主节点的视图相对应）和序列号（序列号可以描述为正在采取的行动的数字顺序）。主节点通过通信协议将带有签名的“预准备”消息发送给其他验证者。

2. **准备阶段**（Prepare）

每个从节点收到“预准备”消息后，都可以接受或拒绝主节点的提议。如果从节点接受主节点的提议，则其将向所有其他从节点（包括主节点）发送带有自己签名的“准备”消息。如果从节点拒绝接受主节点的提议，则其将不会发送任何消息。每个发出“准备”消息的节点都将进入“准备”阶段。如果从节点收到超过 3 个（$>2f+1$）“准备”消息，则进入“准备”状态。这些“准备”消息的集合统称为“准备证书”。

3. **提交阶段**（Commit）

如果“准备好的”节点决定提交消息，它将向所有节点发送带有签名的“提交”消息。如果它决定不执行，则不发送消息。发出“提交”消息的节点将进入“提交”阶段。如果节点收到 3 个以上（$>2f+1$）“提交”消息，则消息对象被执行，这也意味着提案已经达成共识。消息执行完毕后，节点进入“已提交”状态，并将执行结果（回复信息）返回给拜占庭客户端。发送回复后，节点将等待下一个请求。

在 PBFT 算法中为何进行三阶段提交，这可能是很多读者的疑问。其实原因也简单，那就是这 3 个阶段同样是为了避免作恶情况的发生。预准备阶段是 PBFT 算法的三阶段提交过程的第一个阶段，这个阶段显然是必要的。在这个阶段，主节点为客户端的请求分配一个唯一的序列号，然后发送给其他从节点，我们可以认为这是一个发起阶段。对于第二个阶段，PBFT 算法既然是拜占庭容错算法，那么意味着主节点也可能是恶意的，如预准备阶段的主节点可以为同一个请求分配不同的序列号，从而违反安全条件。为了检测主节点的这种错误行为，从节点需要在下一步的准备阶段交换预准备阶段的消息，以检查它们是否都从主节点接收到完全相同的消息。总而言之，准备阶段是通过从节点验证主节点消息的过程，当从节点收集到了足够多的其他从节点广播的请求，并且这些请求与自己从主节点那里接收到的一致时，它就认为主节点是可信的，那么这个请求是可以响应的。而最后的提交阶段是确认其他节点的准备阶段是否成功的过程，这样就可以避免自己虽然通过了准备阶段且响应了请求，但其他的从节点并没有通过准备阶段，从而造成状态不一致的情况。

从整体上来看，PBFT 算法遵循的是一种“少数服从多数”的原则，那么在通信和区块链中如何体现这一投票结果呢？答案是数字签名。无论是通信中的消息，还是区块中的内容，每个节点（主节点和从节点）都用私钥对自己所发送消息的内容进行签名，而其他节点可以通过该节点的公钥进行验证，由于私钥具有保密性和唯一性，其签署过的信息具有防止伪造的功能，这样我们可以确认收到的信息来源于真实的、特定的发送者，而非别人仿造。图 2-11 所示为联盟链 Hyperledger Fabric 的区块结构，其中黑色框所圈起的部分代表了该区块中的内容已经被各个背书（Endorser）节点进行了数字签名（意味着该区块中的内容已经达成共识，且被足够多的背书节点所确认）。

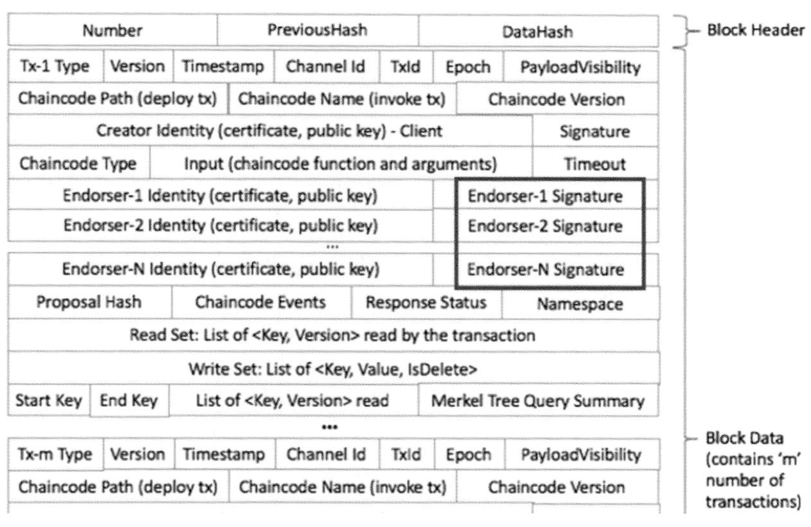

图 2-11　联盟链中的数字签名

2.4 P2P 网络

最后我们还需要关心的一个议题是，在区块链这样庞大的存储网络中信息是如何同步的，数据块如何同步到区块链存储网络中的每一个角落？不同于中心化的存储网络，区块链的每个全节点是无法知道整个网络的拓扑情况的，特别是在公有链中，每时每刻都存在上线或离线的节点，因此区块链采用了一种比较巧妙的设计——P2P 传输协议的设计，在介绍这种设计之前，我们先回顾一下 P2P 网络的发展史以便于理解。

互联网在诞生初期，的确是点对点的状态，由于网站稀少、应用匮乏，更多情况下是用户间的电脑直接进行 P2P 互联互通。但随着互联网的发展，马太效应呈现出来，而互联网业务本身也逐渐走向了“客户端—服务器端”的模式。另外，出于对 IPv4 的局限性（IP 地址不够用）及安全性（通过代理方式上网）的考虑，我们可以看到普通人的电脑慢慢地就不能简单地直接被其他人访问了，而是呈现出星型或树型的拓扑结构。从这里可以看出互联网的发展也越来越呈现出马太效应，信息主导权也集中在少数的互联网企业中。例如，在国际领域，社交的话语权被 Meta（Facebook 现已更名为 Meta）和 Twitter 等公司掌握，搜索的主导权被 Google 和 Bing 等所垄断。

这种垄断在某种程度上危害了创新的发生和发展，让环境逐渐走向封闭，让创意被扼杀在摇篮中。但事物的发展总是呈螺旋式上升的，区块链的出现打破了原有的规则又回归了互联网的初心。区块链的网络是一种纯粹的、天然的 P2P 网状结构，这让互联网更加开放，信息的共享更加互联互通。

在互联网发展的早期，因为带宽的限制（拨号上网速率为 56Kbps），为了传输大型的文件，如歌曲、照片、视频等，出现了 BitTorrent（比特流）的文件传输方式。在这个网络中，一切接入的节点都变得扁平化，普通互联网用户不通过服务器也可以直接建立网络结构，完成文件分享和下载的任务。BitTorrent 将待传输的文件分解为大小相同的若干块，借助 P2P 网络链接，让每台电脑既是服务器又是客户端、既是文件的传输中转站又是文件的下载点，让每个参与者既是贡献者又是受益者，相互交换自己没有的信息块，再结合其断点续传的能力，让大型文件可以快速、可靠地传输。

但随着时代的变迁，网络带宽愈来愈充足，更重要的原因是 BitTorrent 分享的很多内容没有版权，存在盗版的法律风险，因此 BitTorrent 等下载方式及下载工具（如迅雷、电驴等）逐渐走向边缘化。但技术的发展总有着相似的轮回，柳暗花明，区块链的崛起让 P2P 网络以另外一种方式重回人们的视野中。

区块链系统借鉴了 BitTorrent 的文件传输方式，但又与它有所不同。BitTorrent 采用的是分布式哈希表（DHT）的方式，需要制作者创建种子文件并发布出去，而区块链系统的巧妙之处在于采用了一种名为 Gossip 的通信协议，它的原理足够简单但有效，不需要发布任何种子文件，既不依赖底层通信的可靠性状况，也不需要了解整个网络的拓扑情况，如图 2-12 所示。Gossip 协议的理论依据为“六度空间”（Six Degrees of Separation）的哲学思想，即地球上的任何两人之间，最多只需要 6 个中间人即可建立起连接。因此，从信息传播学的角度来说，我们所处的信息空间是一个闭环，任何两点之间的信息通信都可以在有限的交换次数内完成，并且这种传播的链条并不冗长而且传播速度非常快。单从 Gossip 的字面含义——“流言蜚语”就可以获知，这种通信协议的特别之处是信息的传播以“谣言”的方式进行，也就是我们经常所说的一传十、十传百、百传成千上万……Gossip 协议有时也被称作流行病传播协议，它和疫情传染、传播的过程非常类似。Gossip 协议的具体情况为，一个节点发起消息或收到消息后，就像散播流言一样会发给与之相连的最多 n 个节点，收到消息的相邻节点再以同样的方式发给其他与之相连的节点，如此往复（一个节点如果收到相同的信息后不再转发，那么“流言蜚语”将收敛于此），通过一段时间的传播，最终网络中所有的节点都会收到该消息。Gossip 协议在很多不同的区块链系统中都被采用，而比特币网络就是第一个采用此协议的经典案例。

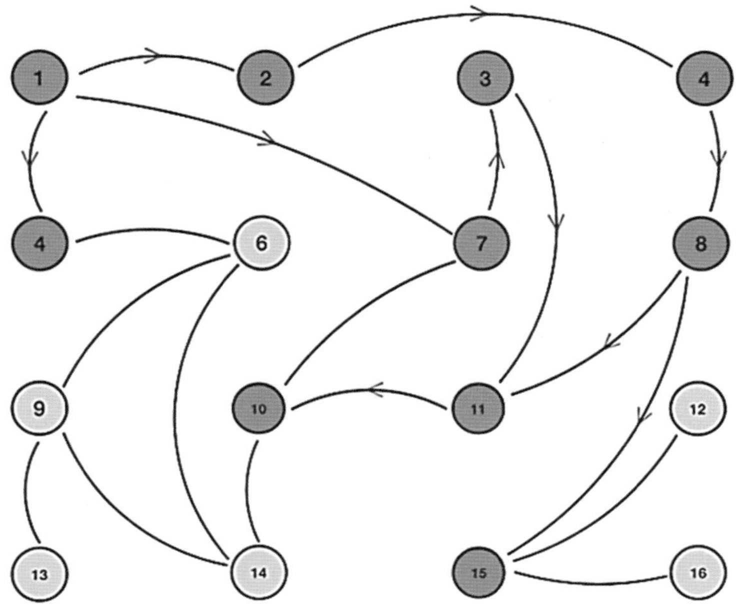

图 2-12 Gossip 协议信息传播示意图

Gossip 协议的基本要求如下。

（1）周期性地散播消息，把周期限定为 *n* 秒。

（2）被感染节点随机选择 *m* 个邻接节点（Fan-out）散播消息，假设把 *m* 设置为 3，则每次最多向 3 个节点散播。

（3）每次散播消息时都选择尚未发送过的节点进行散播。

（4）收到消息的节点不再向发送节点散播，即不会原路返回发送消息。

因为 Gossip 协议还可细分为不同种类，每种传播的方式进程及最后的效果也不尽相同，因此我们很难用统一的讲解步骤来说明。以上内容仅从粗粒度的角度来说明 Gossip 协议消息传播过程的大体原理。而这种分类具体来看，又分为直接寄送（Direct Mail）、反熵传播（Anti-Entropy）、谣言传播（Rumor Mongering）。由于第一种方式存在遗漏节点的缺陷，所以在 Gossip 协议消息传播中极少使用，大部分开源代码都以后两种通信方式为主。在一个封闭的系统中，新的信息更新通常采用谣言传播的方式，并且不定期地采用反熵传播的方式来处理任何未交付的更新，即进行纠错，通过这两种方式的配合使用，来完成整个 Gossip 协议消息的传播。由于本书并非专门介绍相关底层技术的图书，有兴趣的读者可以找相关资料对反熵传播和谣言传播做进一步研究。

但这里仍然需要进一步说明的是，无论采用哪种类型的 Gossip 协议，总体来看 Gossip 协议所采用的具体通信方式（或者说是“谣言”的传播方式）可以分为“推送”（Push Epidemic）、“拉取”（Pull Epidemic）、“推拉”（Push-Pull Epdidemic）3 种，每种机制所产生的传播效应也有差异。下面对三者做简单的介绍。

（1）“推送”方式：当一个节点收到新的消息后，它会将新收到的消息推送给其他节点，其他被“感染”的节点（收到消息的节点）做出同样的动作，继续向自己的周边节点发送这条新消息。

（2）“拉取”方式：与“推送”方式不同，采用“拉取”方式的网络中的节点并不发送自己收到的新消息，而是每隔一段时间，每个节点都会主动询问周围的其他节点，是否有新消息出现，如果有，则从其他节点拉取新的消息。

（3）“推拉”方式：“推拉”方式是对“推送”和“拉取”的结合，一个过程包含了两个步骤，如果节点收到了新消息，则将推送新消息，同时也会主动询问其他节点是否有新消息并从其他节点拉取相应的消息。显而易见，这样的过程减少了沟通的次数，但是增加了每次沟通的成本。总体来说，这种方式会让“谣言”以更快的速度进行传播，是大多数情况下会被采用的 Gossip 通信方式。

除比特币外，大多数公有链技术都广泛采用了 Gossip 协议，可见在区块链 P2P 网络中该协议具有强大的普适性。联盟链中的 Hyperledger Fabric 同样采用了 Gossip 协议，但 Gossip 协议在 Fabric 中不仅被用来同步数据和保持信息的一致性，它还被用来完成对 P2P 网络状态的维护工作。总结一下，Gossip 协议在 Fabric 网络中有 3 个主要功能，如下所述。

（1）通过持续不断地识别可用的成员节点，来管理节点的发现和通道成员的确认，并检测有哪些节点已经离线。

（2）向通道中的所有节点传播账本数据，所有没有和当前通道的数据同步的节点会识别出丢失的区块，并将正确的数据复制过来以使自己同步。

（3）通过点对点的数据传输方式，使新节点以最快的速度连接到网络中并同步账本数据，即快速初始化新加入的节点。

通过以上介绍，我们理解了在区块链中 P2P 网络是如何构建和维护的，通过这样的 P2P 模式，可使区块链网络具备离散性，构成的节点间无须任何中央系统的协调，区块链的节点可以快速地加入和离线，这让区块链具备了很强的伸缩性。以比特币和以太坊为例，即使在拥有巨量节点的情况下，其运行也依然非常平稳、有效，其健壮性和容错性并不逊于传统的分布式系统或中心化系统，从比特币可靠地运行了十多年的情况来看，区块链的健壮性/稳定性甚至更优于后者。

2.5 数字货币与区块链

比特币作为波动性较大的加密资产，在全球金融市场的冲击下带来一轮又一轮的“神话”与风暴，也让区块链技术走上主流舞台，成为聚光灯下的“明星”。区块链技术在获得追捧的同时，也使很多人混淆了区块链与比特币。而实际的情况是，比特币只是区块链技术中的一种，在异彩纷呈的区块链世界里，比特币虽然具有重要的历史地位，但也要看到它的局限性。例如，比特币只提供简单脚本化的编程而缺少智能合约的能力，“挖矿”模式在很多场合并不适用，对敏感数据的保护并未在设计中被考虑等。这也为其他后来者提供了机会。以太坊拉开了区块链 2.0 时代的序幕，以太坊的智能合约为区块链世界重新打开了一扇大门，从此让区块链技术具备了更强大的可编程能力，使得区块链可以应用在更广阔的场景中。在区块链从 1.0 的单一数字货币向多功能金融应用方面迈进的过程中，股权众筹、首次代币发售（Initial Coin Offering，ICO）等曾一度火热，但这异常喧嚣的背后出现了很多乱象与杂音，让其热潮也逐渐地冷却和落寞。此后经过更多从业者的反思，也伴随着国家政策的调整，区块链技术逐渐进入了成熟、平稳的发展阶段，让区块链拥抱（实体）产业、应用到生活中去的呼声越来越高，更具划时代意义的区块链 3.0 也就此展开。区块链历史的变迁如图 2-13 所示。

图 2-13 区块链历史的变迁

区块链 3.0 是区块链在挣脱数字货币的束缚之后的“翩翩起舞”，将区块链技术真正运用到包含金融领域在内的各行业的场景中，无币化的区块链 3.0 将走出金融属性的“象牙塔”，赋能产业并成为社会信息化的基础设施。

从区块链“一路狂奔”的发展历程来看，区块链逐渐裂变出多种类型：公有链、联盟链和私有链。其中，公有链是以比特币为代表的各类加密型数字货币所应用的一种区块链技术，特点是人人都可以接入、随时都可以连接；而联盟链是具有准入规则的一种区块链技术，并非任何人都可以接入，而是为了达到某个目标由相关的组织或单位组成的一个联盟形式，联盟链一般是无币化设计的区块链平台，它把区块链定位为可协作、可编程、可共享、不可篡改、可信赖的公共账本；私有链是在一个单位或组织内部所形成的、用以打通内部的信息壁垒，从而建立的“公共”账本平台，私有链同样需要有准入的许可。私有链和联盟链通常是同构的底层技术平台，只是针对的使用范围不同，一个是内部的协作，另一个是外部的多方协同。也正因为两者有着相似的特点，联盟链和私有链也统称为许可链。表 2-2 清晰地表述了三者之间的区别。

表 2-2 公有链、联盟链和私有链的区别

	公有链	联盟链	私有链
特　　征	任何人都可以随时进入系统中读取数据、发送可确认交易、竞争记账的区块链	有若干个机构共同参与管理的区块链	写入权限仅在一个机构手里的区块链
准入方式	开放准入	授权准入	授权准入
链上资产	数字货币、数字资产	定制化资产，可以考虑与线下资产的锚定	定制化资产，可以考虑与线下资产的锚定
共识方式	全员共识：PoW、PoS 等	有差别共识：PBFT、可配置共识规则	独裁共识+公开监督
激励方式	数字货币激励	商业利益激励或共同需求驱动	内部利益激励
交易速度	低频高时延	中频低时延	中频低时延
交易成本	高交易成本降低交易容量，保障矿工收益	低	低
商业价值	数字货币流通、股权众筹等	同行业或跨行业间的协同、价值交换、信息共享等	组织或团体内部的协同

因此，在不同的需求场景中，我们需要对区块链的形态做出选择。区块链可以算是一种“另类”的“共享数据库”，但何时选择分布式数据库，何时选择区块链，或者在选择了区块链之后，是选择联盟链还是选择私有链，需要进行进一步的梳理。为了便于读者在未来的系统设计中做出选择，本书提供了可参考的选择流程图，如图 2-14 所示。

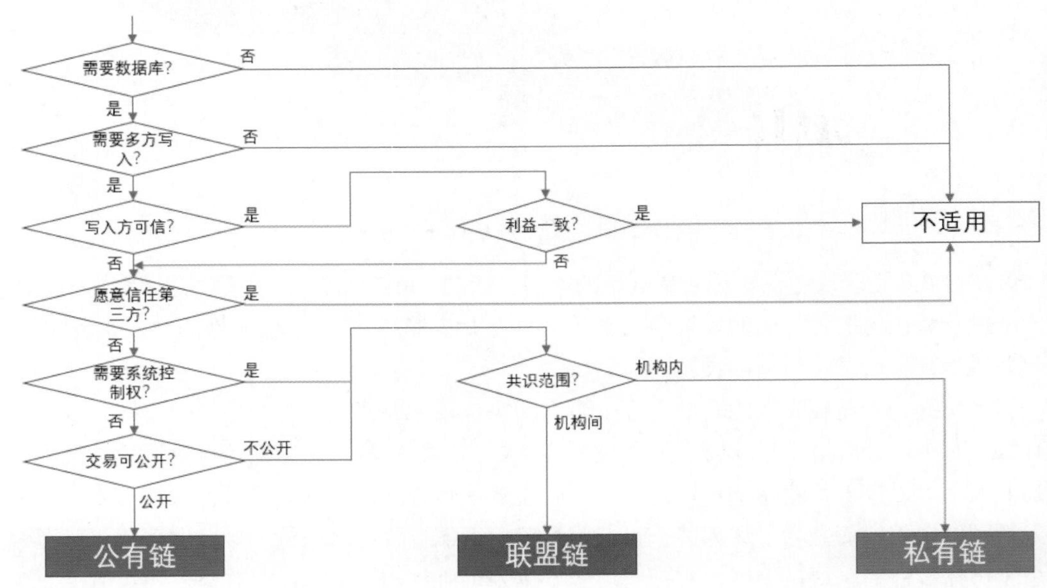

图 2-14 区块链技术的选择

这里需要特别指出的是，公有链技术基本上都带有数字货币的设计，由此产生了很多乱象，各类“空气”币、虚拟币及 ICO（首次公开币）竞相粉墨登场，大量与之相关的诈骗活动层出不穷，这些不和谐的声音对正常的金融活动产生了冲击和影响。为此，相关部门先后出台了各类政策，来打击相关的非法交易。

早在 2013 年 12 月，中国人民银行、工业和信息化部、中国银行业监督管理委员会（简称银监会）等发布的《关于防范比特币风险的通知》表示，要加强比特币互联网站的管理，防范比特币可能产生的洗钱风险等。

随后，针对各种 ICO 乱象，中国人民银行、中央网信办、工业和信息化部、工商总局、银监会、证监会、保监会 7 部门于 2017 年 9 月发布的《关于防范代币发行融资风险的公告》指出，向投资者筹集比特币、以太币等所谓“虚拟货币”，本质上是一种未经批准非法公开融资的行为；“本公告发布之日起，各类代币发行融资活动应当立即停止，已完成代币发行融资的组织和个人应当做出清退等安排”。

2018 年 1 月 22 日，央行营业管理部下发《关于开展为非法虚拟货币交易提供支付服务自查整改工作的通知》，要求各单位及分支机构开展自查整改工作，严禁为虚拟货币交易提供服务，并采取措施防止支付通道用于虚拟货币交易；同时，加强日常交易监测，对于发现的虚拟货币交易，及时关闭有关交易主体的支付通道，并妥善处理待结算资金。

2018 年 1 月 26 日，中国互联网金融协会发布《关于防范境外 ICO 与“虚拟货币”交易风险的提示》，警惕投资者尤其要防范境外 ICO 机构由于缺乏规范，存在系统安全、市场操纵和洗钱等风险隐患，同时也指出，为“虚拟货币”交易提供支付等服务的行为均面临政策风险，投资者应主动强化风险意识，保持理性。

2021 年 9 月 15 日，中国人民银行、中国银行保险监督委员会（简称银保监会）等 10 部门联合发布《关于进一步防范和处置虚拟货币交易炒作风险的通知》称：“近期，虚拟货币交易炒作活动抬头，扰乱经济金融秩序，滋生赌博、非法集资、诈骗、传销、洗钱等违法犯罪活动，严重危害人民群众财产安全。”“开展法定货币与虚拟货币兑换业务、虚拟货币之间的兑换业务、作为中央对手方买卖虚拟货币、为虚拟货币交易提供信息中介和定价服务、代币发行融资以及虚拟货币衍生品交易等虚拟货币相关业务活动涉嫌非法发售代币票券、擅自公开发行证券、非法经营期货业务、非法集资等非法金融活动，一律严格禁止，坚决依法取缔。”“境外虚拟货币交易所通过互联网向我国境内居民提供服务同样属于非法金融活动。”

2021 年 9 月 24 日，国家发展改革委、中宣部、中央网信办等 11 部门下发《关于整治虚拟货币“挖矿”活动的通知》，从产业的角度进一步进行了限制，明确加强虚拟货币“挖矿”活动上下游全产业链监管，严禁新增虚拟货币“挖矿”项目，加快存量项目有序退出，促进产业结构优化和助力碳达峰、碳中和目标如期实现。

至此，我国对于加密型虚拟数字货币交易做出了最终定性，不仅将为虚拟货币交易提供服务视为非法行为，而且参与虚拟货币交易和从事虚拟货币“挖矿”的活动也不合法。这也让社会各界及普罗大众都认识到了虚拟数字货币的交易对日常经济秩序的冲击和对正常金融活动的危害。本书也遵循国家的指导方针，将无币化的许可链（联盟链和私有链）技术及应用作为重点进行详细介绍，本书所阐述的区块链应用到实体产业中的各类案例，也是以许可链（联盟链和私有链）为基础开展而来的落地成果，本书对所有的产业实际案例的介绍都不基于公有链，更不带有虚拟数字货币的设计。

3

区块链助力产业的实际案例一

3.1 区块链在存证领域的应用

3.1.1 幸福的烦恼——互联网的便利与纠纷

随着信息社会的发展，互联网与数字经济越来越深入社会生活、国民经济的每个环节和每个领域，它的触角已无处不在，我们也越来越依赖于这样的数字生活。回顾过往，人类社会的信息传播，从最初的口口相传，到文字出现后以书籍、书写的文件等实体为媒介，再到有线/无线通信出现后以电话、电报、广播、电视等为新载体，直至计算机及互联网出现的数字信息新时代，人类的交流、交往已经发生了翻天覆地的变化，并且每人每天产生的数据量经过日积月累也相当可观，如图 3-1 所示。

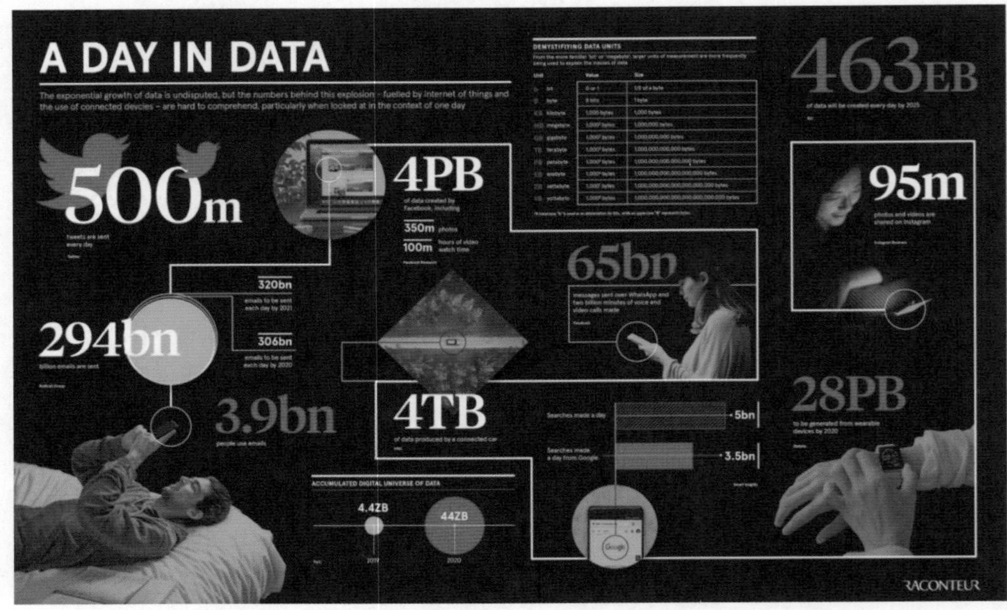

图 3-1 人类一天所产生的数据

（资料来源：raconteur）

在计算机与互联网带来的数字化传播时代，数据能够以更加便捷、快速的方式进行传递，而其载体和媒介也花样繁多，微博、微信、短视频、直播等各类社交媒体正在不断解构传统媒体，抖音、快手、腾讯视频、爱奇艺等新视听媒体让越来越多的人放弃了传统的娱乐方式而沉浸其中，滴滴、共享单车、高德地图等又带来了快捷和便利的全新出行方式，而淘宝、京东、拼多多、美团等新的互联网购物方式给人们带来全新体验的同时，也让数字化技术深入渗透到人们的日常生活并与人们密不可分。

显然，我们乐于享受科技所带来的红利，但问题和麻烦也随之而来。一方面信息得以快速而广泛地传播，另一方面信息越来越呈现出碎片化，越来越多的网络侵权、盗版、滥用、篡改等情况不断发生。数字化生活和网络购物带来便利和快捷的同时，由此产生的纠纷也层出不穷，假冒伪劣、以次充好，有关服务质量的投诉并未因技术的进步和互联网的出现而减少，反而呈现出愈演愈烈的趋势。以北京互联网法院这一地的情况为例，从 2018 年 9 月 9 日至 2021 年 5 月 31 日，北京互联网法院共受理案件 102 585 件，其中涉及社交媒体平台的有 23 781 件，占比为 23.18 %。另外，涉网络社交媒体平台案件的数量和比重逐年增长，其中 2018 年 9 月至 12 月收案量为 458 件、2019 年收案量为 8011 件、2020 年收案量为 10 424 件（同比上升 30.12%）。据统计，在社交媒体平台纠纷中，侵权类纠纷占绝大多数。其中，著作权侵权纠纷的占比最高，为 87.71%；其次为网络侵权责任纠纷，占比为 6.81%。同样，在互联网购物方面的纠纷数量也不遑多让，北京互联网法院 2017 年新收案件为 1.33 万件；2018 年新收案件为 1.21 万件，同比下降 9.02%；2019 年新收案件为 1.56 万件，同比激增近三成，具体情况如图 3-2 所示。

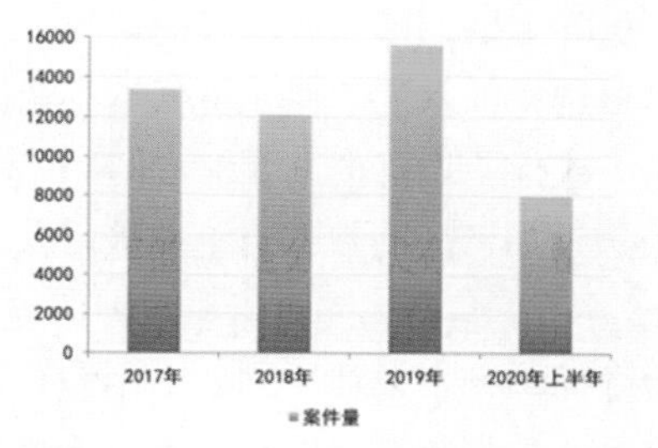

图 3-2 网络购物合同纠纷案件统计

传统社交方式因为受到媒介的限制，所以传播速度较慢，影响范围也较小。互联网史前的交易和买卖方式同样受到诸多客观因素的限制，往往以面对面的方式进行，纠纷和争议的解决也延续着千百年来的传统。当互联网出现以后，交易的发生产生了质的变化，不仅跨越了地域的限制，还跨越了时间的约束，打破了种族与语言的障碍，模糊了交易主体间虚拟与现实的区别，突破了线上与线下交易的鸿沟。以跨越时区和空间为例，如果说过去普通人跨国购物是凤毛麟角的话，那么如今普通人进行海淘、外贸电子商务、网络代购等行为已经司空见惯了，且交易方式更是百花齐放（如 B2C、B2B、C2C、O2O 等）。但是，在互联网时代，交易的维权和交易纠纷的解决都更加困难和棘手，问题的形式也更加复杂化和多样化，追诉和留存证据也迥异于传统诉讼。

这些新的情况不仅困扰着受害者和被侵权者，更无时无刻不在挑战着传统的法律体系。不仅在中国，全球范围内的数字化信息领域中的各类纠纷也都在呈指数级增加，让法律工作者应接不暇，也让传统的法律体系面临着严峻的考验。因此，在面对互联网新时代的挑战时，我们呼唤着新的模式、新的技术来解决“数字化的正义”。

新兴的技术宛如一把双刃剑，既可能产生纠纷，也可能提供强有力的工具来协助解决纠纷。而区块链技术的出现，恰如其时地为解决这一难题带来了曙光：区块链天然地具有不可篡改、可追溯、多方共识的特点，为法律的存证及证据的追溯带来了新的解决方案，让数字化的数据可以作为法律认可的依据而存储，我们因此进入了全新的数字存证时代。

3.1.2 区块链技术如何存证

旧时代的证据往往以实物为载体，如纸质的合同、借据、书面声明等，而在数字化新时代一切皆以“网络化”的计算机和互联网为载体，因此数据证据如何保存就举足轻重了，成为各类纠纷、争议、诉讼的前提和基础。区块链的史前时代，数字化数据只能进行简单的保存，很难让各方认可，留存的数据也极易被造假或篡改。造假和欺骗行为从来都是“与时俱进”的，各类 PS 和“美化”技术令人目不暇接，更有甚者利用人工智能对数字化影像进行篡改，如“无中生有”的工具（如 DeepFake），即利用 AI 技术可以对视频中的人物进行“换脸”，达到以假乱真的地步。试问这样的数据证据，作为呈堂证供又有何意义呢？

而区块链技术天然地具备留存数据证据的优势，因为它拥有 3 种“武器”：不可篡改、可追溯、多方共识。而在使用这 3 种“武器”之前，区块链证据的核心要素证据必须上链，这不仅是前提条件，而且是必要条件。区块链留存证据的方式，大部分情况下并非直接将证据数据保存在区块链上，这其中有如下 4 方面的原因。

（1）涉及数据安全问题。如果数据选择直接保存上链，那么要保存的信息中如包含个人隐私或敏感数据，就存在信息泄密的风险。虽然可以选择加密的手段来降低这种风险，但密钥同样存在被攻克或泄露的风险。此外，很多法律法规或行业规范也有要求。例如，欧盟的 GDPR（General Data Protection Regulation）规定，即使经过加密后的数据也不能披露在外部或公共平台上。

（2）大文件或大单体数据直接上链，不符合存储的分层设计原则，更不利存储与计算的分离。现代化存储采用的都是分层设计原则，存储的元数据与存储的文件本身分离，便于后期进行维护和管理；同时，存储的实体采用分布式的方式，更是现代化存储的普遍做法。试想，如果一股脑地把所有数据存储在同一个数据库中，不仅臃肿，也很难进行后期存储扩展。同样，集中存储也不利于存储与计算的分离，如后期的信息检索和关联，或者更高级大数据的运算。

（3）区块链并不适合保存大文件和大体量的单个数据。区块链设计之初是为了保存大量的小数据载量的信息。这似乎有些“矛盾”，但其含义是指信息数量可以很大，即可以是海量条信息，但存储的每条信息本身的数据量很小，即单条信息的载量并不大。

（4）数据直接上链完全没有必要，可以通过间接的方式来达成同样的效果，这种技术即“数据指纹”。顾名思义，不同数据具有不同的特征，类似于人类的指纹，不同的信息数据的指纹也是不同的。同时，数据指纹拥有更小的信息体量，但其背后同样代表了数据本身。

数据指纹技术采用了密码学领域的哈希算法（也称散列算法或摘要算法），即对任意一组输入数据进行计算，得到一个固定长度的输出哈希值（摘要信息），其特点是相同的输入一定能得到相同的输出，不同的输入大概率得到不同的输出。哈希算法是一种单向运算的加密算法，即在知道输入和算法的前提下，任何人都可以很容易地算出哈希值，但即使在知悉哈希值和哈希算法的情况下，也无法反向推导出初始的输入值。通过哈希函数计算获得的哈希值即数据指纹，如图 3-3 所示。

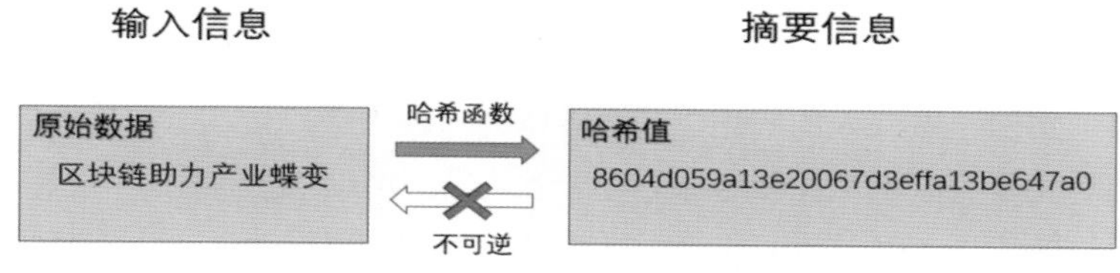

图 3-3 数据指纹的获得

通过观察，我们发现对每个不同的数据进行哈希计算就有不同的输出，即不同的哈希值（摘要信息），但无法通过哈希值来反推输入的原始信息。这样，不同的输入信息有不同的指纹，保护了原始数据的安全。

哈希算法种类繁多，但好的哈希算法才具备良好的“雪崩效应”，即输入的原文消息有微小的变化，即使仅改变一个字符，哈希函数的输出也会产生很大的不同，并且没有规律可循。这样就无法通过观察输入与输出的关系，反向推导哈希值来获取原文。哈希算法的“雪崩效应”如图 3-4 所示。以“Hello World!”（第一个原始数据）为基础进行演变，第二个原始数据最后一个字符由“！”变成了“.”，重新进行哈希计算后其摘要信息发生了很大改变；第三个原始数据的第二个单词的第一个字母由大写变成了小写，其后它的哈希值与前两个数据的哈希值相比也发生了很大改变；最后一条数据的第一个单词与第一条数据相比，第一个单词由“Hello”变成了“Helle”，其哈希值亦发生了很大的改变。从示例中可以看出，虽然每条数据与初始的第一条数据相比只有微小的改变，但它们的摘要信息却发生了没有规律可循的巨大改变，这就是一个好的哈希算法所应具备的“雪崩效应”。

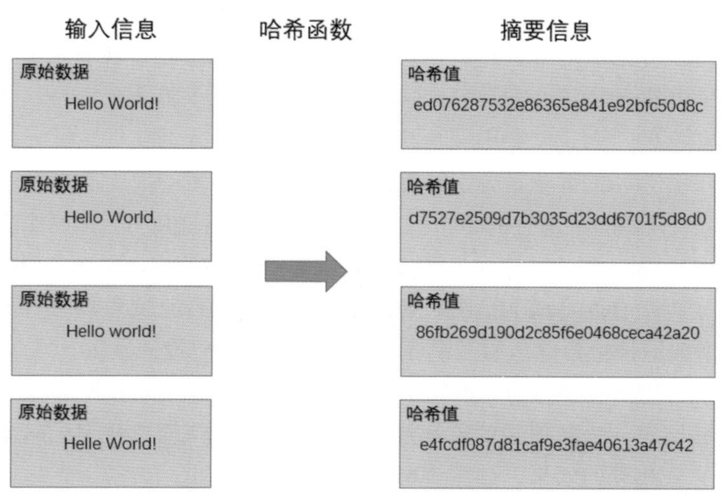

图 3-4 哈希算法的“雪崩效应”

常用的哈希算法有 MD5、SHA-0、SHA-1、SHA-256、SHA-512 等，它们都有良好的“雪崩效应”。但哈希算法仅仅满足“雪崩效应”是远远不够的，还需要拥有良好的安全性和抗碰撞性。MD5 输出的哈希值为 128 位，SHA-0 和 SHA-1 输出的哈希值皆为 160 位，SHA-256 输出的哈希值为 256 位，SHA-512 输出的哈希值则为 512 位。由此可以看出，SHA-256 和 SHA-512 拥有更好的抗碰撞性。从安全性的角度来看，早在 2010 年，美国软件工程学会（SEI）就认为 MD5 算法已被破解，不再适用；2017 年，荷兰密码学研究小组 CWI 和 Google 正式宣布攻破了 SHA-1 算法，SHA-256 和 SHA-512 是目前较为安全且通用的哈希算法。

下面针对存证案例再做深入的阐述。区块链作为一种去中心化的“数据库”，是一串使用密码学算法产生的有关联关系的数据块链条，每一个数据块中不仅包含了自身要存储的信息，还保存了上一个区块的信息，用于验证前一个区块的有效性（防篡改）。区块链网络可将多个机构或企业的服务器作为节点，区块链网络中的某个节点会将一个时间段内所产生的数据（存证信息）打包成一个区块，然后将该区块同步到整个区块链网络中，网络上的其他节点对接收到的区块进行验证，验证通过之后该区块就追加到本地服务器中区块链的末端。通过这样的同步机制，就保证了各个节点间的区块高度和内容都保持一致。若某个节点想篡改本地服务器上的区块内容，不仅需要修改此区块之后所有区块的内容，还要将区块链网络中所有机构和企业备份的数据同时进行修改，正如前文所介绍的那样，在公有链系统中这样的操作需要拥有全网 51% 以上的算力，在联盟链中不仅需要窃取所有参与者的私钥，还要操纵所有参与节点的共识，以上这些操作通常极度困难。因此，区块链有难以篡改、防止删除的特点。另外，区块链具有永久保存的特点，让其具有可追溯性。因此，当业务系统在确认了电子证据数据已保存至区块链后，区块链技术作为一种保持内容完整性的方法是具有极高的可靠性的。

3.1.3 区块链存证之阿喀琉斯之踵——哈希碰撞

万事俱备，似乎一切皆为完美，但哈希算法真的完美无缺吗？答案是否定的。由于大部分哈希算法的输出结果为固定位数的值，因此不可避免地会出现哈希碰撞的情况，只是不同的算法出现碰撞的概率不同。虽然一般说来位数越长的散列值的碰撞概率越低，但这依然给法律诉讼带来了麻烦，因为无法一对一地精确定位证据，这就好比在犯罪现场采集到了指纹，但两个不相干的人却拥有相同的指纹，如何判定哪个人确切地执行了犯罪行为呢？

好在办法还是有的，为了避免出现哈希碰撞，可以对输入的文件做拆分，如图 3-5 所示。对源文件分别做一分为二的拆分，分别计算出 3 个哈希值，全体信息的哈希值为 1，文件前半部分的哈希值为 2，文件后半部分的哈希值为 3，这样即使出现巧合，即两个内容不同的文件的哈希值相同（出现碰撞），但由于有哈希值 2 和哈希值 3 作为补充，再次出现碰撞的可能性几乎为零，从而避免了因巧合而造成的危机。更进一步，我们可以把文件切分成更多的份数，如 3 份、4 份……来增加这种哈希信息的冗余度，以更好地避免碰撞的发生。

同理，对两个可能出现碰撞的文件的尾部追加相同的信息（无用的冗余信息即可），每次追加后再次进行哈希运算，来获得新的哈希值。通过多次追加来获得更多的哈希值，也可以达成与采用文件分拆方式相同的效果，如图 3-6 所示。

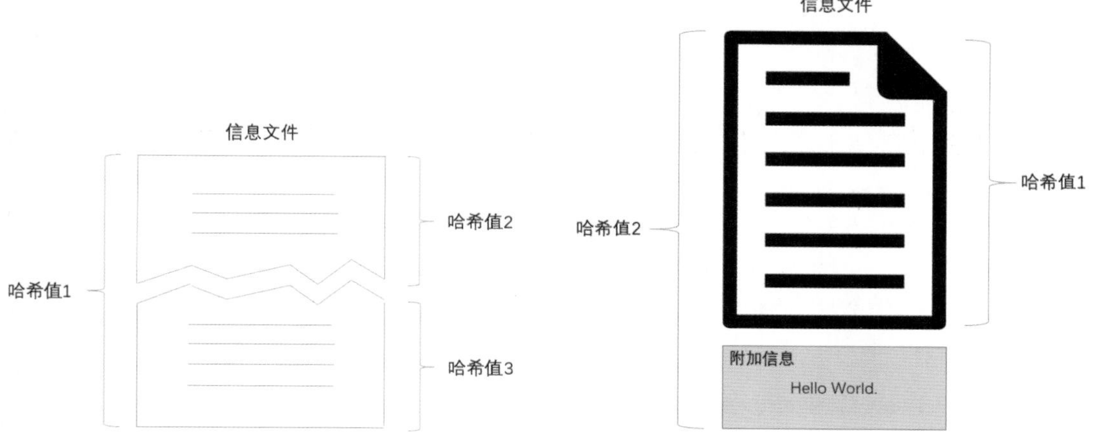

图 3-5 文件拆分避免哈希碰撞　　图 3-6 文件追加信息避免哈希碰撞

最后一个问题是，这样的操作虽然能最大化地减少碰撞发生的概率，但依然不能保证百分之百不会发生碰撞，这又该如何解决呢？回到现实中来，现代的 DNA 检测技术虽然日臻成熟，是现代法医证据追踪的利器，但即使在拥有比较可靠、稳定的测试源的前提下，亲子鉴定依然只能保证 99.9999%的正确率，更不要说会受到外界环境干扰的犯罪现场，其 DNA 检测的正确率会更低一些，但这并不妨碍其作为司法鉴定中的可靠证据来源。一个良好的哈希算法，经过多次文件拆分组合成多个摘要指纹，其排列组合出来的数量比宇宙中所有物质的原子数还要多，因此不发生多次碰撞的概率远远高于 99.9999%。

此外，近些年来随着技术的进步，哈希值为不定长的、无碰撞（Collision Free）的哈希算法在密码学领域也取得了不断的进步，此类哈希算法对应的哈希函数被称为完美哈希函数（Perfect Hash Function）。有朝一日如果此类算法能够达到实用效果，必然会对现有的密码学应用产生革新。在新技术成熟之前，采用上述文件拆分和文件追加信息的方案仍然是比较好的可行方案。

3.1.4 区块链存证的法律依据

讲解至此，数据存证的版图还差最后一块拼图，也是最重要的一块拼图——区块链存证的法律依据。

为了适应互联网时代的变化、拥抱数字化转型，我国的法律法规从来都是与时俱进的。我国于 2005 年 4 月开始实施《中华人民共和国电子签名法》，规范电子签名行为，确立了电子签名的法律效力。

2018 年 9 月，中华人民共和国最高人民法院发布了《最高人民法院关于互联网法院审理案件若干问题的规定》。其中，第十一条第六项为“电子数据是否可以通过特定形式得到验证。当事人提交的电子数据，通过电子签名、可信时间戳、哈希值校验、区块链等证据收集、固定和防篡改的技术手段或者通过电子取证存证平台认证，能够证明其真实性的，互联网法院应当确认”。《最高人民法院关于互联网法院审理案件若干问题的规定》第一次确认了区块链存证的电子数据可以用在互联网案件的举证中，标志着我国的区块链存证技术得到了司法的解释和认可，如图 3-7 所示。

图 3-7　区块链存证技术得到了司法的认可

3.1.5　区块链存证可否高枕无忧——万事俱备，只欠东风

通过在区块链中存储信息的数据指纹，而将原始的文件存储于高可用的分布式系统中，这样就解决了证据的存储问题。另外，通过利用哈希算法防止文件本身被篡改、利用数据指纹（哈希值）上链避免哈希值被篡改，以及源文件和文件的数据指纹的组合，可以完美地固化形成的证据，同时为后续的追溯提供强有力的支撑。

到此已经构成了证据上链的全部条件，那么是否只要把证据放在区块链上就高枕无忧了呢？请看一个实际的案例。

这是一个普通的著作权纠纷案，此案源于被告方深圳市道同科技发展有限公司在未获得授权的情况下，擅自转载、使用杭州日报报业集团有限公司旗下《都市快报》享有信息网络传播权的作品，而杭州日报报业集团有限公司已于 2017 年 7 月 24 日将该稿件的信息网络传播权独家授权于原告杭州华泰一媒公司。该案被告方侵犯了华泰一媒公司的合法权益，因此《都市快报》授权杭州华泰一媒公司就深圳“第一女性时尚网”侵犯其文字作品网络传播权提起民事诉讼。其特殊性就在于，侵权证据的保全并未采用传统方式进行，而是由另外一家叫作“保全网”的公司受华泰一媒公司的委托，采用了一种被称为“锚定区块链”的方式进行电子证据保全。因为区块链和比特币都是时下的热门话题，所以本案判决中是否对于新型证据保全方式进行肯定，成为业内关注的焦点。2018 年 6 月 28 日上午 10 时，全国首例区块链存证案在杭州互联网法院一审宣判，法院支持了原告采用区块链作为存证方式的做法并认定了对应的侵权事实。这一结果无疑令人兴奋，这是历史上第一个区块链案存证胜诉的判决，但此案的判决也出现了很大的争议，给我们留下了很多“冷思考”。在众多质疑声中，笔者对反对的原因进行归纳总结发现主要有以下 4 点。

（1）如何保证存入的数据是真实、有效的，如何保证数据在上链前为有效证据，存证的过程是否合法？

（2）取证是否合规，还原证据时的环境是否符合规范，即环境是否清洁、无干扰、无破坏？

（3）保全证据的主体的运营是否具有中立性，存证平台是否有相关的资质和能力？

（4）如果区块链上只保存哈希值，在没有原文的情况下，是否可以在事后认定参与计算的某个特定原文呢？

按照鸽巢原理，*m* 只鸽子飞进 *n* 个鸽巢，如果 $m>n$，则至少有一个鸽巢里面有两只或两只以上的鸽子，而本案例中，鸽子有无穷多只，鸽巢却只有 2^{256} 个（通过 SHA256 算法得到的哈希值有 256 位），每个鸽巢中的鸽子也将有无穷多只。因此，对于每一个固定的哈希值来说，与之对应的数据原文也有无穷多个，而认定其中的某一个特定数据是当时参与计算此哈希值的原文，在司法上显然是不审慎的。

这 4 点质疑，可谓针针见血、招招直指要害。事实上，从严谨的角度来说，虽然最终的判罚认定了区块链存证的有效性，但这样的结果仍算不上完美，如果要让区块链存证得到推广并被广泛采纳，则必须直面这些质疑并进行解决。

从上面的案例可以看出，虽然“万事俱备”，但“仍欠东风”。区块链存证不仅是技术问题，更多的是技术产品如何结合法律，以及如何运用到法律流程中的问题。从后面的很多案例可以看出，没有哪一种技术像区块链这样需要深深地植入行业之中，需要理论与实践结合得如此紧密。其他尖端技术诸如人工智能，往往无须对特定的行业做深入了解，无论是机场的安保，还是工厂中的监测，抑或是公安的侦查，多为特定场景下的机器学习与识别，人工智能的算法开发者及人工智能的工程实施人员，都无须深入地精通业务内容并介入行业的业务流程。也正因为这样的特点，区块链如果要助力实体产业、助力产业蝶变，就必须了解业务、熟悉流程，让技术与产业进行紧密结合，区块链的业务设计必须接地气，而不是高高在上。同样，要想区块链应用在法律的存证业务中，就必须了解整个法律存证、取证业务的业务规范和操作流程，区块链要以满足现有的业务方式为前提，让技术融入实际的规范中。因此，需要对区块链的法律存证进行重新规划并继续细致地设计。区块链存证系统如图 3-8 所示。

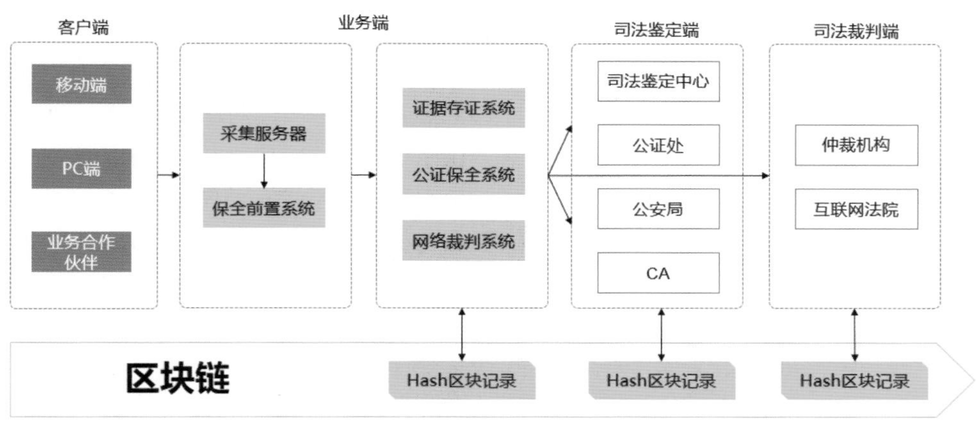

图 3-8 区块链存证系统

之前的案例中最大的争议在于，原告所提供的证据中缺失了“保全网”取证过程的采信依据，通俗地来说就是“保全网”即使能保证其取证软件的运行是安全、可靠的，也不能保证它在证据的采集过程中使用了该软件，且电子证据本身无法证明其生成方式及其是由什么软件生成的，所以“保全网”所提供的电子证据无法与任何网站或统一资源定位符（Uniform/Universal Resource Locator，URL）间建立证据意义上的关联关系，至于其取证之后采用什么机制来保护数据不被篡改，并不能解决这一根本性问题。

而在图 3-8 的设计中，与之前的案例中最大的不同在于司法机构的实时介入，整个证据的采集、存证、取证的过程都处于透明化的监管与监督中。通过区块链系统，各类司法机构可以在司法的全流程（取证、存证、公证、查验、质证等）中全面、实时地介入。这里需要注意的是，特别在取证环境下设置的保全前置系统，可以安全地、可靠地、有司法资质地进行证据的保存，即在证据的采集过程中被监管，保证证据的采集是通过合法的保全软件系统来进行的，这都是之前的案例中“保全网”所不具备的能力，正因为如此，这样的系统才能够得到更加广泛的认可。

法律意义上的“保全”包含 3 种类型：财产保全、行为保全和证据保全。图 3-8 中的保全指的是证据保全。而所谓的证据保全，是指在证据可能灭失或以后难以取得的情况下，当事人可以在诉讼过程中向人民法院申请保全证据，人民法院也可以主动采取保全措施。证据保全是由司法机构依法收存、固定证据资料以保持其真实性和证明力的措施。当诉讼中可作为证据的资料有消失或日后难以取得的可能时，司法机构可依诉讼参加人的申请或依职权，预先采取保全措施，以保证证据的真实性。以往这种证据保全通常需要人工、线下、费时费力地进行。而保全前置系统正是受到司法认定的采集并保存证据的软件，让线上留存证据成为可能，它可以自动化或半自动化（客户端人工触发）地进行操作。保全前置系统也可以对接线下的证据采集工作，这样的证据采集过程通常由司法人员进行人工操作，收集到的证据经数字化后再对接到系统中。在此种场景下，保全前置系统就“退化”为一套证据留存系统。无论是哪种情况，保全前置系统的采集、存储过程都是受到严格监控并被司法所认可的过程。采集到数据后，它还负责将存证的数据指纹上传到区块链上，为后续的司法过程提供了强有力的、可靠的“数据库”。区块链具有不可篡改、不可删除、可以追溯的特性，让证据“固化”，并在有需要的时候可以随时随地进行提取。在图 3-8 中，我们可以看到，诸多司法或权威机构/机关按照角色分为两类：司法鉴定端和司法裁判端。司法鉴定端包含了司法鉴定中心、公安局、公证处及 CA 中心（Certificate Authority Center)；司法裁判端包含了仲裁机构和互联网法院。在一些需要版权或证据保全的案例中，如在著作版权、电子合同等各类需要公证的场景中，提前对相关的要素进行保全，当发生纠纷后，相关的仲裁机构、法院可根据情况调取区块链上的证据进行查验和质证，然后进行相关的调解或判决；CA 中心是司法体系外受信任的第三方机构，专门提供数字身份认证服务，负责签发和管理数字证书，且具有权威性和公正性，整个体系中的每一个实体单位都需要利用数字证书来做相关身份的验证。区块链具有点对点、扁平化的特点，区块链的“账簿”对每一个介入的节点都具有公开、透明的特性，这样在有互联网加持的区块链时代，证据的采集、保存、提取、查验等整个司法全流程都可以在线上自动化地进行。

举例说明一下证据采集及存储的过程：当有采集侵权证据的请求时，客户端提交相关侵权网页的 URL 时，保全前置系统会自动请求获得互联网环境下的目标地址，通过获得目标地址自动返回状态码及网页信息，来确认请求的 URL 是有效的可访问地址，从而确保侵权链接的抓取是在互联网环境下进行的。保全前置系统通过自动调用网页爬虫软件（如谷歌开源工具 Puppeteer）对目标网页进行图片抓取，并通过调用 HTTP 协议的通信获取工具（如 cURL 工具）再次获取目标网页源码。这些收集到的证据需要通过哈希函数（如 SHA256）获取数据指纹后（哈希值）上链，同时，原始的电子证据固化在具有高可靠性保障的存储系统中（如分布式存储）。而固证系统对平台中所有机构及所有人平等开放，随时随地都可以在授权的情况下安全地使用。

以上内容着重介绍了采集及存证环节的操作，但取证环节同样重要。取证作为证据链体系的最后环节，关系到是否能真实、有效地还原初始的场景，当证据被固化到区块链及相关存储系统中后，出现纠纷时就需要对初始的证据进行还原。对于电子证据而言，其难点在于还原的过程和内容不受干扰：首先，要能够确保服务器在任何情况下都不受病毒感染、入侵；其次，在很多场景中需要渲染或还原出与初始画面一致的画面，这就要求取证的软件运行在特殊的安全“沙箱”中，并且其操作过程是按照取证系统事先设定好的程序由机器自动完成的，避免人工干扰，整个过程受到监管和监督，是有效的还原过程。

在以区块链为基座的司法全流程中（见图 3-9），业务端的运营主体须具备一定的权威性和中立性，作为第三方的存证取证平台，不参与利益相关方的经营或交易，平台的股东及经营范围需要公示，其业务范围应包含存证、取证等活动，平台须通过国家网络与信息安全产品质量监督检验中心的完整性鉴别检测，并具备第三方电子存证的资质。这样，关于质疑中的第三点就获得了解决。

在此，我们称图 3-9 中的以区块链为基座的司法全流程设计为“**区块链严谨型存证系统**”。整个司法体系的链条宛如一道流水线，区块链的引入让整个系统得以贯通并透明化，证据的真实性得到有效的保证。观察图 3-9，我们可以看到，在整个链条中，对证据的操作分为“事先”“事中”“事后”3 个阶段。“事先”是指证据的采集过程，此过程需要进行监管和监督，由司法或权威机构进行背书，以确保程序上的正义性；“事中”是指固化证据的过程，即将数据指纹上链，并将原始的证据信息保存固化，此过程因为有区块链作为强有力的防篡改工具，所以可以避免数据在存储过程中被恶意地修改或破坏；“事后”是指取证的过程，只有发生纠纷后，证据才有被重新还原的可能，相关的司法机构才能调取证据，此过程同样并非简单的调取，而是在计算机系统的硬件和软件环境完整、安全、干净、可靠的前提下，由系统软件自动还原。在整个流程和体系中，区块链起到的作用非常大，我们可以看出，区块链不仅保证了电子证据保存的完整性，而且让整个证据链流程扁平化、贯通化和透明化。

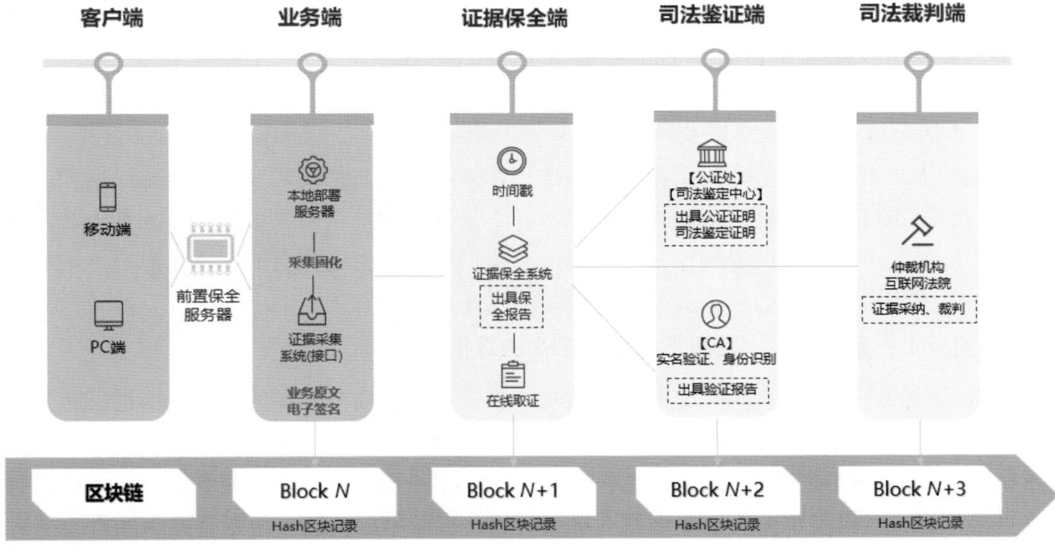

图 3-9　以区块链为基座的司法全流程

以上内容解答了全国首例区块链存证案质疑中的前两点，至于质疑中的第四点，其本质还是在于哈希碰撞的问题，关于哈希碰撞的解决方案，在上一节中已经明确进行了阐述。此外，区块链存证并非不保存原文，而是数据指纹（哈希值）与原文分开存储，在一些特定情况下（如单个数据的体量较小），也可以采用信息直接上链的方式，只是相对于数据指纹上链，采用此方式的情况并不多见。

但一种新兴的存储技术弥合了区块链只能存储数据指纹的固有印象，它可以让原始的证据数据，包括大文件、图片、音频、视频等以一种更加优雅的方式与区块链进行协作式存储。这可以使全国首例区块链存证案质疑中的第四点问题获得更完美的解决。这项技术就是星际文件系统（InterPlanetary File System，IPFS），它从根本上改变 Web 内容的分发机制，使其完成去中心化。现有的 Web 网络（人们浏览的各种网站）都是基于 HTTP 协议的、中心化的网络（基于 TCP 协议），无论内容分发如何分布式地进行，无论有多少服务器分布在世界各地，其中心化的本质仍然存在，这也是“小世界理论”的基石。

IPFS 将相同的文件进行了哈希计算，确定了其唯一的地址。这样一来，无论在任何设备、任意地点，其地址的唯一性都会指向相同的资源。它的出现恰恰是为了应对以往区块链只善于存储少量文本信息的情况，IPFS 与区块链技术协作，能更好地完成大文件的存储。关于 IPFS 的内容将在后文中给出具体的介绍，在此不再赘述。

综上所述，通过让司法机构、公证机构的介入，可以让法律存证更有效。但我们不禁要问的是，如果事事如此，系统是不是显得过重？大多数情况下是不是也过于小题大做，有成本过高之嫌？

3.1.6 量体裁衣，区块链存证的取舍——自由心证的利用

上述设计确实有着健全的保全前置系统，并在各个过程中均有司法机构参与的可靠监督和管理，所发生的每一个事件都有相应的机制来确保程序的正义性。但实际上不可能有如此尽善尽美的系统，如果每个环节都需要各类司法机构的介入，不仅会使系统显得冗繁厚重，还会造成成本高企，因为证据的鉴定、证据的公证都需要产生相应的费用，不是每一条证据都有这样的价值。另外，大量琐碎的证据堆积到司法鉴定中心或公证处，也会让这些机构疲于应付、无法处理，更何况这类证据大多需要利用特定领域的专业知识或技能才能得到确认。更重要的是，在现实生活中，很多证据的产生不具备先验性和预知性，无法预先建设证据链条。例如，违法犯罪行为的发生，对于公诉方或受害者来说，并不具备先知性，采集证据的方式和方法无法事先构建，证据更多靠事后的寻找及收集。因此，我们有必要将区块链的存证信息进行归纳、分类。这里，我们根据数据的产生类型、用途、重要性将其分为 3 类。

1. 类型 I：重要性高、法律严谨性要求高的数据

此类证据的严肃性非常高，带有较强的法律色彩，因此需要较高的法律严谨性，相较于类型Ⅱ和类型Ⅲ的证据，此类证据的数量不多但重要性很高。此类证据具有提前要约性，即可提前预知或提前感知抑或可提前约定，当事人可提前准备和酝酿，一般都有比较严格的准备周期，如合同的签订、各种类型的公证（委托公证、签署公证、婚姻公证、国籍公证、领事公证等）、声明公告等。

2. **类型Ⅱ：较为重要性、对法律严谨性有一定的要求的数据**

此类证据也有一定的严肃性，其法律色彩通常没有类型Ⅰ的证据强烈，但对法律严谨性还是有一定的要求的。此类证据通常以各类知识产权（Intellectual Property）为主，既可以大到文学、影视、音乐等文艺作品版权，也可以“高精尖”到各类科学技术的专利和创造，还可以是普通到日常用品的创意和发明，甚至可以小到互联网上的一张原创图片、一张照片、一个表情包等。这类证据有一定的琐碎性，但相较于类型Ⅲ的证据来说更重要。同样，此类证据有一定的提前要约性，可提前预知，但准备的周期往往小于类型Ⅰ的证据。

3. **类型Ⅲ：重要性低、法律严谨性要求低、较琐碎的证据**

此类证据的严肃性低，非常琐碎，其法律严谨性要求往往不高或没有办法提高，数据量较大，即时性非常高，容易伪造。例如，各类物联网设备所产生的信息、互联网访问记录或留痕、通信记录（微信通信的内容、电话通话记录等）、微博内容、个人的数字信息、发布的网络言论等。此类证据在大多数情况下不具备可预知性，而有些证据（如物联网获得的信息）有时需要利用比较系统的专业知识才能解读和翻译。

显然对于类型Ⅰ的证据，采用上节中的设计再恰当不过，但对于类型Ⅲ的证据按照上节的内容来做设计是不现实的，因此我们需要在理论层面厘清顶层的架构规划。举一个现实生活中例子，假设张三是犯罪分子，他实施了盗窃，刚好有一个目击证人李四目睹了张三盗窃的全过程，虽然未能完全看清其面容，但对其身形、体貌的特征观察得较为清晰，那么李四的证据可以作为呈堂证供吗？答案是当然可以，但也有可能是李四看走了眼。因此，这个证据只能作为孤证而存在，虽然证据对张三不利，但尚不能据此对他完全定罪。此时，随着案件的深入调查，又发现了另外一个目击证人王五，王五看到了张三的侧脸，且能清晰地描述出来，但侧脸同样不能等同于正脸，因此仅靠王五的证言也不能定罪；其后又发现了张三在现场遗留的生物痕迹（假定为指纹或头发之类生物痕迹），但这个单独的证据也只能证明张三曾经可能去过现场，而未必能证明在恰当时间实施了盗窃；此外还发现，在案发时间，张三亦无法提供不在案发现场的证明。于是我们把上述所有的证据串联在一起，这就形成了一个多方互相印证的证据链条，这时需要引入一个概念——“自由心证”。

所谓自由心证是指“证据之证明力，通常不以法律加以拘束，听任裁判官之自由裁量”。自由心证（在我国又被称为内心确信制度）是指法官依据法律规定，通过内心的良知、理性等对证据的取舍和证明力进行判断，并最终形成确信的制度。自由心证原则在外国法文献中往往被称为自由心证主义。需要说明的是，无论是大陆法系，还是海洋法系，对自由心证都有明确的规定。在大陆法系中，裁判官通常为“裁判之法官”；在海洋法系中，裁判官通常为陪审团。

从本案例可以看出，每条证据的类型更类似于类型Ⅲ，而张三是否能够最终被定罪，需要控辩双方针对多条证据进行校验和考察（法庭辩论），最终由裁判官自由裁定。

同理，在区块链存证的世界中，对于类型Ⅲ的证据也并非采用上节的设计模式，需要有资质的保全前置系统及诸多司法机构的直接介入或监督，证据信息直接上链即可，这类证据可能由大量不同的数据组成，能够形成相互印证的证据链条，当有纠纷发生时，根据自由心证原则，其仍然可以作为强有力的证据而存在。

这非常重要，我们看到后续的区块链案例中，如产品溯源、物流跟踪、供应链金融等大量需要存证的场景中，既未必有保全前置系统，也未必有司法机构等单位直接介入区块链网络中。

这类场景中需要存证大量物联网产生的数据，可能的信息有质量、温度、压力、流量、颜色、湿度、声音、视频、各类告警、位置、人员情况、物品状态，以及经过粗加工的产品的信息等。例如，人工智能识别后的信息等，虽然在这类证据中数据可能存在造假的问题，但这并不会成为困扰我们的问题，原因如下所述。

（1）单条数据容易造假，但物联网的数据大量、实时、源源不断地产生，在巨量的历史数据面前，造假行为很容易被发现。

（2）不同的数据类型之间形成交叉验证的闭环，即不同种类的数据之间可以形成相互印证的机制，单一类型的数据可能容易伪造，但是形成交叉验证闭环的数据存在较强的逻辑性，而且数据种类越多，越不容易伪造。这也是为什么要对产品溯源、商品质押等场景强调对多态的物联网信息进行交叉验证。

（3）现代的物联网设备具备了较强的抗伪造性，高端的物联网设备带有铅封避免人为的物理攻击和破坏，作为终端的物联网设备还可以和边缘侧的服务器形成双向认证机制，原始数据带上数字签名和数据指纹，避免在信息的产生环节出现篡改现象。物联网设备与边缘系统的双向认证机制如图 3-10 所示。

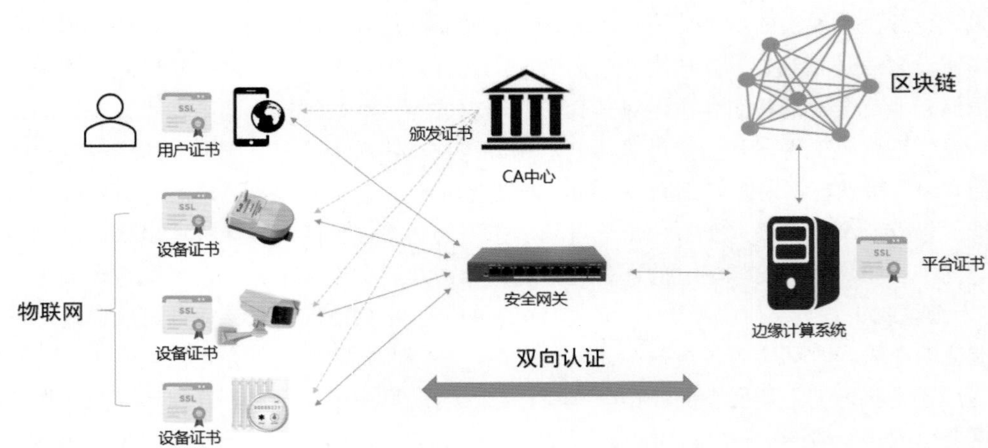

图 3-10 物联网设备与边缘系统的双向认证机制

（4）在区块链网络中，不仅形成了各节点间的机器共识，还达成了各参与方的业务共识。多方的参与，构建出了一个互相监督、互相协作的机制，最大化地避免了造假情况的发生。同时，区块链的协同者中如果有权威或半权威的机构的参与，则其公信力将进一步增强。

（5）数据保存在区块链上之后，就避免了在存储过程中被篡改的情况，为日后证据的提取提供了强有力的保证。

综上所述，在存证的场景设计中，要根据数据类型来进行规划，避免繁复或不现实的设计，一言以蔽之就是“量体裁衣、因地制宜”。设计中并非需要尽善尽美，而是根据情况因地制宜地决定是否使用保全前置系统（经司法及权威机构认定的软件系统），以及是否应该引入司法机构。

在此，我们称针对类型Ⅲ的证据的设计为**区块链轻量型存证系统**，如图 3-11 所示。从图 3-11 中我们可以看到，系统未必包含了保全前置系统和司法机构，生产企业、仓储物流企业、中间商等会有大量的物联网证据信息直接上传至区块链系统中。和严谨型的存证系统相比，并非图示中的那样仅仅增加几个司法机构的节点，而是要购置具有资质的保全前置系统，在业务层面也会有与司法机构的多次交互操作，存证数据上链过程的复杂度远超轻量型存证系统。

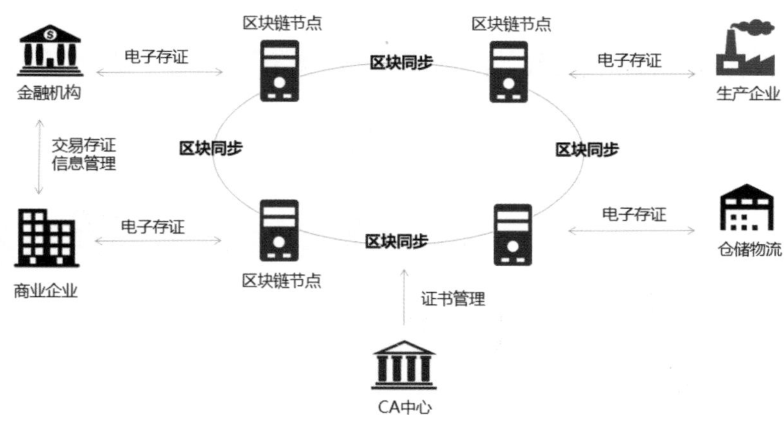

图 3-11 区块链轻量型存证系统

那么，针对类型 II 的证据又该如何设计呢？这是一个比较有意思的话题，目前，大部分情况下采用的是轻量型存证系统，但面对越来越多的质疑声和越来越高的需求，很多大型平台开始向“区块链严谨型存证系统”过渡，其设计理念介于轻量型和严谨型之间，从而在完备的设计和成本之间获得一个比较好的取舍。在这方面的探索已有现实的例子，如腾讯的至信链，其已将多家具备公信力的机构作为节点加入/纳入整个存证体系中，从而构建更成熟、更完善的区块链存证系统。

3.1.7 区块链协作存储的典范——IPFS 介绍

前文提到过证据的存储，如图片、音频、视频等大文件并不适合放在以往的区块链系统中，这确实限制了区块链在实际应用中的一些场景中的适用范围。但技术的发展日新月异，IPFS 的出现打破了这一束缚。IPFS 是 Inter-Planetary File System 的简称，中文名为星际文件系统。IPFS 是一个旨在创建持久且分布式存储和共享文件的网络传输协议，是一种内容可寻址的对等超媒体分发协议。IPFS 网络中的众多节点将构成一个分布式文件存储系统。想想看，你的电脑里有多少文件是别人电脑里没有的？估计连 5%都不到。IPFS 本质上就是为了解决文件过度冗余的问题。如果把每人都有的某个文件做一次哈希计算（完全相同的两个文件的哈希值相同，哪怕改动一个字，都是一个新版本，哈希值都不同），则只需要使用相同的哈希值就可以访问那个文件，这个哈希值就是文件的地址。你的文件如果别人也有，则说明这不是秘密，你们可以共享而不必担心泄密，这种共享也是相互备份的。你再也不用担心某个文件找不到了，也不用备份，因为全球电脑上只要有那么几个人保留着，你就能拿到它，而不是重复存储几十万份。

在公链世界中，IPFS 和 FileCoin 的结合，实现了分布式存储和区块链技术的双剑合璧。FileCoin 是公链技术及数字货币解决方案，提供激励以鼓励参与者贡献自己的磁盘（避免大家都不存储文件了），然后根据贡献者的贡献值（为 IPFS 提供的存储量）使用数据货币来激励大家在链上保存文件元数据（文件属性、文件存储位置）和数据指纹的上链，而 IPFS 为文件提供了可靠的分布式存储，并为每个文件提供了一个全网唯一的索引。

在许可链（联盟链和私有链）中则无须使用激励机制，因此我们去除了带数字货币的 FileCoin 部分，而只保留 IPFS 用作去中心化的分布式存储系统。这样，许可链上保存了该数据文件的指纹、文件在 IPFS 上的位置（IPFS 上的唯一索引），以及文件的其他元数据（文件属性、时间戳等信息）。IPFS 与区块链协作存储大文件如图 3-12 所示。

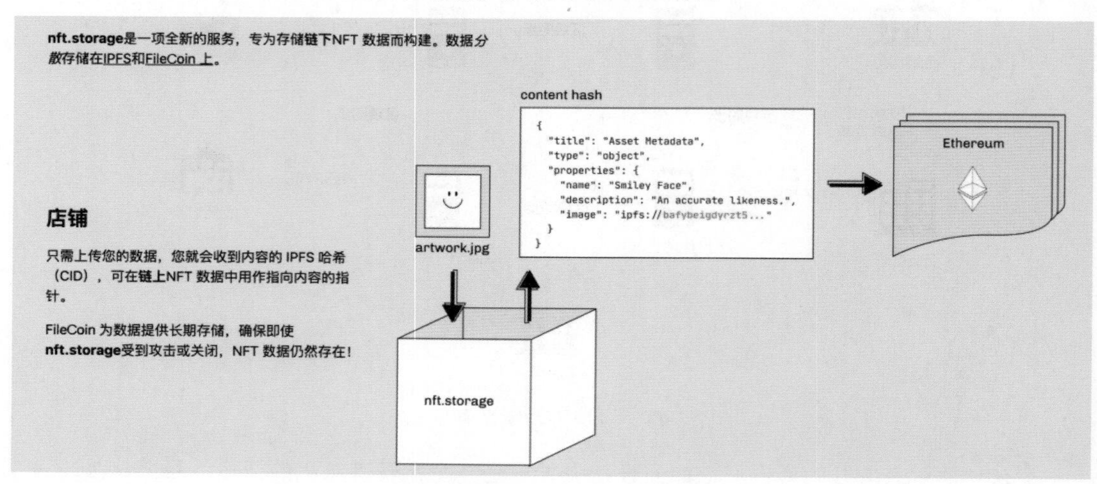

图 3-12　IPFS 与区块链协作存储大文件

但无论是公有链还是许可链，它们与 IPFS 的协作模式基本上是一致的。在 IPFS 出现之前，区块链无法与其他分布式文件存储系统协作的最重要的原因是无法给出一个统一的、无风险的、确定化的原始文件保存路径。假设我们把数据保存在网盘上，然后将网盘的位置和数据指纹同时保存在区块链上，但我们知道网盘可能会失效，不同的网盘访问的格式也不统一，网盘和 IPFS 相比也不够开放（访问的方式受限，大文件依赖网盘客户端），会有限速、限流等因素的影响。IPFS 则不同，它不仅能为每个文件提供一个唯一的访问索引（文件在全 IPFS 网络里的位置），还能提供统一的访问方法和格式，并提供多种访问方式：API（HTTP、CLI 等）、客户端、浏览器等，以及更加灵活的共享模式，不仅可以用于互联网，也可以用于私有网络。例如，可以将 IPFS 私有化部署在协作者的特定网络里，而非互联网中，这都是网盘所具备的特性。

这样，根据不同的需求，IPFS 可以和某一特定的区块链技术进行结合，如 IPFS+FileCoin 或 IPFS+Hyperledger Fabric 或 IPFS+企业以太坊，来组合完成大文件在区块链系统中的存储。在此再次强调，我们反对任何形式的虚拟货币（中国央行发行的数字货币除外）和代币，本书介绍 FileCoin 只是为了便于大家从技术的角度理解 IPFS 的协作原理。

3.1.8　区块链存证的总结

综上所述，在区块链存证系统的设计中，我们应该将证据的留存根据其特点（重要性、即时性、琐碎性、是否事先可要约性等）进行规划，通过这样的分类来决定其采用的是“区块链严谨型存证系统”还是“区块链轻量型存证系统”，抑或是两者的折中方式。

区块链存证之所以重要，主要原因就在于它是后续绝大多数案例的基础，后续的案例中或多或少都要用到区块链的存证属性。如果区块链存证在法律上不成立，则后续的很多案例就如同在沙地上起高楼——毫无根基，因此我们有必要将区块链存证的案例详细阐明。通过以上的介绍，区块链关于法律存证的所有障碍至此都得到了妥善解决。

3.2 区块链与分布式身份认证

梅因在其著作《古代法》中，提出了“从身份到契约”这一社会演化规律。身份乃是人的自然属性，然后才能演化出具有契约精神的社会，现代的法律正是以契约精神为基础，让人类走入文明社会的。而传统意义上的身份包含了等级、出身、阶层、地位、特权等社会属性，步入契约社会后，身份退却了其社会的特权属性，回归到了人人平等、起到标识作用的基本功能。

现代社会的法律正是以身份的标识为依据来定义自然人的。随着时代的进步，各类纸质材料逐渐转变为电子信息，传统的身份也进化为数字身份，而身份的表达方式也越来越趋于多样化和复杂化，特别是进入互联网时代后，进一步实现了真实与虚拟身份的跨越。多样化的数字身份让我们颇有“乱花渐欲迷人眼”之感。

（1）按照数字身份的开放性来划分，有内部身份和公开身份之分。在各个公司内部的信息化系统中，员工的身份可以被认定为内部身份，这类身份需要通过严格的认证，按照事先规划好的权限和角色来定义，从而实现内部员工对各类资源的访问，这类数字身份局限于内部的局域网，对外不公开；而各种类型的网站的用户，包含各类 App 的用户，是开放系统中的身份，具有开放性，用以交流和展示自我，虽然具有一定的公开性，但这类身份往往需要借助一定的虚拟性（如“网名”或“ID 号”）来代替真实的用户名，以保护用户的隐私，这类具有开放性的身份称为公开身份。

（2）按照法律的严肃性来说，有认证身份和虚拟身份之分。顾名思义，认证身份是指纸质的身份证明经过数字化处理后所对应的真实身份，这当中也包含人脸识别、虹膜识别、指纹识别等生物特征的数字化留痕，以及具有唯一性的个人身份的标识信息。在早期的互联网中，每个人都披着一层神秘的面纱，躲在网络的背后以虚拟身份出现，以各类网名、网号替代现实中真实的自我，甚至因为它的虚拟性出现过一些不和谐的事件，各类诽谤、造谣、谩骂、攻击等充斥着这个曾经的法外之地，而虚拟身份给追踪定位、排查管控带来了一定的麻烦。但随着与互联网相关的法律法规的颁布和实施，互联网中的身份也需要进行实名认证，通过绑定手机号或身份证号进行登记，有时还需要通过人脸识别等更高级的认证方式来核实身份，从此虚拟身份与真实身份建立起更强化的映射和关联。互联网不再是法外之地，任何的信息发布都有留痕。但需要指出的是，互联网仍然存在暗网等黑色地带，这类网络中仍然承载着大量从事与黑产、灰产相关的、仍保留匿名化虚拟身份的用户。

（3）按照身份的范围来讲，有局部身份和跨域身份之分。在早期的互联网中，各种类型的网站都有自己的一套注册机制和用户管理系统，每个用户在不同的网站拥有不同的身份，不同的身份之间互不联系、相互独立，这类身份称为局部身份；随着时代的发展，互联网逐渐呈现出马太效应，从国外的 FAGN（原 Facebook、Amazon、Google、Netflix）到国内的 BATJ（Baidu、Alibaba、Tencent、JD），呈现出在各个领域不同巨头垄断的局面，中小型网站纷纷放弃了自我的认证系统，通过 OAuth 或 OpenID 等技术，采用微信、QQ 或支付宝等大型、流行的网站体系代替自己的认证系统进行身份认证，这样用户在不同的网站或软件体系中就有了统一的身份，也省去了用户要记录不同网站的用户名和密码的麻烦，这类身份被称为跨域身份。

（4）按照身份认定的广度来区别，有狭义身份与广义身份之分。狭义身份是指人的身份，主体必然是自然人，这和传统的纸质身份相对应，是传统身份的数字化体现；但随着数字化的深度发展，各类智能物品（如家用电器、机器人、安防器材、工业机器、物联网设备等）也都纷纷接入网络（互联网或局域网），这类非生命属性的智能化设备，根据安全的需要，也必须拥有自己的身份，并进行身份认证，这样才能合法地接入系统，防止隐私或敏感信息的泄露，如此身份就带有了广义性。

身份的演化经历着从纸质证明到简单的纸质证明的数字化，再到纷杂的、多种类型的数字化身份方式，让我们从物理世界中的单个实体变为虚拟世界中的多种角色，让数字身份成为当今信息化社会重要的基础设施。互联网浪潮给身份的演变带来了更加快速、多样化的进化，这也让过去政府承担的权威角色不断地被解构，让我们的身份信息和身份的认证不仅掌握在政府手中，还出现逐步掌握在少数大型互联网企业中的趋势，这样的场景不仅存在着隐忧，似乎也在酝酿着一场变革的风暴。

互联网的便利使我们的生活更丰富多彩，但也带来了隐私数据被泄露、身份被盗用、通信被劫持等不和谐的声音。进入数字时代后，与我们息息相关的大数据也就此产生。在互联网史前时代，我们可能泄露的隐私并不多，但进入互联网时代特别是移动互联网时代以后，与我们生活息息相关的各类隐私数据就此被暴露无遗，如社交、购物、视频、支付、轨迹等数字留痕，暴露了我们的家庭住址、公司单位、性别年龄、个人喜好、收入开支、生活习惯、亲朋好友、照片视频等。大量的隐私数据不仅掌握在少数垄断型互联网企业手里，也更容易遭到黑客的攻击。例如，2021 年 4 月初，社交网站 Facebook 遭到了攻击，5.33 亿名 Facebook 用户的个人数据遭到曝光，这些用户涉及 106 个国家，泄露的信息包括 Facebook ID、用户全名、位置、生日、个人简介及电子邮件地址等，其中也包含一些著名人士的信息，如扎克伯格的电话号码就在其中。而 Facebook 已经不止一次发生信息泄露的事故，早在 2019 年就发生过类似的安全事件，并于当年 8 月进行了修复。

因此，我们可以看到中心化的身份管理存在着致命的安全隐患，数字身份的保护问题亟待解决。当区块链出现后，其去中心化、强密码学算法保护的特点让其在各类安全隐私环境中的应用备受青睐，因此去中心化的身份认证方式——分布式身份（Decentralized Identifiers，DID）认证技术应运而生。

DID 认证是利用区块链去中心化的基础设施将原有的集中式控制方式转变为分布式控制方式，从而使得个人的身份与数据主权相分离的一种新型数字身份解决方案，旨在解决身份所有权、身份安全性及身份互联互信的问题。

3.2.1 DID 认证第一案例

在介绍 DID 之前，我们先来看一个 DID 认证的案例。学历辨别真伪一直是世界性的难题，虽然在我国有了国内高校学历的统一认证及鉴定的方法（如学信网），然而在世界交往频密的今天，跨国人才的交流也屡见不鲜，如何对众多国度的学历辨别真伪的问题依然不能很好地解决，此外各种社会团体和公司所颁发的证书（如 MBA、CFA、CCNA、OCP 等），还有各类专业技能所获得的证书（如高级焊工、高级电工等）等不一而足。种类繁多、五花八门的证书，给查验其真伪带来了更多的困难，所以可以看出学术欺诈不是单一行业或单一国家的问题，而是全行业、全球性的问题，这就需要一个全球化的合理解决方案。我们比较容易想到的是建立一个全球性的证书认证中心，然而仔细分析发现，这并不具有可行性。因为不同国家、团体、行业很难进行协调一致，不同个体间的利益也不一致，这样的组织必然面临投入成本和进行运营之后需要盈利的难题。区块链技术的出现，给解决这一问题带来了曙光。2018 年，伦敦大学学院（UCL）宣布，该校金融风险管理专业 2016 年和 2017 年毕业的所有学生的毕业证书可以通过比特币网络来验证真伪。参与这个试点项目的毕业生获得了一个二维码，他们可以将该二维码放在简历、名片以及职业资料上，别人只要扫描该二维码就能验证证书的真伪。

首先，对这种学历防伪提供一般性的解释和说明，将真实学历证书中的信息要素进行提取，如学历中的姓名、证书编号、毕业专业、毕业时间及其他重要信息（如身份证号码），而具体提取哪些信息要素由颁布证书的机构或单位自行决定，这就保持了极大的灵活性，不需要像中心化的证书认证中心那样按照一套统一的标准和格式进行存储，如图 3-13 所示。其次，对学历信息中的数据进行单向哈希操作（如 SHA256），并将哈希值保存在全球性的区块链网络里。在伦敦大学学院这个案例中，他们将多个信息要素集合的哈希值保存在比特币网络中，每一位学生的证书的内容是一条哈希值，这样可将多个学生学历的哈希值组合打包到一个区块里。当需要查询和校验时，可以借助区块浏览器（专用的区块链数据查看工具）对区块网络中的数据进行提取，再将候选人提供的证书对其中的要素再做一次哈希计算，将新计算出的哈希值和存储在区块链网络里的哈希值进行比对，如果一致则鉴定为真。可以看出，以上过程对校验者并不友好，但为了介绍整个校验内容和原理，我们逐一还原了每个步骤，而实际的情况是伦敦大学学院提供了相关的学历证书的浏览查验软件（在中国可以是手机 App 或小程序），将校验烦琐的过程封装起来，用该软件扫描学生提供的二维码即可。

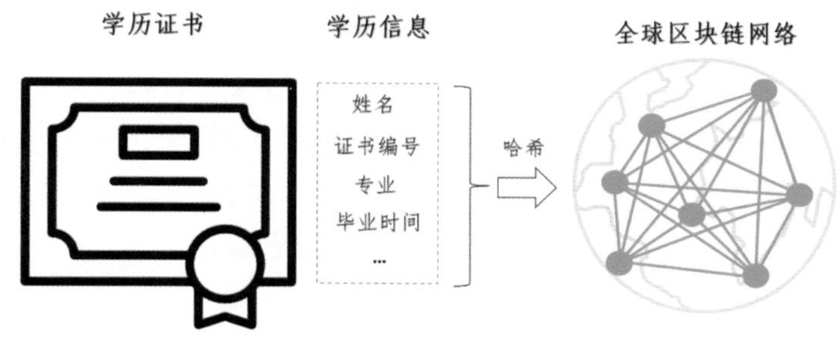

图 3-13 区块链数字身份认证——学历防伪

此后，很多大学纷纷在此领域试水，美国的麻省理工学院（MIT）也运用区块链颁发毕业证书，试点基于比特币的 Blockcerts 平台来进行认证学生的毕业证书。而麻省理工学院的这一举动，正是想构建一个开放式数字学术证书的新生态，可和其他合作方获得共同拥有权，通过开放、标准的协作，在未来打造一个全球化的、全社会的、可互操作的凭证生态系统。同样，在假证、假文凭泛滥的印度，印度政府也推出了全球最大的区块链文凭验证系统，以确保真实资格的透明度。

3.2.2 DID 认证的优势

这些案例既是区块链里典型的存证案例，也是非常经典的数字身份证明案例。伦敦大学学院的每位合格毕业生都借助区块链（本例中为比特币网络）证明了自己的身份，这就是最“原始”的 DID 雏形，为 DID 的运用开启了新篇章。DID 认证与传统的身份认证相比有着巨大的优势，如下所述。

1. **成本低廉**

这体现在初期的建设成本和后期的运营成本上。首先，进行 DID 认证无须构建一个国家级和全球的学历证明网站。众所周知，构建一个国家级网站或全球网站是需要投入巨大的成本的，虽然云计算平台（如华为云、AWS 云、微软云、阿里云、腾讯云等）为此提供了便利，但这样的网站仍需要考虑在云环境下的多数据中心、多区域的建设费用，而 DID 认证系统仅需借助已有的区块链网络即可。另外，区块链网络作为全球性的基础设施可以接入世界上的任何地方，这样便省去了初期的建设问题，所产生的费用多为将信息打包上链的消耗（如在比特币网络中要产生一次交易并将信息封装在交易中）。全球性网站的运维代价高昂，而信息一旦上链，对于构建者来说后期的维护量极少，相比中心化的全球设施的维护开销来说可谓天壤之别。

2. **灵活性高**

任何行业、任何组织、任何机构、任何学校都可以随时随地地接入 DID 认证系统，而颁证的主体单位可以根据需要灵活地定义自己要认证的内容，无须刻板地统一安排内容模板，验证方式也可以量身定做，根据所在的行业或学业特点进行个性化定制。此外，验证的内容也可以进行灵活的组合。以往身份认证的内容相对固定和死板，身份中包含多种元数据且不能随意组合或增加，但在 DID 认证系统中，身份持有者（身份的拥有者或身份的主人）可根据不同场合出示相应的身份内容给不同类型的验证者，这样保障了极大的灵活性，并可以与时俱进地增加自己身份内容的信息（如职业信息的变化）。

3. **安全性高**

存储在区块链网络里的信息仅仅是哈希值，前面的技术部分已经对此进行过介绍，哈希值不能反向推导，有效地保护了用户的隐私，避免因黑客攻击而导致敏感数据的泄露。同时，身份凭证的创建和身份凭证的核实过程在 DID 认证系统中本来就是两个相互独立的过程，而且其中又将身份的角色进行了定义并进行了有效的分离。角色包含签发者、持有者和验证者 3 种类型，签发者负责创建身份凭证，持有者自己全面掌控自己的隐私，而验证者只能进行身份的校验，无法获取持有者的隐私信息。由此可以看到，虽然以往的系统中也有角色的定义，但并未真正地进行分离，而 DID 构建出的安全性隔离，有效地避免了隐私和敏感数据的泄露。

4. **低耦合性**

DID 认证将身份的创建、存储、展示、验证等几个过程相分离，以往这几个过程相互依赖，有较多的耦合并需要统一协调、控制，这样建设周期会比较长，同时需要较高沟通成本，后期扩展和维护不易。而且，高耦合性的最大问题在于容易造成隐私泄露，敏感的隐私信息并不完全由持有者控制，导致在多个环节中都容易出现安全漏洞，黑客正是利用这些薄弱地带进行攻击的。此外，签发凭证过程和凭证的使用场景的高耦合性，也非常不利于未来对更多的使用场景进行扩展。

5. **具有良好的去中心化的特点，特别适合分布式的场景**

在物联网发达的今天，物联网设施具有地域广、分布散的特点，采用集中化的控制模式不仅笨重，而且响应速度也成了很大的问题，特别是在一些特殊领域中，这种集中的认证模式基本不可能实现。此外，在 3.2.1 节的案例中我们可以看到，在全球化的当下，多个国家的众多院校同样具有分布式的特点，每个国家的国情不同，为了验证学历、文凭，很难协调一致，采用

DID 认证能够较好地解决这个难题。

以上的文凭类案例仅是简单的 DID 认证的雏形，便于读者快速理解 DID 认证的大体过程和轮廓。实际上，真正意义上的 DID 认证系统比前述内容复杂得多，也丰富得多。下面对 DID 标识及 DID 认证系统做深入的介绍。

3.2.3 DID 标识详解

说到 DID 标识与认证，这方面其实已经有了行业的标准可供大家来参考和执行。业界主要有两个不同的方案，一个是由万维网联盟（World Wide Web Consortium，W3C）所定义的 DID 标识，另一个是由 DIF（Decentralized Identity Foundation）所制定的 DID Auth 规范。需要在这里指出的是，无论是 DIF 还是 W3C 所定义的 DID，都是涵盖内容极其宽泛的标准，在实际中基于简洁和易用性的考虑，往往仅实现了 DID 标准规范中的部分功能，即标准规范中的子集。因为实际中使用 W3C 的 DID 标准规范相对较多，因此这里将以 W3C 的 DID 标准规范为例进行介绍。

在 W3C 的 DID 标准规范中，对 DID 标识及其使用制定了详细的定义和要求。2022 年 7 月 W3C 发布了 DID1.0 正式推荐标准——Decentralized Identifiers（DIDs）v1.0。DID 中有 3 种角色，或称由 3 类主体构成，即签发者（Issuer）、持有者（Holder）、验证者（Verifier）。签发者一般是指各类证书或证明的颁发机构，如颁发毕业证书的大学、签发身份证的公安机关等；持有者既是证书或证明的申请人，也是证书或证明的持有者，如持有学生证的学生、持有身份证的普通公民；而验证者就是验证我们提供的证书的人或机构，如负责验证公民证件的机场安检人员、对新入职员工毕业证书进行验证的公司等。3 种角色之间的互动及连带关系包含签发、存储、出示、验证 4 种操作。

3 种角色及其相互之间的关系示意图如图 3-14 所示。在整个过程中，申请人/持有者向签发机构发起申请，然后签发机构签发一个可验证凭证（Verifiable Credentials，VC），此后申请人即持有了该 VC。当在有需要的场合，如验证者需要对持有者的某项资质进行调查时，持有者即可出示该 VC，验证者完成对此 VC 进行校验。以上介绍的仅仅是一个简化版的 DID 验证过程，但仅从图 3-14 仍很难看出 DID 认证的“分布式”特点，而更能突出去中心化的 DID 的存储——区块链如图 3-15 所示。可以看出，通过身份证明存储的区块链化，达成了其去中心化、分布式的能力。DID 标识存储于区块链中，这样无论是身份证明的发行者，还是持有者，抑或是验证者都可以在任何地点、任何时间，随时随地接入 DID 认证系统。需要特别注明的是，签发者通常为有公信力的实体或机构，其签发的证书或凭证具有证明持有人具有某种身份或某种资质的特性。而签发给持有者的身份证明，需要持有人保存在自己的“数字钱包”中，这样才能具备身份凭证或资质证书的便携性。这里的“钱包”正如之前区块链技术部分所介绍的那样，并非指虚拟数字货币的“钱包”，而是广义上用来存储数字资产或数字凭据类的“钱包”，我们可以形象地将其类比为微信中的“卡包”，其中的内容类似于微信卡包中的券或票证，而持有者的“数字钱包”的承载方式既可以是自行开发的手机 App，也可以是微信小程序等。至此，读者应该已经能够理解 DID 的大体运作模式了。然而，如何对敏感信息保密、如何对身份信息进行动态组合、如何对验证者只出示他需要验证的部分而对其屏蔽其他身份信息，以及如何确保持有人的身份凭证是真实的，这些内容都需要读者对 DID 标识的细节进行更加深入的了解。

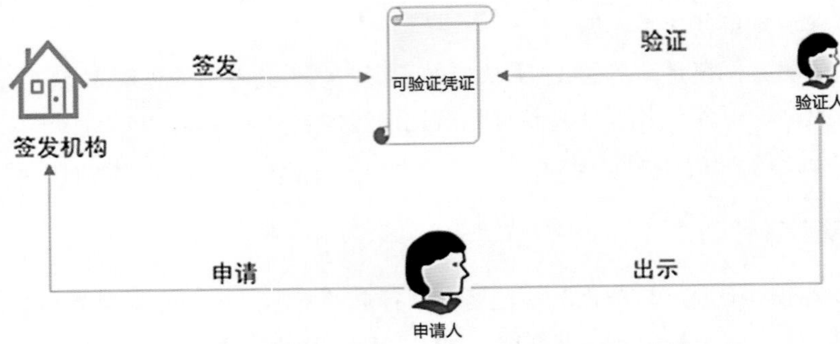

图 3-14 DID 的 3 种角色及其相互之间的关系

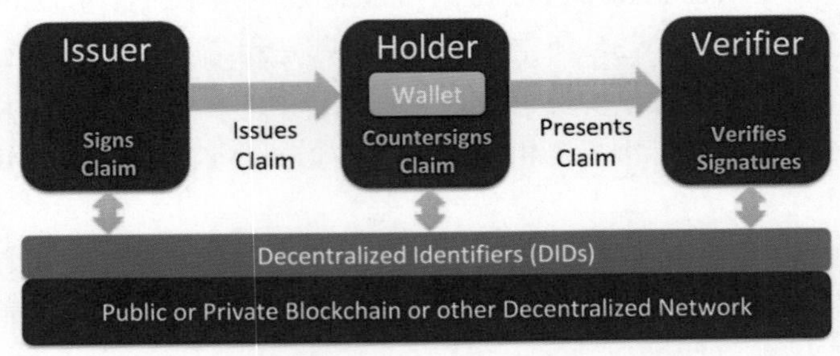

图 3-15 DID 标识的存储——区块链

从图 3-15 可以看出，DID 标识存储的核心在于如何定义 DID 标识。在 W3C 的 DID 标准规范中，DID 标识被定义为一种可验证的分布式数字身份标识符，由两个层次、4 个基本要素构成，如图 3-16 所示。

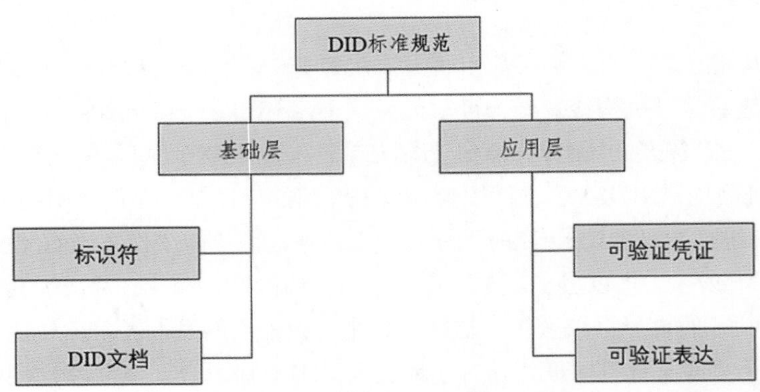

图 3-16 W3C 的 DID 标准规范的构成

1. 基础层：DID 标准规范

（1）标识符（Identifier）。

（2）DID 文档（DID Document）。

2. 应用层：可验证声明

（1）可验证凭证（VC）。

（2）可验证表达（Verifiable Presentation，VP）。

一、标识符

DID 标识中的标识符其实就是一个字符串，它由 3 部分构成（见图 3-17）。

（1）URI 方案标识符（DID URI Scheme Identifier），简称 Scheme。

（2）DID 方法标识符（The Identifier for The DID Method），简称 DID Method。

（3）DID 方法特定标识符（DID Method-Specific Identifier）。

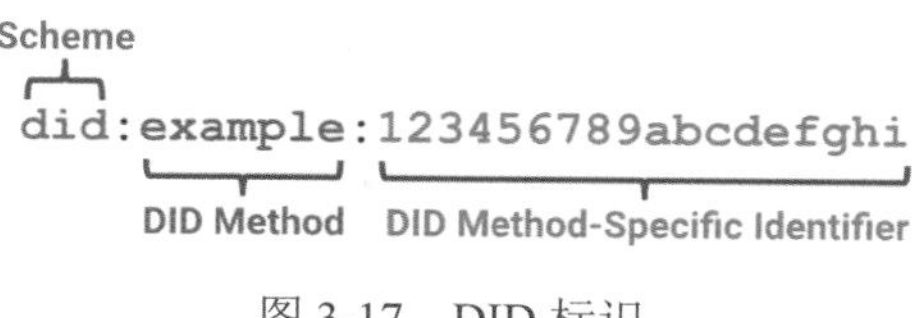

图 3-17 DID 标识

其中，第一个字段中的“did”是前缀，代表这是 DID 的标识字符串，一般此字段不做修改，为固定表达；第二个字段中的“example”代表具体的方法，即使用什么方案进行定义和操作。因为 W3C 只负责制定标准规范，并不是一个已经落地并实现了的开源项目，因此不同的组织、不同的企业可以根据自己的实际情况，结合 W3C 的 DID 标准规范来完成代码实现，并需要在 W3C 网站上注册，因此该字段用来指出是由哪个方案来实现 DID 的。第三个字段中的 DID 特定标识符“123456789abcdefghi”在此仅仅是一个示例，该字段的字符串需要遵守 ABNF 规则*（扩充巴科斯范式），可以由多级的子字段构成，中间以冒号进行分隔。这样的好处是可以根据需要无限扩充该字段的内容。该字符串不仅要求其在一个 DID Method 内唯一，且要求其在全球唯一。在笔者编著此书时，W3C 对于 DID Method-Specific Identifier 这个字段仅对格式做出了明确的约束，而对其中的内容及其含义并没有做出强制性的定义，因而各个实现了 DID 的开源项目或产品对此可以自由发挥，该字段在不同系统里的定义规则大相径庭。但无论怎样，该字段就是用来指示实现 DID Method 的路径或 URL。下面举一些例子来说明该字段的定义。

1. ETHR DID

该项目是基于以太坊的 DID 项目，其定义形式如下。

```
ethr-did = "did:ethr:" ethr-specific-identifier
ethr-specific-identifier = [ ethr-network ":" ] ethereum-address / public-key-hex
```

该字段由“以太网网络”、“以太网地址”和“十六进制表达的公钥”3 个字段组成，这样就唯一定位了 DID 所指示出的 DID 文档所在位置。

2. WeIdentity DID

WeIdentity 是微众银行发起的基于 FISCO BCOS 区块链的 DID 项目，其定义形式如下。

```
we-did = "did:weid:" weid-specific-identifier
weid-specific-identifier = chainid : bs-specific-string
```

该字段由“chainid”和“bs-specific-string”两个字段构成，“chainid”是链 ID，可以将这个字段作为标识信息，路由到特定区块链；“bs-specific-string”基于底层区块链平台生成，代表实体（Entity）在链上的地址，保证全网唯一。

除此以外，还有 Web ID、Peer DID 等 DID 认证项目。Peer DID 同样是 W3C 定义的标准规范，比上面两个项目更加复杂，是多种字段的组合，其中还包含了经过非对称加密之后再做

Base58 编码格式的字符串，说明该字段不仅具有极强的灵活性和扩展能力，还具备极其优秀的保密和安全措施，在此不做进一步展开，有兴趣的读者可以自行查阅该规范。

二、DID 文档

DID 文档是与 DID 标识符关联的资源，一个 DID 标识符唯一地对应一个 DID 文档。DID 文档包含了与标识符相关的更多信息，如后文会介绍的 DID 凭证（如 VC）。读者可以更加形象地认为 DID 标识符是 Key（关键字），而 DID 文档是 Value（值），DID 文档则是一个 JSON 格式的字符串，确切地说是一个 JSON-LD（一种具有更好的格式化和带有数据链接功能的特殊 JSON 格式）的对象（Object）。

更加正规的定义是，DID 文档是一种表示可用于与 DID 控制器进行交互的验证方法（如公用密钥）和对 DID 服务（DID Service）的描述。一个 DID 文档的主要字段含义如表 3-1 所示。

表 3-1 DID 文档的主要字段含义

DID 文档项目	内容说明
DID Subject	DID 主体，等同于 DID 标识符，是众多属性中唯一一个必选字段
DID Controller	DID 控制器，可选字段，是被赋予能够修改 DID 文档权限的实体，它的值就是一个或多个 DID
Verification Methods	验证方法，可选字段，也称公钥，是一组公钥的集合，每个公钥可以用于验证对应实体的签名或加密信息
Authentication	身份验证，可选字段，通过非对称加密（公私钥）的方式来验证一个实体和 DID 之间的关联关系
Service Endpoint	服务端点，可选字段，这是 DID 文档中最重要的组成部分，实体提供的网络服务地址，实际上是一组 URL 的集合，每个 URL 对应相应的服务
Key Agreement	密钥协议，可选字段，指定实体如何生成加密材料，以用于传输 DID 主体的机密信息，如用于与接收者建立安全通信通道

W3C 的标准规范中还有其他诸多属性的定义，以上内容仅是对 DID 文档主要字段内容进行的解读。一个实际的 DID 文档示例如下。

清单 3-1 DID 文档示例

```
{
  "@context": [
    "https://www.w3.org/ns/did/v1",
    "https://w3id.org/security/suites/ed25519-2020/v1"
  ]
  "id": "did:example:123456789abcdefghi",
  "authentication": [{

    "id": "did:example:123456789abcdefghi#keys-1",
    "type": "Ed25519VerificationKey2020",
    "controller": "did:example:123456789abcdefghi",
    "publicKeyMultibase": "zH3C2AVvLMv6gmMNam3uVAjZpfkcJCwDwnZn6z3wXmqPV"
  }]
}
```

从中我们可以看出，DID 文档中并没有任何和个人真实信息相关的内容，如姓名、年龄、地址、身份证号、证书号、证书内容等。因此，仅靠 DID 标准规范是无法验证一个人的身份的，这就必须依赖于 DID 应用层中的 VC 和 VP。

三、VC 与 VP

VC 在低于 1.0 的旧版本中，也被称为可验证声明（Verifaible Claim）。顾名思义，VC 具有和物理凭证（如驾照、毕业证、护照、身份证等）等具有相同的效力，是一种包含了和物理凭证相同信息的数字化凭证，并且能够被他人或机器设备自动验证。如上节所说，DID 标识符和 DID 文档都不包含个人隐私信息，这两者是为验证 VC 和 VP 而服务的，而 VC 则是包含了所有个人数据敏感数据的集合，因此 VC 被持有者妥善保存并持有，在有需要的时候再向验证者出示。我们可以认为，VC 是一个 DID（签发者）给另一个 DID（持有者）的某些属性做背书而签发的描述性声明，并附加自己的数字签名，用以证明这些属性的真实性。

一个 VC 也是一段 JSON 格式的字符串，其内容如图 3-18 所示。

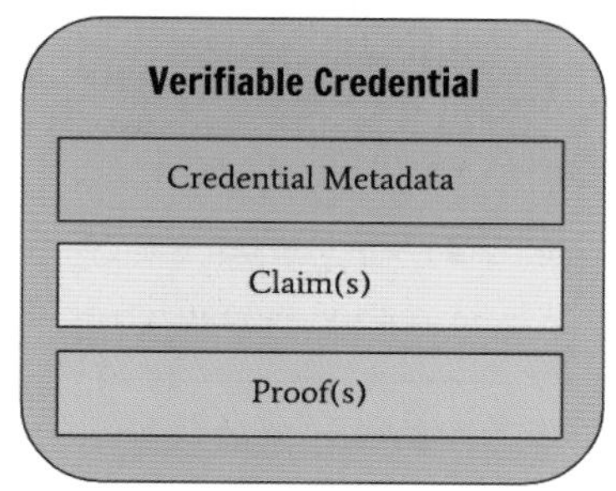

图 3-18 VC 的内容

1. 凭证元数据

凭证元数据（Credential Metadata）用来描述凭证的属性信息，如颁发者、颁发时间、到期日期、代表性图像、用于验签的公钥、撤销机制、声明的类型等信息。与声明集中的内容不同，元数据是用以描述凭证本身属性的信息，而声明集是关于主体信息的描述。

2. 声明集

声明集［Claim(s)］是一个或多个关于主体的声明，这些声明就是持有者在有需要时要展示的个体敏感信息，如公安机关颁发的机动车驾驶证（简称驾照），其中的姓名、性别、国籍、出生日期、有效期限、住址、准驾车型等信息即声明集。

3. 证明集

证明集［Proof(s)］是颁发者对声明集的数字签名，声明和证明是对应的，因此该条目既可能有一个也可能有多个。通过证明集保证了整个 VC 是可验证的，防止内容被篡改并能够验证 VC 的颁发者。正是通过声明集与证明集的组合实现整个 DID 可验证的凭证。

很显然，一个签发机构可以颁发多个不同的 VC 给不同的持有者。同样，一个持有者也可以拥有多个 VC，这和现实的情况相对应。例如，一个人可以拥有公安机关颁发的身份证、机动车驾驶证，以及学校颁发的毕业证等，每一个证书都对应着不同的签发机构，每个证书就是不同的 VC 实体。在后面的内容中，我们会给出一个持有者对多个 VC 中的字段进行选择和组合而派生出新的证明的介绍。

如果说 VC 是个人敏感数据的全集的话，那么 VP 就可以认为是 VC 的子集。虽然我们可以使用 VC 作为凭证提供给验证者来验明自己的身份，但在大多数情况下我们并不需要将自己的全部隐私内容展示出来，而只进行有选择性的披露即可，避免其他不相关的敏感信息的暴露。例如，购买某些特殊商品有年龄限制（如烟草、含酒精类饮料等），那么凭证持有者（购买人）只需要展示自己的年龄给验证者（售卖商户）来证明自己是成年人，而无须展示其他不相关的信息（如姓名、民族、住址等）。更进一步，如果不想让别人知道我们的具体年龄，我们甚至可以在 VP 中只证明某个断言（Assertion）即可，如在本例中 VP 中只需证明“年龄>18 岁”（我的年龄已经大于 18 岁）。

由于 VP 和 VC 具有相似的特性和功能，因此 VP 和 VC 类似，只是第二项有所不同，这里只做简要说明，如图 3-19 所示。

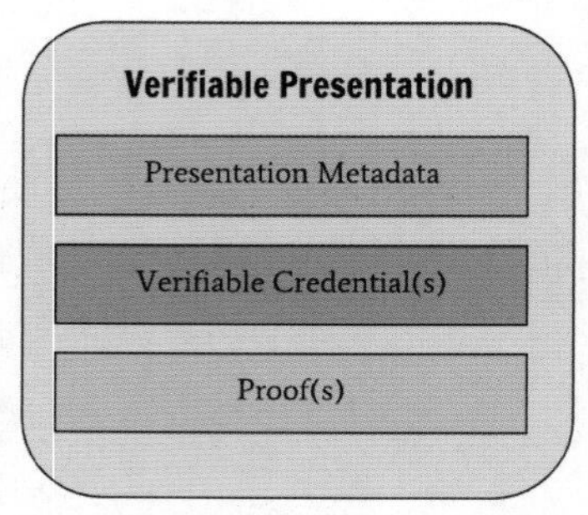

图 3-19　VP 的内容

1. **展示的元数据**

展示的元数据（Presentation Metadata）是指展示的属性信息，主要包含了版本、本 JSON-LD 对象的类型等信息。

2. **可验证凭证集**

可验证凭证集［Verifiable Credential(s)］是指要对外展示的 VC 的内容，如果是选择性披露或隐私保护的情形，可能就不包含任何 VC。

3. **证明集**

证明集包括持有者对本 VP 的签名信息，以及其他与签名相关的辅助信息，如创建时间、数字签名类型、防止重放攻击的“Challenge”信息等。

VC 是由签发者一次生成、长期有效的凭证，而 VP 通常是根据现时需要由 VC 动态生成的临时凭证，因此一般 VP 的有效时间较 VC 要短很多。在 VP 的生成过程中不需要签发者的参与，而由持有者选择 VC 中需要披露的内容，但持有者无法篡改其中的内容（VC 中的内容有签发者的数字签名），而生成的 VP 同样需要持有者进行签名（防止发生冒名顶替的情况）。一个持有者可以拥有多个 VP，而一个 VP 中的内容可以由多个 VC 中的内容挑选并组合而成，这样和传统的实体证书相比就拥有了极强的灵活性和安全性，在给验证者做资质校验时无须展示众多的证书，而选择性地披露也可以避免不相关的隐私数据泄露。

VP 和 VC 一般都保存在持有者的“数字钱包”中，因此“数字钱包”应该具备根据 VC 生成 VP 的能力：“数字钱包”通过界面化的方式供持有者对 VC 中的数据进行选择或组合，形成自己想要展示的 VP 内容，确认后生成最终的 VP。“数字钱包”既可以是手机 App（基于安全性考虑一般不做成微信小程序），也可以是电脑上的程序，它在形态和功能上类似于我们常用的手机银行。正如我们前面所描述的，这里的“数字钱包”是负责存储、管理、创建或销毁与个人隐私、敏感数据相关凭证的软件程序，如果把个人数据看作一种资产，那么数字钱包就是广义上的管理**数字资产**的系统。

四、DID 的结构及各组件之间的关系

DID 的结构及各组件之间的关系，如图 3-20 所示。

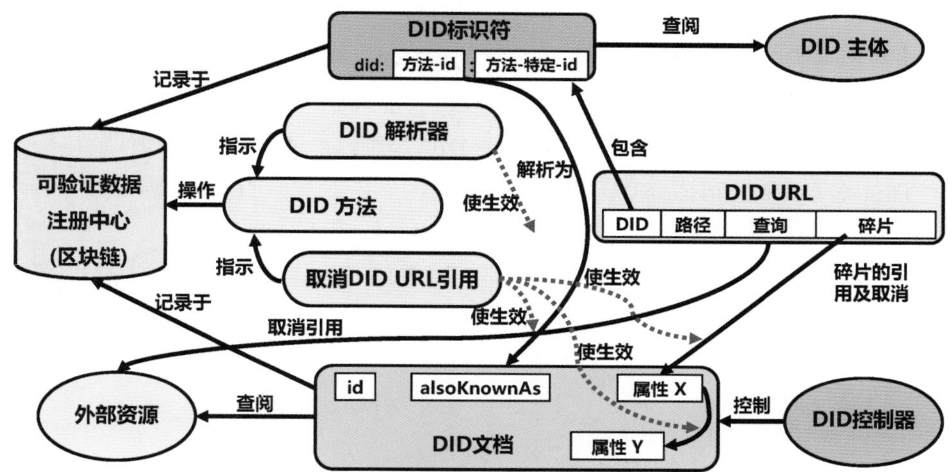

图 3-20 DID 的结构及各组件之间的关系

与我们直觉地推测不同，W3C 对图 3-20 中很多模块的命名，并不是采用一种直接明了的方式，而是采用更有通用性和模糊性的方式，这样做是为了适配更多的可能性。例如，可验证数据注册中心（Veriafiable Data Registry）一般来说就是指我们用来存放 DID 标识符和 DID 文档的区块链系统，但在 W3C 的规范中并不排斥其他的方式——可以使用其他分布式账本或分布式数据库等技术来存储。DID 主体是 DID 标识符所指向的实体，即所要描述的内容，可以认为 DID 主体就是 DID 所要进行陈述的对象，无论是 DID 标识符还是 DID 文档都是围绕 DID 主体的说明。而 DID 控制器，是指能对 DID 文档进行修改的实体。当 DID 标识符是一个人时，DID 控制器往往等同于自身的 DID，即“我的身份我做主”；当 DID 是一个组织、公司、单位或物联网设备时，显然这些非生命实体无法对自己进行定义和修改，此时 DID 控制器是另一个代表人的 DID 标识符，而该 DID 标识符是一个对此非生命实体的 DID 标识符拥有权限的人。在某些特殊情况下，一个人的 DID 标识符也可以是另外一个人的 DID 控制器，如监护人对另外一个未成年人的 DID 标识符拥有管理权限。因此，在我们看到的 DID 文档的定义中，如果未对 DID 控制器进行指定，那么 DID 标识符及 DID 控制器就是其 DID 主体本身。DID URL 是特定资源的网络位置，它用于检索 DID 主体的表达、验证方法、服务，以及 DID 文档的特定部分或其他资源等内容。更通俗地说，就是 DID 文档中不适合放入的内容，都可以承载在 DID URL 所指向的位置，它是一个外部资源（External Resource）的补充说明性内容的位置指示，用以辅助验证或说明 DID 标识符和 DID 文档中的内容。在本节中提到的“实体”一词，在 W3C 的规范中也频频使用，在此，实体是一个泛指的抽象概念，可以是任何指代，如人、设备、物品、组织、

公司、单位、对象等。

在图 3-20 中，DID 本身是一个入口，标识了一个特定的身份实体（DID Subject），一个 DID 标识符对应了一个 DID 文档，而 DID 文档的内容由 DID 控制器控制并定义，DID 文档中的内容可以由 DID URL 指向一个外部资源。DID 标识符和 DID 文档都存储于区块链系统中，而 DID 方法（Method）指示出 DID 标识符和 DID 文档的存储和操作方法。DID 标识符是 Key，DID 文档是 Value，而区块链就是这样一个 Key-Value 型的分布式“数据库”。DID 控制器可以决定标识任何 DID 主体（如人、组织、公司、单位、物联网设备、事物、数据模型、抽象实体等）。这些新的标识符旨在使 DID 控制器能够证明对它的控制，并且可以独立于任何集中式注册机构、身份提供者或证书颁发机构而实施。DID 标识符是将 DID 主体与 DID 文档关联起来的 URL，并且可与其进行可信交互。每个 DID 文档都可以表达密码材料、验证方法或服务端点，这些密码材料、服务端点提供了一组机制，这些机制使 DID 控制器能够证明其对 DID 的控制。服务端点启用与 DID 主体关联的可信交互，DID 文档可能包含有关它的 DID 主体的语义。

此外，需要说明的是，为了验证身份的真实性，这里可以在一定程度上借助已有的 PKI（Public Key Infrastructure）体系，即数字证书颁发的基础设施，所有人的公钥（数字证书）的颁发都要获得专业机构（CA）的认证，让数字身份及数字签名的合法性和有效性得到更好的保障。

3.2.4 路遥知马力——DID 的实际案例

本节我们以毕业证书的验证为例，进一步说明整个 DID 是如何运作的，以及它为什么能够更好地保护个人隐私。读者可以通过本例的介绍推及其他类型的证书（如学位证书、注册会计师证书、律师执业证书等）校验、身份证件（如学生证、身份证、护照等）的校验等场景，触类旁通地构建出自己的应用。

在这个过程中，假设场景是假定有一个名叫“张三”的人，他从“里嘉斯汀”大学（Rigastin University）毕业，准备去赛普库公司（Cypuku）入职，公司的人力资源部需要对“张三”的学历证明进行验证。

首先需要确定的是 DID 标识符，这就需要张三提前拥有一个“数字钱包”或专用的数字身份的应用，具体形式既可以是运行在电脑上的程序，也可以是手机上下载的 App，而这个应用所附带的功能是能够进行人脸核身或电话号码核身（核身功能需要和公安系统联网），以验证申请人的合法身份和真实性（防止冒名顶替）。无论附加功能怎样，也无论是电脑应用还是手机 App，该应用都可以按照前文叙述的 DID 标识符格式创建账号。假定核身成功后，该应用帮助“张三”创建的 DID 标识符的内容如下：did：myid：898b6708d35f441f9f7edf070942aff0。

对于 DID 标识符字段中的第二项，假定证书验证系统的开发者已经将“myid”注册在 W3C 的系统中（如果只是内部使用或者测试用途则无须在 W3C 中注册），同时假设“myid”所对应的就是我们对外公开毕业证书验证系统的区块链平台名称，而“898b6708d35f441f9f7edf070942aff0”是在这个区块链平台上的唯一索引（或称唯一标识），通过该标识可以在区块链平台上索引到 DID 文档的内容。同理，颁发证书的学校在证书验证系统中也应该具备自己的 DID：did : edu : rigastin。

可以看出，“里嘉斯汀”大学的DID和“张三”的DID略有不同。首先，第二个字段（DID方法标识符）“edu”代表了这是一个不同于“张三”的人员身份认证的DID认证平台，在实际中可能对应的是两个不同的区块链系统。这也符合实际的业务情况，用于认证高校的认证系统属于教育部管辖的平台，有更强的准入规则和校验机制，而用于学生身份的认证系统属于另外一个体系，但二者的功能类似、形态相同，同属于DID认证。在其他一些情况下，签发者、申请人/持有者、验证者也可能处于同一个“method”内，本例只针对一般情况进行说明。第三个字段（DID方法特定标识符）“rigastin”是“里嘉斯汀”大学的英文名称，可以看出这个字段既可能是能被识别的名字，也可能是没有字面意义的字母数字组合，类似于“898b6708d35f441f9f7edf070942aff0”，这完全取决于系统的特点。考虑到全国的大学数量有限，并且大学不会重名，因此采用原本的名字作为DID标识符并无大碍，而人员相对来说比较“海量”，且存在重名等可能性，因此采用具有唯一性而不具有含义的ID是更经常采用的方法。

应用在创建DID标识符的同时，也会生成DID文档，并将二者上传到区块链系统中，一旦上传成功，不仅所有人都可以公开地查看到该DID标识符和DID文档，而且上链的数据不能被篡改，有效地保证了身份的安全性。这样一个完整的DID创建过程就完成了。应用创建出来的张三的DID文档如清单3-2所示。

清单 3-2 张三的 DID 文档

```
{
  "@context": "https://w3id.org/did/v1",
  "id": "did:myid: 898b6708d35f441f9f7edf070942aff0",
  "version": 1,
  "created": "2019-10-16T15:19:41Z",
  "updated": "2019-10-16T15:19:41Z",
  "publicKey":
  [
    {
      "id": "did:myid: 898b6708d35f441f9f7edf070942aff0#keys-1",
      "type": "Secp256k1",
      "publicKeyHex": "07b26d41ad786f051ec1409257fe083172ab03b423ed762a5249d09f2551836c87"
    },
    {
      "id": "did:myid: 898b6708d35f441f9f7edf070942aff0#keys-2",
      "type": "Secp256k1",
      "publicKeyHex": "d4172896fe3917c4db56f590e1216b7354f39c1f0574ab69"
    }
  ],
  "authentication": ["did:myid: 898b6708d35f441f9f7edf070942aff0#keys-1"],
  "recovery": ["did:myid: 898b6708d35f441f9f7edf070942aff0#keys-2"],
  "service":
  [
    {
      "id": "did:myid: 898b6708d35f441f9f7edf070942aff0#resolver",
      "type": "DIDResolve",
      "serviceEndpoint": "https://did.myeductionverification.com"
    }
  ],
  "proof":
```

```
    {
      "type": "Secp256k1",
      "creator": "did:gov:pbs_9801450#keys-1",
      "signatureValue": " LrXHtGDjiPu5M4Y4...CCmNADjlxBKyY="
    }
  }
```

在 DID 文档中包含了两个公钥：第一个密钥对 keys-1 是“张三”持有的私钥和用于验证“张三”签名的公钥；第二个密钥对 keys-2 是系统托管的密钥，当 keys-1 丢失时，用以找回张三的 DID。注意，在 DID 文档中只会保存公钥，两个私钥分别由“张三”和托管人“私下”（不公开）持有。在“proof”字段中，由公安机关进行了数字签名，代表该身份已经被公安机关核实、验证。公安机关的 DID 标识符由两部分构成：第一部分“pbs”是公安局的缩写（Publi Security Bureau），第二部分“9801450”是公安局某地区某分局在 DID 认证系统中的编号。由此可见，无论是个人，还是机构、组织，抑或是企业、政府部门，任何一个实体在 DID 认证系统中都有对应的 DID，并存储于基于区块链的 DID 认证系统中。

为了阐述方便，我们假定高等学校“里嘉斯汀”大学的 DID 文档如清单 3-3 所示。

清单 3-3　里嘉斯汀大学的 DID 文档

```
{
  "@context": "https://w3id.org/did/v1",
  "id": "did:edu:rigastin",
  "version": 1,
  "created": "2019-10-16T15:42:31Z",
  "updated": "2019-10-16T15:42:31Z",
  "publicKey":
  [
    {
      "id": "did:edu:rigastin#keys-1",
      "type": "Secp256k1",
      "publicKeyHex": "4763cd59b745f6773dc1096968fa423184ac44e324c9120b45054cd17b276c782904"
    },
    {
      "id": "did:edu:rigastin#keys-2",
      "type": "Secp256k1",
      "publicKeyHex":"c3069fd113782ab49c492df1097a383cd8da302257e0"
    }
  ],
  "authentication": ["did:edu:rigastin#keys-1"],
  "recovery": ["did:edu:regastin#keys-2"],
  "service":
  [
    {
      "id": "did:edu:rigastin#resolver",
      "type": "DIDResolve",
      "serviceEndpoint": "https://did.rigastin.com"
    }
  ],
  "proof":
  {
```

```
      "type": "Secp256k1",
      "creator": "did:edu:moe#keys-1",
      "signatureValue": "ltTiCFEkClvjvbzIvL9t...wYE1ZNpGnI/kY="
    }
  }
```

由以上内容可以看出，“里嘉斯汀”大学的DID文档和“张三”的文档在格式上没有什么不同，内容上的区别在于“proof”字段，高校的DID是由教育部（Ministry of Eduction，MOE）创建并认证的，其中包含教育部的数字签名。相比“张三”的DID文档，此处还增加了“service”字段，其中的“serviceEndpoint”指向了“里嘉斯汀”大学的域名，用来提供额外的关于DID的补充信息。

当申请人“张三”发起申请后，学校会根据“张三”的学习情况（如入学时间、毕业时间、专业、是否结业等信息等），以及小明提交的自己的DID生成VC，如清单3-4所示。

清单 3-4　学校颁发给张三颁发的 VC

```
  {
    "@context":
    [
      "https://www.w3.org/2019/credentials/v1",
      "https://www.w3.org/2019/credentials/examples/v1"
    ],
    // 本VC的唯一标识，即证书的ID
    "id": "rigastin/alumni/E201907018392611",
    // VC内容的格式
    "type": ["VerifiableCredential", "AlumniCredential"],
    // 本VC的发行人
    "issuer": "did:edu:rigastin",
    // 本VC的发行时间
    "issuanceDate": "2019-07-01T11:17:54Z",
    // VC声明的具体内容
    "credentialSubject":
    {
      // 被声明的人的DID，即张三的DID
      "id": "did:myid: 898b6708d35f441f9f7edf070942aff0",
      // 声明内容:毕业院校、专业、学位等
      "name":"张三",
      "alumniOf":
      {
        "id": "did:edu:rigastin",
        "name":
        [{
          "value": "里嘉斯汀大学",
          "lang": "cn"
        }]
      },
      "degree":"学士",
      "degreeType":"理科",
       "college":"计算机学院",
       "admissionDate":"2016-09-01",
       "graduationDate":"2019-07-01"
```

```
  },
  // 对本 VC 的证明
  "proof":
  {
    "creator": "did:edu:rigastin#keys-1",
    "type": "Secp256k1",
    "signatureValue": "AI7/HTHlInXyNETNDm55h…uPkGvoJ5cCteQzYeSA="
  }
}
```

签发出来的 VC 就相当于一个数字化的毕业证书，是由学校颁给个人的数字凭证，然后这个凭证就可以保存在“张三”的手机 App 或电脑应用中，或者保存在“数字钱包”中，但保存内容的格式一般采用加密方式，即其他第三方应用或编辑器对该内容无法浏览。这个 VC 就是包含了最大化原始信息的凭证。但在一般情况下，往往不需要向验证者展示全部信息。例如，只允许成人购买烟、酒，那么我们只需展示年龄及本人照片即可，无须透露民族、家庭住址等信息，这时就需要另外一个针对 VC 凭证的子集——VP，这样 VC 就是一次性签发、由申请人/持有人长期持有的，而 VP 则是持有人临时根据现时需求情况由 VC 动态地派生出来的，最终持有人将 VP 出示或交给验证人来完成校验工作。但在本例中，为了阐述方便，我们让 VP 包含了 VC 中全部的毕业证书内容，因此整个 VP 的格式和具体信息如清单 3-5 所示。

清单 3-5　张三根据实际情况由 VC 生成的 VP

```
{
  "@context":
  [
    "https://www.w3.org/2019/credentials/v1",
    "https://www.w3.org/2019/credentials/examples/v1"
  ],
  "type": "VerifiablePresentation",
  // 本 VP 包含的 VC 的内容
  "verifiableCredential":
  [{
      "@context":
      [
        "https://www.w3.org/2019/credentials/v1",
        "https://www.w3.org/2019/credentials/examples/v1"
      ],
      "id": " rigastin/alumni/E201907018392611",
      "type": ["VerifiableCredential", "AlumniCredential"],
      "issuer": "did:edu:rigastin",
      "issuanceDate": "2019-07-01T11:17:54Z",
      "credentialSubject":
      {
        "id": "did: myid: 898b6708d35f441f9f7edf070942aff0",
        "name":"张三",
        "alumniOf":
        {
          "id": "did:edu:rigastin",
          "name":
```

```
            [{
              "value": "里嘉斯汀大学",
              "lang": "cn"
            }]
          },
          "degree":"学士",
          "degreeType":"理科",
          "college":"计算机学院",
          "admissionDate":"2016-09-01",
          "graduationDate":"2019-07-01"
        },
        "proof":
        {
          "creator": "did:edu:rigastin#keys-1",
          "type": "Secp256k1",
          "signatureValue": "022032a0c887c3fcef0812fede7ca748254771b"
        }
    }],
    // Holder 张三对本 VP 的签名信息
    "proof":
    {
      "type": "Secp256k1",
      "created": "2019-07-09T14:22:15Z",
      "proofPurpose": "authentication",
      "verificationMethod": "did:myid: 898b6708d35f441f9f7edf070942aff0#keys-1",
      // challenge 和 domain 是为了防止重放攻击而设计的
      "challenge": "c0ae1c8e-c7e7-469f-b252-86e6a0e7387e",
      "domain": "4jt78h47fh47",
      "jws": "eyJhbGciOiJSUzI1N…4vGHSrQyHUGlcTwLtjPAnKb78"
    }
  }
```

“张三”根据学校签发的 VC 来生成 VP 后，需要将此 VP 提供给“赛普库”公司的 HR（人力资源）部门。其中“jws”字段是 JSON Web Signature 的缩写，其值是“张三”同学对该 VP 的数字签名，验证者或其他人可以从区块链（DID 中的 DID 文档包含公钥）中获取“张三”的公钥来对其签名进行验证，以确认该 VP 是由“张三”本人发布的，而没有被冒名顶替或被篡改过。接下来，“赛普库”公司从“张三”的 VP 中提取其所包含的 VC 内容并进行验证，整个过程如下所述。

（1）从该 VP 的“proof”字段中的“creator”获得颁发者的 DID 标识符为“DID:did:edu:rigastin”。

（2）通过区块链（DID 认证系统）查询到该 DID 文档，在 DID 文档中获得其创建人和公钥的列表，从中取 keys-1 对应的公钥（keys-2 一般称为托管公钥或恢复公钥）。

（3）得到的创建人是“did:edu:moe”，这个是教育部的标识符，毫无疑问它是可信的 DID 标识符，而由它创建的 DID 标识符（众多高校的标识符）同样是可信的。

（4）再用“did:edu:moe”这个关键字，去区块链（分布式身份认证系统）中读取 DID 文档，并获得其中的公钥，使用该公钥对“did:edu:rigastin”对应的文档进行签名验证，以确认“里嘉斯汀”大学是可信高校，并且确保其相关信息没有被篡改过。

（5）验证通过后，同理再用“did:edu:rigastin”的公钥对“张三”提交的 VP 中所包含的 VC 内容进行签名验证，核实这个毕业证书是否由可信的“里嘉斯汀”大学颁发的。

（6）签名验证通过后，“赛普库”公司 HR 部门的相关人员再次检查 VC 中所提供的内容与“张三”提交的简历的描述是否一致。

（7）如果通过了检查，则意味着校验成功，可以安排“张三”入职。

在以上验证过程中，至少需要进行 3 次签名验证。首先验证 VP 是否由“张三”所提交，其次验证 VC 是否由“rigastin”大学所颁发，最后验证“rigastin”大学的 DID 是否由“moe”教育部所创建。而“moe”教育部需要在验证方系统中成为可信列表中的一员，这类似于数字证书中的“根证书”，如同数学中不言自明的“公理”。这样，整个过程就保证了“张三”所提交的数字毕业证书是可信凭证。

以上内容展示了 VP 中包含了全部 VC 内容的示例，但在实际应用中持有者往往采用选择性的披露，达到只展示必要的信息的目的，VC 中与本次需求无关的内容不做展示，从而实现了隐私数据的保护。这时就需要一种更特别的技术，这也是区块链中普遍采用的技术——梅克尔树（Merkle Tree），如图 3-21 所示。在这种情况下，VC 的颁发者（如学校），就需要对每一个数据项（如姓名、性别、年龄、住址等）做哈希运算，并构建出一个梅克尔树，当需要验证一个或部分信息时，只需要出示必要的内容，其他部分的数据项则以梅克尔树中的哈希值代替，这样验证者就可以像验证整个 VC 内容一样验证其中的部分信息，从而有效地对隐私数据进行保护。

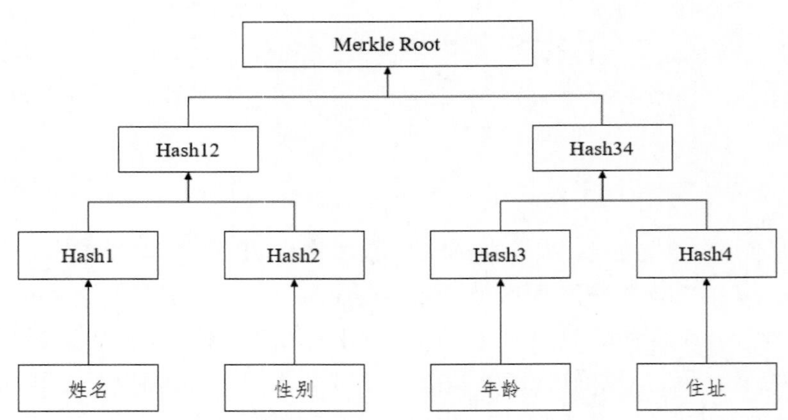

图 3-21 梅克尔树

3.2.5 必由之路——DID 在物联网世界中的应用

随着移动互联网的发展，最近十多年来电子产品获得了蓬勃发展，这也促使嵌入式电子设备越来越小型化、智能化、移动化，在 5G 时代来临的加持下，可以预见，在未来 5～10 年内，我们将从移动互联网时代迈入智能化物联网时代。这让物联网不仅在智能家居领域获得长足的发展，也将会在智慧城市（网格化管理、智慧交通、智慧服务、智慧公共安全、智慧能源、智慧建筑、智慧医疗等）、智能工业（工业 4.0）、智慧农业等领域得到快速普及。海量的物联网设备（如电梯、门禁、空调、摄像头等）接入互联网后，带来的挑战不言而喻，不仅通信载量会剧增，人、终端、设备等如何接入、如何认证，以及如何保证通信安全也将成为重中之重。

2016 年 10 月 21 日（星期五），一场始于美国东部的大规模网络瘫痪席卷整个美国，全美的网络服务、公共服务、社交平台等都遭受到前所未有的严重攻击，这场灾难不仅使得半个美国的网络几乎陷入瘫痪，甚至传播到了西欧，而此次攻击所带来的损失更是天文数字。这是人类历史上首次出现源于物联网设备的攻击而造成的大规模网络瘫痪事件，而这场重大事件的由来，是黑客们使用了一种被称作“物联网破坏者”的 Mirai 病毒（经过改造升级）来进行目标搜索，当它扫描到一台物联网设备（如网络摄像头、智能开关等）后就尝试使用默认密码进行登录（Mirai 病毒自带 60 多个通用密码），一旦登录成功，这台物联网设备就进入了“肉鸡”名单，开始被黑客操控转而攻击和感染其他物联网设备。据最终统计，一共有超过百万台物联网设备被感染，然后被操控参与了此次大规模针对物联网设备的攻击。从图 3-22 可以看到，当时从西海岸到东海岸都未能幸免。通过这场严重的安全事故，我们看到了物联网中网络的脆弱性和物联网设备存在的重大安全隐患。

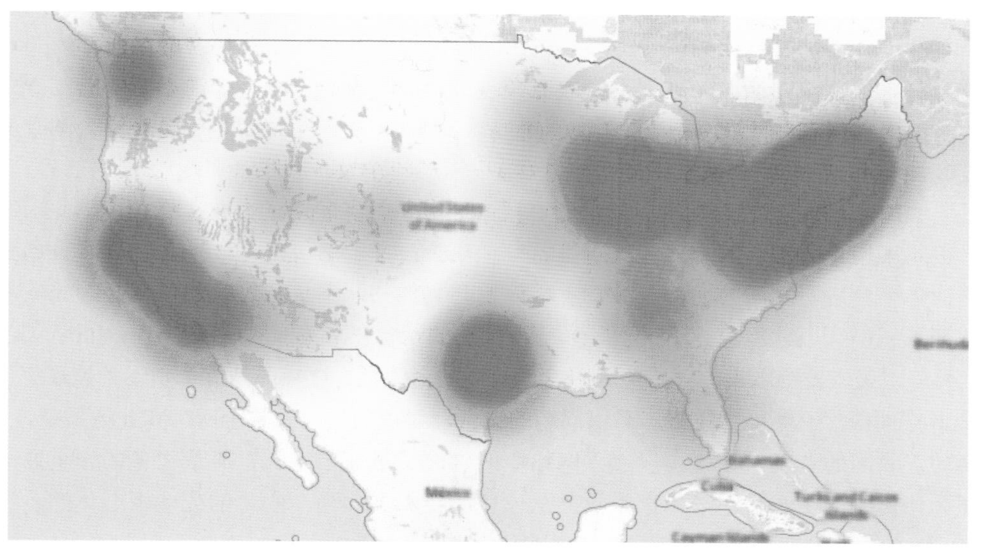

图 3-22 “黑色星期五”——大规模针对物联网设备的攻击

为了避免类似事件再次发生，我们可能会不假思索地给出快速的解决方案。例如，物联网设备不使用默认密码而使用更加复杂的密码规则和策略，但采用账户/密码的这种方式依然治标不治本。这种统一认证模式需要将用户名和密码集中存储而容易造成泄露，更重要的是良好的密码措施是需要定期更新的，而海量的物联网设备的密码定期更新绝对是一项工程量巨大的工程（每个设备的密码都需要更新且密码不同）。而 DID 的出现，为物联网走向互联网铺平了道路，让人、物联网设备的认证都更加安全、可靠。

首先，DID 以安全性更高的数字证书、签名为基础；其次，DID 不依赖任何互联网服务商、设备制造商的统一认证服务，而是采用“我的账号我做主的原则”，最大化地分散安全风险；另外，区块链系统让 DID 又可以分布式地存储、随时随处地接入。这样一个完备的基于 DID 进行身份认证和管理的物联网系统如图 3-23 所示。

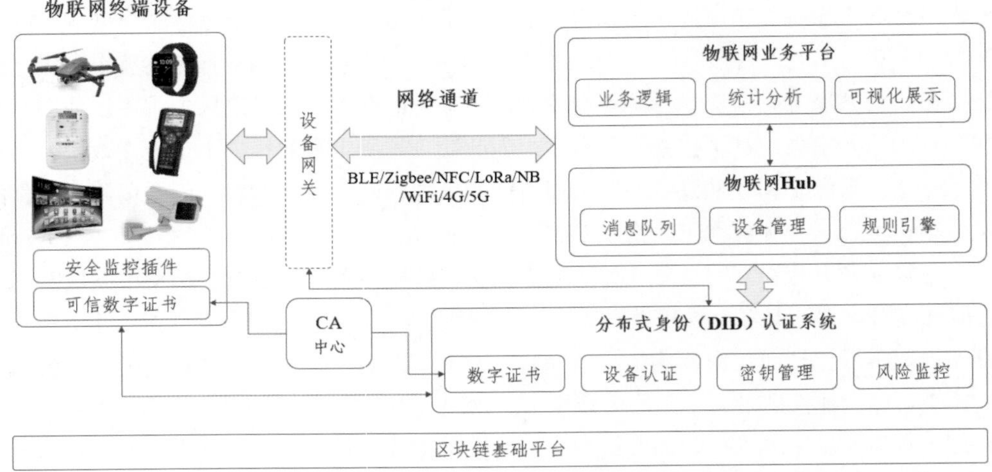

图 3-23　基于 DID 进行身份认证和管理物联网系统

所有的设备都拥有自己的数字证书及可信的信任根，每台设备在接入网络时都需要通过双向认证机制，这个双向认证的过程不仅内嵌在设备认证阶段，也聚合在消息通信的过程中，而所有的身份内容保存在 DID 认证系统中，可以认为 DID 认证系统就是以区块链为基础的认证基础设施。针对之前的物联网网络安全问题，第一道屏障是设备不再采用账号/密码的方式登录，而是采用 DID 认证的方式，其本质就是通过授权证书及签名验证的方式来操控，因此未经授权的黑客很难采用暴力破解的方式直接对设备进行攻击；第二道屏障是，一台物联网设备要想与物联网业务平台进行实质的通信及被管理，以及与其他物联网设备进行通信，必须先成功经过 DID 认证系统的认证才能进行下一步，认证不成功的设备在网关或物联网平台（Hub）层面即被屏蔽。另外，采取安全隔离的方式最大限度地提高安全栅栏，这样即便有个别设备被攻克，在网关或 Hub 层面依然有可靠手段来屏蔽出问题的设备，避免问题波及整个网络和业务系统。

移动互联网的普及，使得可以接入网络中的终端数量成倍增长，海量设备的安全通信和可靠认证会让传统的中心化系统不堪重负，从以往的经验看，当中心化的或多中心化的系统出现故障时（如光缆被挖断、节日促销导致用户量激增等），会造成严重的互联网服务不可用的情况。而当人类进入物联网时代后，这种问题会更加突出：每个人会有多种物联网设备，而每个家庭也会有大量的智能家居设备接入网络，还要考虑工业领域、政务领域等海量设备也会接入物联网体系，这样“天量”终端的激增，会对整个网络认证体系提出更大的挑战，而只有具有分布式能力的 DID 认证系统，才能化解这一危机，基于区块链的 DID 认证系统最大的优势在于，它不会被局部的网络故障所影响，也没有中心化的基础设施存在的单点故障的问题。

至此，整个基于区块链的 DID 认证系统似乎近似完美，但好奇的读者可能心中仍然保留有一个小插曲：既然物联网的设备和终端不使用账号和密码的身份认证方式，而使用数字证书（公钥）加私钥的模式，那么如何保证做到更安全呢？换一种更加直白的问法，那就是设备或终端本身如何保存自己的私钥不被黑客窃取的呢？答案是有 3 种可供选择的方法。一种是为设备提供专用的安全芯片和硬件，作为可信的安全模块，负责创建和安全的存储密钥，事实证明这样专用的安全元件可以很好地抵御外界的攻击和破坏。然而，这种方法的优点虽然突出，但其缺点就是无疑增加了设备的成本，并对设备本身的算力和能力有更高的要求，因此一般被用于高精尖或昂贵的设备中或在一些关键领域和安全防护要求极高的场景中。而更加低廉、实惠并对设备算力本身要求更低的方式是一种叫作“物理不可克隆功能”（Physically Unclonable Function，PUF）的硬件解决方案，其原理是任何对密钥进行物理探测的尝试都将会极大地改变 PUF 电路的特性，从而产生一个不同的数字，这样就从物理层面让黑客发生窃取行为时无计可施，PUF 甚至拥有动态的能力，即密钥对（公私钥对）只在需要加密操作时生成，并且在使用完毕后立即被擦除。总而言之，PUF 提供了裸片屏蔽和物理篡改检测的能力，在低廉的成本下构建不低于专用安全芯片的密钥保存方式的能力。最后一种方法比前两种更加实惠，而且几乎不增加硬件的成本，密钥对既可以从外部导入，也可以在内部生成，然后将密钥存储在微控制器中。但这种方法的缺点也是显而易见的，私钥容易被黑客所窃取，这种方法在一些早期的设备中使用得较多，这类设备大多不内嵌有专用安全芯片或 PUF 等额外安全元器件，因而采取不得已而为之的折中办法，因此这种方法通常被用在早期的物联网设备或在安全要求比较低（如与互联网完全隔离的孤立环境中）的场景中。

至此，基于区块链的 DID 认证系统在物联网世界中为物联网设备提供了可靠的、安全的认证体系，并形成了一个身份管理的闭环，为即将到来的物联网社会提供了坚实的基础。

3.2.6 DID 总结

总之，DID 不仅可以实现证照的电子化，而且让不同的身份可以相互承认、相互操作。此外，DID 有着更加广泛的未来，它让物品、终端、组织、机构、单位、企业、团体等都以一种实体的方式拥有对等的身份，让物联网的普及加速到来。和以往的传统电子证照的孤立系统不同，DID 最大化地保持了身份在不同系统中的互通性、可操作性和扩展性，它将成为各个系统间进行安全数据共享的前提条件，如医疗数据的互联互通需要建立在安全的身份认证基础之上。在后文中，我们将对安全的数据共享进行详细介绍。

DID 的细粒度化的凭证签发和验证，有效解决跨部门、跨企业、跨组织、跨行业、跨地域的身份认证难和隐私泄露等问题。可以预见，我们可以将现实社会中的各类身份统一整合为 DID，并在教育、工业、医疗、政务等场景中，在需要提供安全、可靠的身份认证时大展身手！

4 区块链助力产业的实际案例二

4.1 区块链助力溯源

4.1.1 现实生活中的痛

假冒伪劣产品让不少人养成了在买东西时谨慎、小心的习惯，如在电商网站下单前先截图。随着经济的高速增长，老百姓的生活水平提高了，政府监管也更规范了，步入信息社会后社会监督也无处不在，造假成本不断增大，假冒伪劣现象却没有消失，甚至以更隐蔽的方式出没。以市场上出售的各类名牌包包为例，你能肯定它们百分之百是真货吗？市场上这些名牌包包中的假货比例有多大，怎么说得清呢？如今产品流通地域非常广，每天的出货量都非常大，卖家不可能对卖出的每双鞋和每个包都进行检测，更何况现在的不法厂家仿冒生产的名牌产品甚至可以做到以假乱真，无论是从外观还是品质上，就连原厂的技术专家有时都难以分辨。

假冒伪劣产品给社会造成了很大的危害，不仅危害人民群众的身心健康、造成生命和财产安全的损失，还给群众造成了心理上的阴影和负担，抑制了消费需求。假农药、假种子还会造成农业减产甚至绝收，假原料假材料造成工业生产事故，或者建筑质量问题，更可怕的是它们扰乱了正常的市场秩序，毒害了营商环境，损害了整个社会的公信力，让遵纪守法的优秀企业和优秀品牌的经营遭受损失，国家也会因此损失大量税收。还有的假冒伪劣产品漂洋过海被卖到国外，给国家声誉造成损失，影响了我国出口产品的口碑和竞争力。除了实体产品存在假冒伪劣现象，假冒伪劣现象还存在于软件、餐饮、医院等服务行业。

4.1.2 产品的防伪与溯源

既然假冒伪劣现象像病毒一样存在于国民经济、社会生活的各个方面，那我们国家和社会是如何应对的呢？

首先，国家有法律依据来打击这类行为。其次，政府有强有力的监管部门来查处这类行为。针对群众反映强烈、社会舆论关注的网络侵权盗版行为，如“直播带货”等网络经营活动中制售侵权假冒产品和发布虚假广告、刷单、虚假宣传等行为，全国打击侵犯知识产权和制售假冒伪劣产品工作领导小组开展了针对知识产权保护的“龙腾行动”、面向出口转运货物知识产权保护的“净网行动”、寄递渠道知识产权保护的“蓝网行动”，落实“一市场一档案”、行政约谈和违法告知制度，聚焦民生领域，开展“铁拳”行动，严厉查办一批损害人民群众利益的案件，加大曝光力度；推进治理手段现代化，坚持开拓创新、多措并举，利用互联网、物联网、大数据、云计算等现代信息技术，探索实行“互联网+监管”模式，加强技术监测平台建设，提升追踪溯源和精准打击能力；深入分析侵权假冒趋势动态，完善情报导侦，强化线索研判和集约打击，提升刑事执法、行政执法和行业监管部门协作效能（全国打击侵权假冒工作领导小组办公室、中央宣传部、公安部、农业农村部、文化和旅游部、海关总署、市场监管总局、中央网信办、林草局、邮政局、药监局、知识产权局按职责分工负责）。生产厂商也在不断提升自己产品的辨识度和包装的防伪水平等。

另外，消费者也要提升自己的识假辨假能力，要知道从工业革命以来，人类就在不停地和假冒伪劣行为做斗争。

厂商也很累，包装越来越精美，包装上的图案方案也在定期或不定期地更换，但是仿冒造假的现象还是无法杜绝，无论厂商如何努力，无良商家总能仿冒得手，正规厂商打假维权的成本很高。

但是，仅靠防伪手段并不能完全阻断假货的出现。因为现在的防伪技术越来越普及，防伪成本也没有那么高了，造假企业在这方面也舍得花成本常常以假乱真，如果企业完全靠自身的力量来提升仿冒难度、打击假货，则其要投入精力和成本会越来越大。但是，“魔高一尺，道高一丈”，打击假冒伪劣的这场战争会不断地走下去。

很快，有厂商想到了，在产品包装上印上真伪鉴定电话，消费者只要打个电话，报上包装上的一串验证码，便可知产品真假，并告诉消费者这个验证码是第一次查询，还是已经被查过多次。

再进一步，企业可以在产品上印刷一个可刮擦的区域（像是彩票那种），里面印上一串数字，然后提示拨打×××电话即可查验真伪，或者登录×××网站，输入里面的信息，亦可查验真伪，如图 4-1 所示。

图 4-1 刮开辨别真伪

这是一种新的用来确定产品真伪的手段，包装上的验证码是没有规律的，无法伪造，而且每件产品的验证码不同，能防止大规模地被盗用，即使被盗用也会被发现。这类技术被统称为电码防伪，因为技术成熟，得到了广泛应用。电子产品质量监管如图 4-2 所示。

随着手机和条码、二维码的普及，一串验证数字也被换成了二维码，人们更习惯用手机扫一扫，再结合手机上的小程序（如微信小程序），可以获取更多的有关产品的内容，如图 4-3 所示。

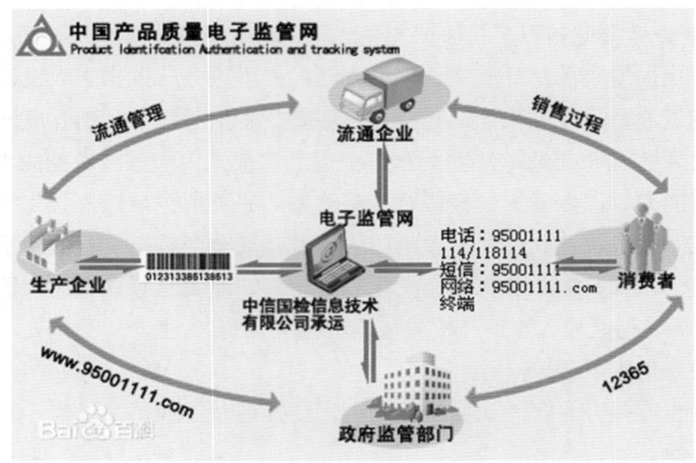

图 4-2　电子产品质量监管

图 4-3　产品防伪验证

这里，我们接触到了两个重要的概念——防伪和溯源。比如，前面介绍的电码防伪属于一种防伪手段，本质上是为了防止市场上的假冒伪劣产品。而对于后面的条码、二维码手段，防伪只是其目的之一，消费者可以据此获取更多的产品相关信息，如产地、原材料、生产日期、质量信息、检测报告，甚至流通信息（这属于溯源）等。

溯源，按词典上的解释，指往上游寻找水流发源的地方，引申为追求根源。比如，“病毒溯源”的意思就是要找到病毒的起源和传播方式，从根源上掐断病毒，做好预防，以便更好地应对未知的、类似的病毒传染。而对于产品来说，溯源就是把产品的生产流通的信息通过某种方式记录下来，供产品流通环节中的物流企业、销售企业、消费者查询，也便于市场监督部门的监管。

溯源这种手段和防伪一样，也是为了让消费者可以明明白白地消费、买得安心、用得放心。防伪只能告知消费者其所购产品的真伪，但溯源能告诉消费者的信息就非常多了。它可以在告知消费者其所购产品的真伪的基础上，为消费者提供更多关于此产品的信息，甚至可以作为纽带，让消费者和商家建立联系，如享受会员待遇、售后服务、各种优惠信息、新品通知等，也能让商家直接获取消费者的反馈，反向追踪产品的质量，从而不断改进产品。溯源还有助于保护那些原产地的产品，方便消费者对比不同商家的同类产品的诸多属性，如产地、日期、物流速度、售后服务等，加强商家和消费者的互动，有助于商家品牌的成长，并培育忠实的用户粉丝。

现在人们普遍通过网络购物，在下订单之后，就能跟踪其所购产品的物流信息，包括产品是否发货、处于物流的哪个环节、当前在何地、大概何时能送到、最后产品是否送达消费者等，都能做到一目了然。像以前那种商家和用户的纠纷，如商家说发货了、用户说没收到，这种情形都成了过去时。对产品在流通环节中的溯源，可以说也是国内电商繁荣的重要原因之一。

就像调试程序代码，要提供足够多的日志，才能迅速找到问题所在。理论上溯源提供的信息也是越多越好，最好能覆盖从原材料到生产、流通，再到产品上架的全过程，但在现实中，却不是那么容易做到的。

4.1.3 溯源技术方案

一、标签溯源

1. **条码**

条码是将宽度不等的多个黑条和空白，按照一定的编码规则排列，用以表达一组信息的图形标识符，如图 4-4 所示。条码技术的应用广泛，在产品包装和图书上经常见到，条码可以标出一般物品的生产国、制造厂家、产品名称、生产日期等，或者用于表示图书分类号等。

图 4-4 条码

条码技术最早是在 1949 年由美国人诺曼·伍德兰和伯纳德·西尔弗发明并用于食品自动识别的，后被广泛用作全球范围内产品交易的产品代码。识别条码需要使用专门的仪器，即扫描器。市面上能见到各种各样的扫描器，它们都是利用自身光源照射条码，再利用光电转换器将接收到的反射的光线明暗转换成数字信号，从而对条码进行识别的。将条码用作商品代码的优点是可靠、成本低、易制作和易操作，缺点是同款产品使用同一个条码，不具备标识产品的唯一性。

利用条码来进行标签溯源的例子有深圳食品安全追溯信用管理系统，消费者用手机下载指定的 App，就可通过扫描产品上的条码获取更多的产品信息，用手机 App 查询时的界面如图 4-5 所示。

2. **二维码**

二维码也称二维条码，使用黑白矩形图案表示二进制数据，被设备扫描后可获取其中所包含的信息。二维码通常有特定的定位标记（如 QR 码为 3 个大的定位点），定位标记使得二维码不管是从何种方向读取都可以被识别，如图 4-6 所示。二维码还有容错机制，即使条码有部分污损，也可以正确地还原条码中的信息。二维码最早是由日本人发明的，而多数人认识二维码是从淘宝、微信的扫码支付功能开始的。二维码相比条码，可以记载更复杂的数据，如图片链接、网络链接等，被广泛用于各种资料信息的分享，如名片、Wi-Fi 密码等，也越来越多地出现在各种产品包装上。

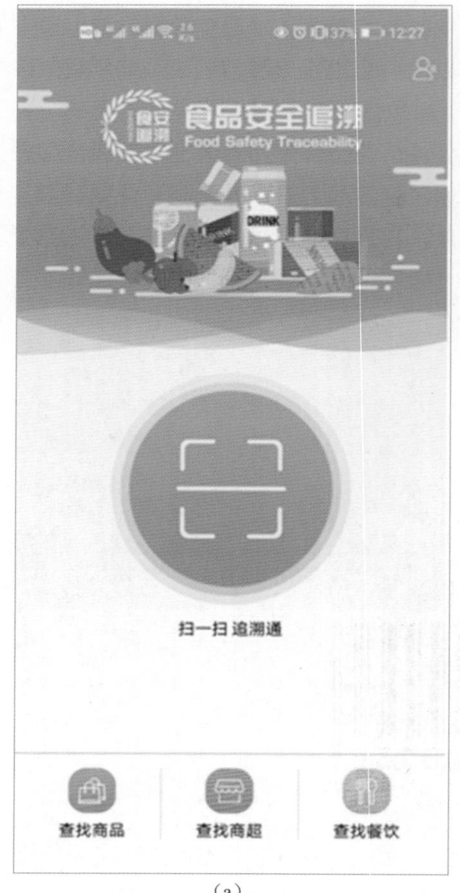

(a)

(b)

图 4-5　扫描产品上的条码，用手机 App 查询时的界面

图 4-6　二维码

随着手机的普及，目前绝大多数产品溯源系统采用二维码作为主要使用方式。其优点为信息容量大，成本低，技术难度小，可以实现一物一码；缺点是易被复制，造假成本也低。一般的产品溯源系统都会记录是否首次验证查询，结合信息加密技术，使得大规模造假的可能性降低。

3. RFID

RFID 即射频识别的英文缩写，是一种无线通信技术，通过无线射频方式进行非接触双向数据通信，来识别特定目标并读写相关数据，无须在识别系统与特定目标之间建立机械或光学接触，如图 4-7 所示。像我们日常使用的触碰式的门禁卡、公交卡、地铁卡、二代身份证都应用了这类技术。现在图书馆也普遍将 RFID 技术运用于对图书的借阅、归还、查找、整理等方面。手机上的 NFC 功能相当于 RFID 技术的子集，而高速公路自动收费站的 ETC 系统也是 RFID 技术的一种应用。

图 4-7 RFID

RFID 技术与传感器的结合应用远不止这些。例如，新型印刷标签可以根据包裹内部气味的变化改变标签的颜色，实现对易腐产品的精准监控；无源 RFID 重量传感器可以用于监测根据重量计算的颗粒状、液体和其他资产的库存，而压力标签可以记录产品在运输中的哪个环节被暴力装卸；具有传感功能的智能标签结合新材料可以使冷链监控、智能管理、安全运输等新应用成为可能。通过将数据加密并写入 RFID 芯片，再结合后台防伪系统，具有唯一性且无法复制的效果，可用于高附加值产品的防伪电子标签，缺点是成本相对较高，并且需要专用设备来读写数据。

二、系统集成类溯源解决方案

系统集成类溯源解决方案主要包括企业自建平台、第三方云平台及政府主导建设的防伪溯源平台 3 类。相比标签类溯源方法，系统集成类溯源解决方案不易复制，降低了标签造假的风险。而且，系统集成类溯源解决方案还为政府、第三方云平台参与溯源提供了技术支持，提高了溯源公信力。

现阶段，我国的系统集成类溯源项目主要集中在奶粉、食药品等重要产品建设方面，以政府为主导，通过企业自建或第三方技术公司提供服务的方式（包括通过政府建设的官方溯源平台）来验证、监管溯源信息。但该模式存在一定的信任问题。信息上传机制是由企业完成溯源信息记录后再上传即由政府建设的第三方验证平台进行管理的，或者政府第三方验证平台不存储信息，在消费者验证时直接调取企业溯源数据库的数据来完成查询。在这类中心化的架构模式中，存储数据可能被篡改，无法形成有效的社会公信力。

（1）除非企业有较强的品牌号召力，否则企业自建平台的溯源数据的公信力较差，同时企业拥有对防伪溯源数据完全的管理控制权限，不利于政府与社会监管。

（2）相对于企业自建平台来说，第三方云平台的专业程度高一些，一般会考虑数据备份，安全性较高，但公信力仍不足。

（3）政府主导建设的防伪溯源平台为企业提供服务，因为有政府背书，公信力较强，数据管理权也归政府，有利于政府行使监管权力。同时也会涉及成本和效率的问题，还有企业主动接入的意愿强不强也是一个需要考虑的问题。政府主导建设的防伪溯源平台，往往也由第三方的技术公司来建设和运营，政府起到监管的作用。

以上都属于传统的中心化溯源解决方案，而这种传统的中心化溯源平台/系统有很多难题无法解决。其主要依托于企业或第三方中心化平台，使产品溯源信息系统隔离严重，溯源信息不完整，并且上下游企业对数据安全管理存在疑虑，全程追溯不易，监管困难。具体来说，其主要存在以下问题。

（1）中心化存储。将多重信息录入单一系统，而且是中心化系统。无论由谁来维护这个账本，在市场经济的作用下，都不可避免会出现个体作恶、篡改信息。

（2）信息“孤岛”。整个供应链是存在多个信息系统的，这些信息系统之间的信息核对很烦琐，数据交互不均衡。

（3）数据安全——隐私保护不足。产品信息数据具有商业价值和敏感性。中心化溯源平台下的大数据，既关系到国家数据安全，又可能造成不公平竞争，极易造成绑架公权、利用数据牟利。

（4）数据造假。传统的中心化溯源平台/系统由于数据来源的单一性和不关联性，不能验证流通数据是否造假，缺乏验证逻辑。

4.1.4 溯源与食品安全

党的十八大以来，“四个最严”要求为食品安全治理工作指明了方向。“四个最严”要求，即用最严谨的标准、最严格的监管、最严厉的处罚、最严肃的问责，确保广大人民群众舌尖上的安全。除了完善法规、加大执法，还要用科技手段来提升管理效率，这样才能做到从农田到餐桌的无缝监管。全面贯彻食品安全“四个最严”，食用农产品与食品安全保障水平持续保持“稳步向好”的基本格局，有效保障人民群众的营养需要和饮食安全。但是现阶段我国食品质量安全问题仍较为突出，风险隐患将可能长期存在。

（1）食品安全违法事件层出不穷，给监管部门、企业、老百姓都带来了压力，使整个社会防范成本增加，给整个社会的运转带来了压力。

（2）随着经济的发展，对食品安全监管提出了高要求。2019 年 5 月 20 日《中共中央 国务院关于深化改革加强食品安全工作的意见》第三十一条明确指出：“推进“互联网+食品”监管。建立基于大数据分析的食品安全信息平台，推进大数据、云计算、物联网、人工智能、区块链等技术在食品安全监管领域的应用，实施智慧监管，逐步实现食品安全违法犯罪线索网上排查汇聚和案件网上移送、网上受理、网上监督，提升监管工作信息化水平。”

（3）食品安全追溯体系越来越受重视。2020 年 9 月 9 日，中央财经委员会第八次会议召开，研究畅通国民经济循环和现代流通体系建设问题……此次会议指出，要完善社会信用体系，加快建设重要产品追溯体系，建立健全以信用为基础的新型监管机制。现阶段，食品生产企业的追溯意识显著增强，社会公众对产品追溯的认知度和接受度逐步提升，产品追溯体系建设的市场环境明显改善。

民以食为天，食品安全关系到国计民生，和百姓的生活质量、健康、幸福感，以及整个社会的稳定都息息相关。我国作为世界上主要的贸易大国，各种产品包括生鲜食品可能来自世界各地。现在人们足不出户就能买到新西兰奇异果、智利蓝莓、巴西大豆、阿根廷牛肉、意大利的巧克力等，这也意味着食品从产地到餐桌要经历一个非常复杂的链条，中间任何环节都有可能出现质量问题。

要想对这个链条的各个环节实施无缝监管，就要建立相应的食品安全追溯体系。这个追溯体系涉及原料供应商、生产厂商、流通环节、仓储环节、下游经销环节、餐饮商家、政府监管部门、质量检测部门、监督媒体、最终消费者，只有他们都参与了这个追溯体系，才有可能把产品生产、流通、仓储、销售等环节的信息采集完整，做到从原材料到消费者，以及从消费者到原材料的双向跟踪，才有可能实现端到端保证食品的安全。食品安全追溯体系中的任何一个环节都是不能缺失的，如图 4-8 所示。

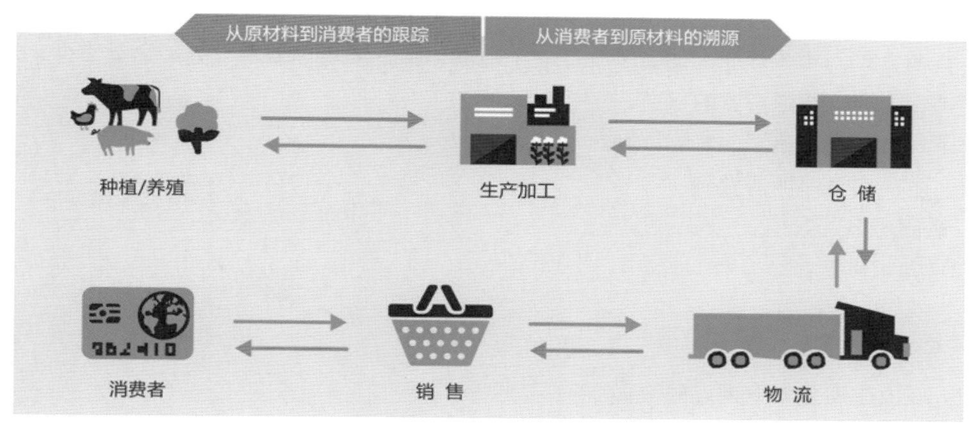

图 4-8 食品安全追溯源体系

为了说明这个全流程信息追踪的重要性，请看两个食品安全溯源的案例。

（1）欧洲“马肉冒充牛肉案”。2013 年 1 月中旬，A 国食品安全监管部门在例行检查时，发现部分超市出售的由 A 国和 B 国生产的冷冻意大利牛肉面、牛肉汉堡中掺入了价格低廉的马肉及其他肉类，数百万个牛肉汉堡随后被下架禁售。随着调查的深入，发现欧洲各大超市的冷冻面、肠、饼等含牛肉类食品都有被掺入马肉或其他肉类的可能，“马肉丑闻”席卷欧洲大陆，这些食品甚至销售到欧洲以外的国家。

欧盟启动了食品安全追溯体系，来查找是哪里出了问题，以及源头在哪里。欧盟的食品安全追溯体系，早在 1997 年就为应对“疯牛病”问题建立了起来并逐步完善。只要在消费者端发现食品质量问题，就可以通过食品标签上的溯源码进行联网查询，从而找出该食品的生产企业、生产日期、生产地、种植（养殖）农户等全部信息，这有助于相关部门迅速查清事件的来龙去脉、明确各方应负的法律责任，并有针对性地开展监管及补救措施。

但遗憾的是，欧盟最终只查出了部分嫌疑商户，并没有查清源头是哪个国家。这既充分说明了食品安全追溯体系在食品安全事件中的重要作用，也暴露出当时欧盟食品安全追溯体系存在的缺陷。最重要的是，该体系缺乏各成员国之间全程可追溯的完整数据信息，可追溯数据链中的某些环节“断链”，导致欧盟无法追溯到问题马肉的源头国。

上面的案例是一个反面例子，说明了信息的全流程可追溯的重要性。

经过此次教训，欧盟各国完善了法规，并加强了食品安全追溯体系的建设，后来这个食品安全追溯体系在 2017 年的“毒鸡蛋案”事件发挥了重要作用。

（2）2017 年 7 月—8 月，欧盟多个国家的食品安全监管部门发现鸡蛋中含杀虫剂成分，9 月已有 40 个国家的鸡蛋被发现有问题，包括 24 个欧盟成员国。事发后，欧洲委员会召开会议商讨对策。欧洲多国开始对“毒鸡蛋”事件进行调查，对部分涉及此次事件的鸡蛋和鸡蛋制成品进行下架和召回处理，数十个家禽养殖场被关闭。各大超市纷纷下架一些疑似含有有毒成分的鸡蛋。受此事件的波及，多个国家陷入食品安全危机，欧洲民众对食品安全忧心忡忡。

得益于食品安全追溯体系，欧盟最终查清楚了这些“毒鸡蛋”的原产国、饲养场或鸡笼，事件得以平息。可见，食品安全追溯体系在食品安全突发事件应急处置中发挥了重要作用。

由此可见，食品安全追溯体系的建设，将大大提升人们对公共食品安全事件的应对能力。对于食品安全事件，如果不能将源头和影响范围查得清楚明白，为了广大人民的切身利益，很可能只能采取“宁可错杀一千，也绝不放过一个隐患”的做法，那样就会造成大量商家的连带损失，甚至会重创相关行业。建立了食品安全追溯体系，就可以做精准处理这类事件，从而最大限度地保障商家和消费者的权益。

以下是食品安全追溯的普遍原则。

（1）食品安全追溯要做到：

- 顺向可追踪；
- 逆向可溯源；
- 风险可管控；
- 公众参与。

（2）在发生质量安全问题时要做到：

- 产品可召回；
- 原因可查清；
- 责任可追究。

只有建立了完善的食品安全追溯体系，整个社会才能以较小的成本和代价，去实现对食品安全最大限度的保护，否则难以真正地做到对食品安全的保护。当然，要建立这个体系，需要食品流转链条上的上下游企业的共同参与和配合，不能缺失任何环节，否则一旦出现食品安全事件，就难免“城门失火，殃及池鱼”，损害的是整个行业的利益。

4.1.5 国家政策、法规与监管

1995 年颁布的《中华人民共和国食品卫生法》规定了包装食品必须在包装标识相关信息。

2009 年颁布的《中华人民共和国食品安全法》规定食品生产商必须建立食品进货销售档案，进一步明确了食品生产商的追溯义务。这部法规是我国真正意义上的第一部食品安全法，其中提出设立食品安全委员会，并对食品安全标准、检验等提出要求。

2011 年颁布的《食品工业“十二五”发展规划》提出在“十二五”阶段推进食品安全可追溯体系建设，促进物联网技术的示范应用，进一步完善食品生产企业的信息化服务体系。

2012 年颁布的《国务院关于加强食品安全工作的决定》明确提出要加大食品安全监管力度。

2013 年颁布的《工业和信息化部 2013 年食品安全重点工作安排》要求“加快食品安全信息化建设，支持婴幼儿配方乳粉、酒类生产企业运用物联网技术建立产品质量可追溯体系”。

2015 年颁布的《国务院办公厅关于加快推进重要产品追溯体系建设的意见》将食用农产品、食品、药品、农业生产资料、特种设备、危险品、稀土产品等作为重要产品，分类指导、分步实施，推动生产经营企业加快建设追溯体系。

2016 年颁布的《总局关于推动食品药品生产经营者完善追溯体系的意见》针对食品药品追溯体系建设，对各类食品药品生产经营者做出了具体要求。

2017 年颁布的《关于开展重要产品追溯标准化工作的指导意见》提出，重要产品追溯标准化工作的主要任务如下：一是开展重要产品追溯标准化基础研究；二是统筹规划重要产品追溯标准体系；三是研制重要产品追溯基础共性标准；四是探索重要产品追溯标准化试点示范；五是抓好重要产品追溯标准的推广应用；六是做好重要产品追溯标准实施信息反馈和评估。

2019 年颁布的《重要产品追溯 追溯术语》《重要产品追溯 追溯体系通用要求》《重要产品追溯 追溯管理平台建设规范》《重要产品追溯 交易记录格式总体要求》《重要产品追溯 核心元数据》《重要产品追溯 产品追溯系统基本要求》解决了食用农产品、食品、药品、农业生产资料、特种设备、危险品、稀土产品等重要产品追溯体系建设中迫切需要规范的术语、系统构建等基础共性要求和数据互联、信息采集等关键技术要求。

我们应遵循国家颁布的政策、法规，严防、严管、严控食品安全风险，保证广大人民群众吃得放心、安心，加强经营环节食用农产品监督抽检工作，通过建立集中交易市场档案，明确辖区风险品种和风险项目清单，及时通报、公布抽检结果，追溯不合格产品的来源和流向等，进一步促进对食用农产品安全的保护。

4.1.6 溯源入局赋能各行业

1. 海关对冻品的监管

2020 年曾经出现多起因进口的冷冻产品（简称冻品）导致人员感染××病毒的案例。由于进口冻品需要经过装卸、仓库入库、海关检疫、分装、产品销售等环节，一旦发现感染风险，需要对所有接触过冷冻品的人进行排查。

如何规避这种风险呢？依靠传统的方法，很可能是将整个码头关闭、仓库封存，对所有产品进行样品提取，并做相应的检测，但这样做的成本非常高，且难以追查到病毒源头。

现在有了“区块链+人工智能”等技术的支持，可以建立专门的冷链溯源系统，相当于给进口冻品贴上了“身份证”，能做到对进口冻品全程进行跟踪，从而迅速提升疫情处置效率。

如果在加工环节及运输流通销售环境中存在病毒，则食品就有可能出现交叉污染或二次污染。然而，想要在国外实现冻品可追溯，行业内却一直存在着痛点和难点。上游（国外供应商）并不是 100%愿意配合溯源的，因为增加了工作量。当然，有的冻品溯源系统也只能从产品到港的环节开始做起，这样就欠缺了对源头溯源的能力。

在每一箱货物上贴上“身份证”（这个“身份证”就是前面所讲的二维码），通过“身份证”把冷链食品的全球供应链各个环节的数据全部有机地收集并关联起来，然后结合人工智能、区块链等技术形成一个冷链溯源系统，做好产品溯源和疫情防控、风险评估的工作。

冻品溯源系统实现了对冻品进口各个环节的精确记录，能够有效锁定产品相应环节的问题，并及时遏制病毒传播。对于冻品防控这一方面，当病毒检测呈阳性时，就可以快速地收集到进口冻品接触的人员、场所信息，包括车辆信息，并且可以在第一时间进行消毒、检测，这对防止病毒扩散及进行快速处理提供了技术支持。

2. 食品溯源

利用区块链技术的数据可信、不可篡改和可追溯特点，赋能食品溯源系统，将食品产业链条上所有环节的信息都记录在区块链上，确保食品生产、交易信息真实、透明、可追溯和不可篡改，可以有效防止食品产业链各个环节的作假行为。

利用区块链的联盟治理，在食品产业的市场主体、监管部门之间快速达成共识，建立起社会公众认可的、协同分工的食品安全监管体系，打破信息“孤岛”，并覆盖尽可能多的食品产业链条，从而实现企业品牌和供应链效率提升、政府部门监管效率提高、社会效应显著的多方共赢局面。

在食品溯源方面，过去往往是由行业或协会自发组织的，食品种类和产品流通地域都比较受限。为了在鱼龙混杂的局面中胜出，2017 年 10 月，火鸡养殖（HoneysuckleWhite）公司在其内部农场中使用了基于区块链的系统，让消费者可以找到有关火鸡的信息，包括它们在哪里饲养的照片，以及农民自己的评论或故事。当消费者购买火鸡时，包装上的标签将印有一段代码，消费者可以在其网站上输入这一代码，查验具体信息，参考流程如图 4-9 所示。此举大幅提升了该火鸡品牌的透明度，增加了消费者对品牌的信赖度，使该品牌火鸡成为 2017 年感恩节的爆款产品。

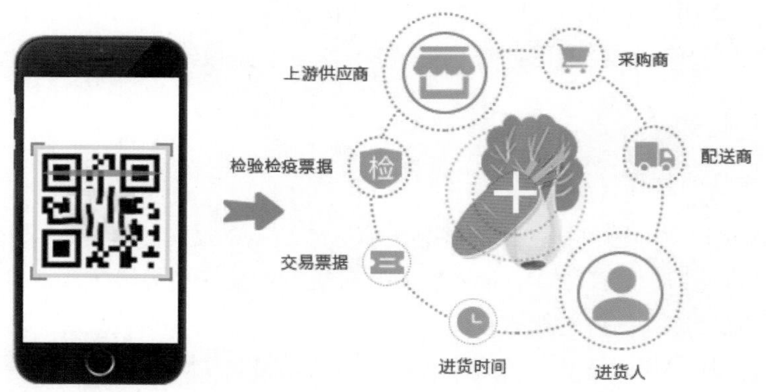

图 4-9 “区块链+品牌平台”

3. 药品溯源

药品是一种特殊的产品，和群众的生命安全、身心健康密切相关，其生产、流通过程的信息越公开、透明，下游环节包括医院、患者也就越放心，因此更需要详细记录其生产过程。

现在很多药厂加入了药品溯源系统，最常见的就是药品包装盒上的电子监管码，里面包含了包括企业、药品名称、规格、功能、生产日期、保质期、剂型、批准号、包装规格等信息。通过这种方式可以完善对药品的监管，对药品的可溯源性进行全程控制，帮助有关部门定期管理药品的生产和流通。

利用区块链的相关技术，同时结合物联网技术，可实现药品从原材料采购、生产、检验、入库、养护、运输到销售全流程信息的上链保存。各参与方通过区块链签名、背书技术将药品各个环节公开、透明化，确保产品从生产开始，在供应链的各个环节逐步建立符合药品溯源的标准。监管部门拥有从任意一个节点往前追溯和往后追溯的权力，当药品出现问题时，可以快速定位问题源头，追溯到责任主体，保护消费者权益和公众安全。

利用“区块链+物联网”技术，可以更方便地获取药品信息、定位等信息，降低误用药等事故的概率，快速、有效地收集相关数据。

消费者通过手机扫码的方式，在任何时间、地点都可以验证和追溯产品信息，包括厂家、检验检测、生产记录、出具凭证等相关信息，做到消费安心。药企可以利用区块链上的存证数据进行分析，来辅助自己的生产决策，可带来巨大的商业价值。

4. 公益捐赠

民政工作与老百姓密不可分，是民生保障与社会服务的坚强力量，在抗疫情、保民生、献爱心等工作中，各级民政部门积极组织、引导社会捐助，在广泛动员、引导、规范社会力量依法、有序参与爱心服务方面发挥了中坚作用。

随着社会的进步，社会组织与个人捐赠均呈现快速增长趋势，更加多元化、市场化、规范化，以及捐助形式多样化。而随着捐赠环节中的一些不完善甚至黑幕、骗局的曝光，慈善捐赠中的问题，特别是捐赠环节的透明性和监管力度受到公众的强烈关注。我国正在完善以政府为主体、民间评估力量参与的慈善组织评估机制，健全慈善捐赠的公开透明机制。

随着捐赠事业的快速增长、多元化和市场化，传统的仅依靠政府部门和相关公益组织来监管的方式的力度是远远不够的。首先，参与社会捐赠的各类机构繁多，相互之间没有明确的隶属关系，且分散在各地，有各自的层级关系。其次，捐赠物资的监管溯源流程长、监管难度大，公众对捐赠过程的透明和效率问题高度关注，相关机构的公信力屡次成为社会热点问题，不容忽视。最后，各级民政相关机构已存在大量信息化系统，相互之间很难互联互通，形成信息“孤岛”，缺少协同，不同平台内部流程的权限复杂且不统一，无法统一管理。

而区块链技术拥有去中心化、公开透明、信息可追溯、通过智能合约自动执行等优势，是解决上述问题的较好技术，能解决传统中心化信息系统的数据可能造假、不同组织机构之间信息互通带来的隐私保护等问题，并能在不改变原有系统的基础上，快速、灵活、可扩展地接入不同组织机构的信息系统，按照地域、行业的特点自定义监管溯源的粒度，扩展性也很好。区块链监管系统如图 4-10 所示。

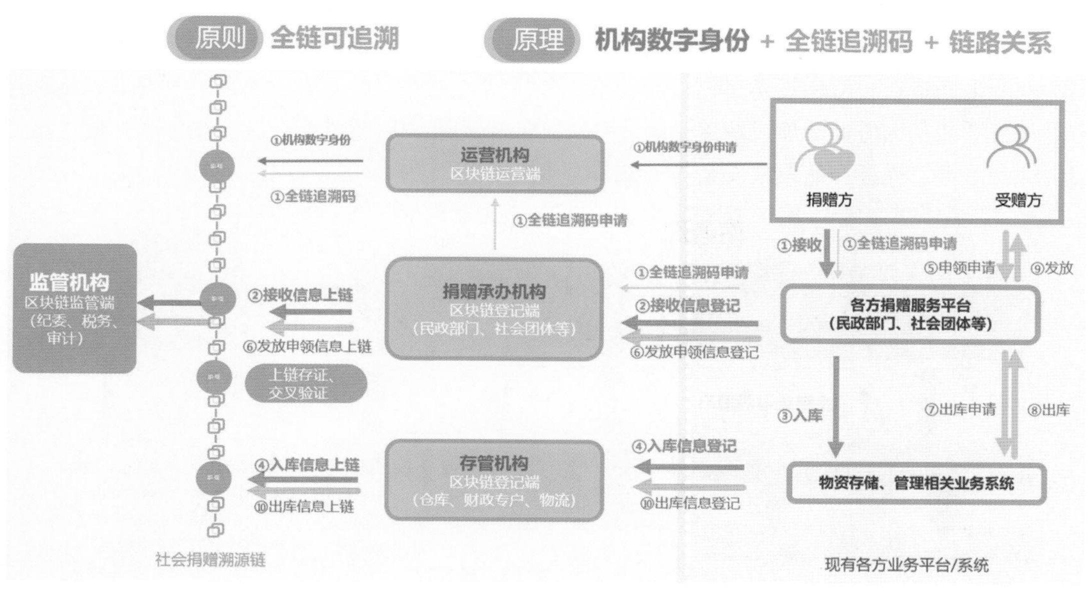

图 4-10　区块链监管系统

5. 食用农产品

区块链可以赋能农产品溯源，给农产品定制“身份证”，实现信息的透明、可追溯，同时提升产品知名度。这方面的例子多与各种水果相关，如我国有不少知名的苹果品牌产自革命老区，但革命老区交通不便，这些品牌的市场影响力很难扩展到全国。尽管这些年革命老区的交通条件有了很大的改善，但品牌的市场影响力也不是一天能建成的，“酒香也怕巷子深”，在激烈的市场竞争中，如何迅速获得消费者的青睐、培养好的口碑，并形成自己的独特优势呢？不少地方利用了区块链技术实现产品溯源，并辅以各种推广活动，已经迅速打开市场。

网上最早报道的全国首例区块链苹果——“天水链苹”，于 2018 年年底在京东众筹持证上线，一经开售，就受到人们的热捧。

利用区块链技术，将苹果的“出生地”（产地+种植的果园），以及生长、成熟、采摘、存储、安全检测证书、销售商等每个环节的信息都记录在区块链上，消费者和商家在“链”上可以清晰地看到苹果从生产到消费的全过程。此外，在苹果的生长过程中，利用光合作用将溯源码“晒”在苹果上，一园一码，做到溯源信息双重保险，安全可信。

另外，腾讯和延安市合作推出的“延安有我一棵苹果树”的活动，不仅利用区块链技术实现了对种、养、采摘各关键环节的信息溯源，实现了苹果从生产到流通的全过程透明，还通过区块链推出苹果树认养活动，通过区块链溯源来保证认养者认养的苹果树真实、可信。这样，认养者可以随时了解苹果树的生长情况和产生的经济效应，商家还可以提供一些相关说明来保障认养者的权益，这种做法也为供应链金融提供了新思路。

4.1.7 产品追溯体系的互联互通

近些年，我国重要产品追溯体系的建设有很大的发展，但存在“孤岛”问题：各地的产品追溯体系基本上各自为战，但溯源的信息是不完整的，有的只能管理本省甚至本市的产品流转信息，各种产品追溯体系到最后就会形成数据“孤岛”，而不能发挥出这些溯源数据的最大价值。

为此，中华人民共和国商务部（简称商务部）牵头建设了国家重要产品追溯管理平台，如图 4-11 所示。这是一个全国性的互联互通平台，实现了对全国范围内的食用农产品、食品、药品、农业生产资料、特种设备、危险品、稀土产品这几类重要产品追溯的顶层管理，以信息化追溯和互通共享为方向，建设覆盖全国、统一开放、先进适用的重要产品追溯体系，促进质量安全综合治理，提升产品质量安全与公共安全水平。

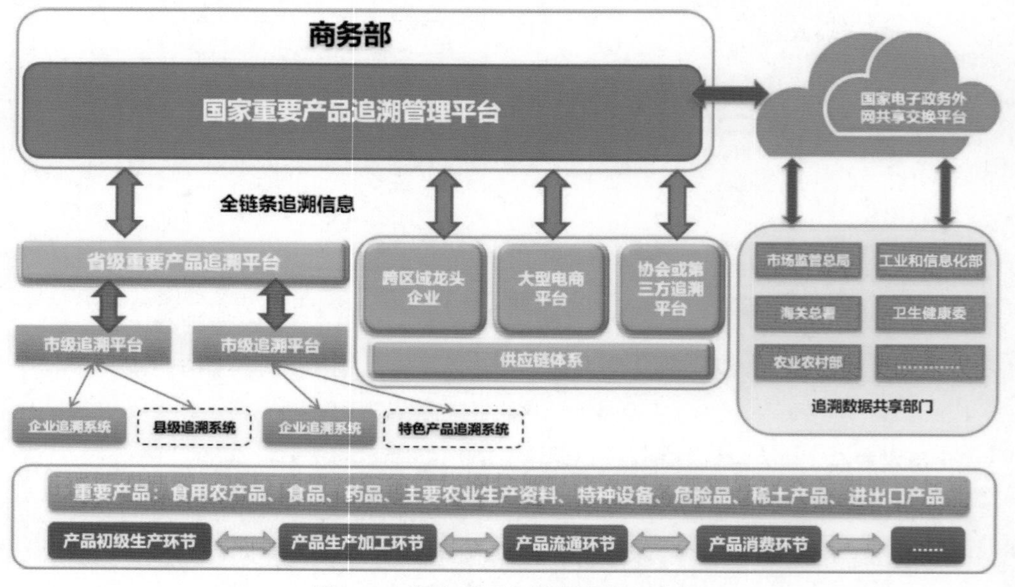

图 4-11　国家重要产品追溯管理平台

国家重要产品追溯体系建设的目标：到2020年，追溯体系建设的规划标准体系得到完善，法规制度进一步健全；全国追溯数据统一共享交换机制基本形成，初步实现有关部门、地区和企业追溯信息互通共享；重要产品生产经营企业的追溯意识显著增强，采用信息技术建设追溯体系的企业比例大幅提高；社会公众对重要产品追溯体系的认知度和接受度逐步提升，追溯体系建设的市场环境明显改善。

相应地，各省也以此为蓝本，建立了省一级的重要产品追溯管理平台，以实现对省一级范围内的追溯数据的互联互通，并接入国家重要产品追溯管理平台，为实现产地和销售都在我国境内的产品的全程溯源提供了可能。

4.1.8 “区块链+溯源”方案

“区块链+溯源”方案的特点如下所述（见图4-12）。

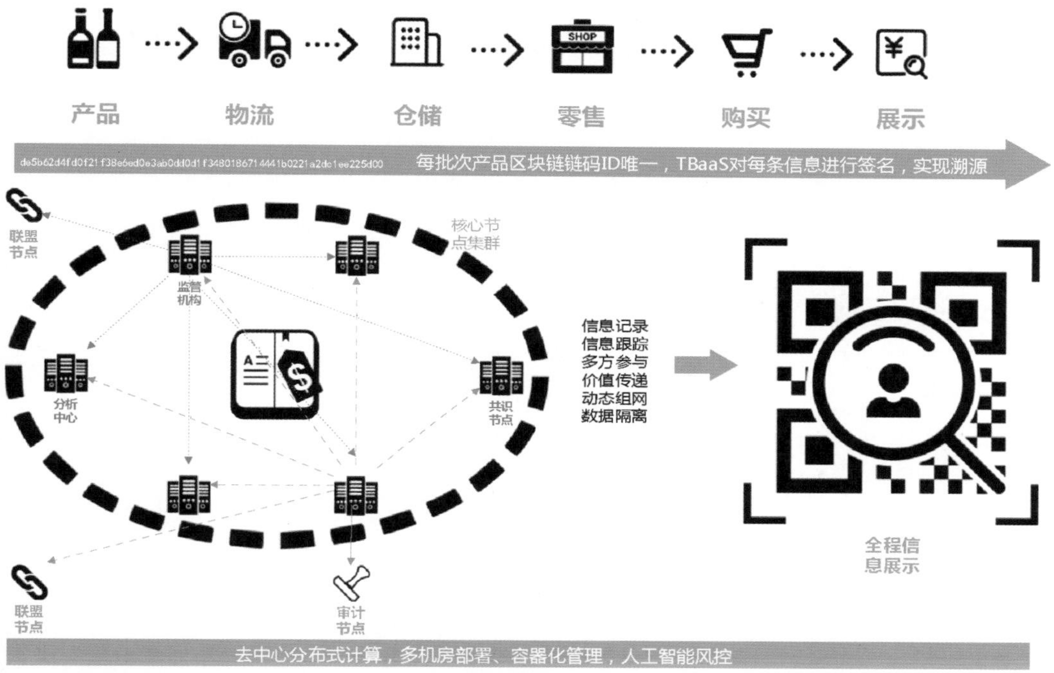

图4-12 “区块链+溯源”方案

（1）基本上都采用了联盟链的设计，将原本的架构由“一个中心”变为“多个中心”，由行业龙头、监管机构等多个中心组成一个可信任的“生态圈”，对数据的真实性进行背书。政府部门和质检机构的加入也会增加这个“生态圈”的公信力。

（2）往往基于BaaS（区块链即服务）平台来构建，将区块链框架嵌入云计算平台，采用架构分层设计。底层平台厂商利用云服务基础设施的部署和管理优势，为开发者提供便捷、高性能的区块链生态；上层应用的开发专注于针对不同行业的特点来提出解决方案。在公有云环境下，往往一套溯源解决方案就可覆盖多个行业。

（3）方案覆盖到产品从原料采购、生产，到物流、仓储、零售、购买的每个环节，每批次产品的区块链链码 ID 唯一，BaaS 平台对每条信息进行签名，实现溯源。

（4）一旦不可篡改的信息被建立了，就相当于确定了物理世界的产品在互联网世界的唯一身份，而且实现了基于这个身份流转的所有的追踪和记录，使链上的产品信息和链下的产品信息保持一致。

（5）溯源信息的获取方式多样化，从 PC、手机到手持终端，利用手机 App 和各种小程序，都能方便地获取溯源信息，方便消费者使用，并能做到全程信息展示，实时更新。

4.1.9 结合物联网技术

区块链的本质是分布式数据账本，拥有去中心化、公开、透明、匿名、不可篡改等特性，主要用于解决大部分弱信任环境下的信任问题。在产品的生产、加工、流通、存储和销售的各个环节中，都需要采集足够的数据到溯源系统中。在溯源系统中，数据上链后由区块链来保证链上数据的安全可信，即无法篡改、可追溯，但上链前的数据或者存储在人工录入环节，或者取自中心化数据库，可能存在有意或无意的数据错误，是否真实可信是无法保证的，难以做到链下场景和链上数据的深度绑定。

物联网设备有望为数据可信上链提供更便捷、可信的有效手段。物联网设备能实现将数据采集并自动上链，不但保证了数据的及时性，也省去大量的人工录入成本，减少人工差错，并保证数据源头的可信。

但与物联网技术成本高昂的传统印象不同，据 IDC 报告，2020 年中国物联网支出已达到 1633.5 亿美元的规模，物联网连接量已经达到 45 亿台。在规模不断增长的情况下，使用成本其实是在不断下降的。

提供链上数据的物联网设备也要保证网络安全，防止黑客入侵。区块链能为物联网终端提供身份标识，明确数据权属，通过在物联网终端设备上使用可信硬件技术，同时部署可信数据上链能力，有望解决上链前数据可信的问题。

IDC 预测，到 2025 年，将有超过 50%的供应链企业整合物联网与区块链功能，以此实现端到端通信所需要的数据。双重技术驱动的解决方案，将广泛应用于满足终端用户的防伪溯源需求。

下面是入选《IDC 创新者：区块链物联网解决方案，2021》的厂商，利用“区块链+AIoT[①]”技术实现对茶、酒产品溯源的案例，该方案运用“区块链+AIoT”技术，应用了大量的物联网设备，保证茶、酒产品在生产流通环节中的数据真实可信、可追溯，为消费者搭建一个值得信赖的消费生态，如图 4-13 所示。

① AIoT：人工智能物联网。

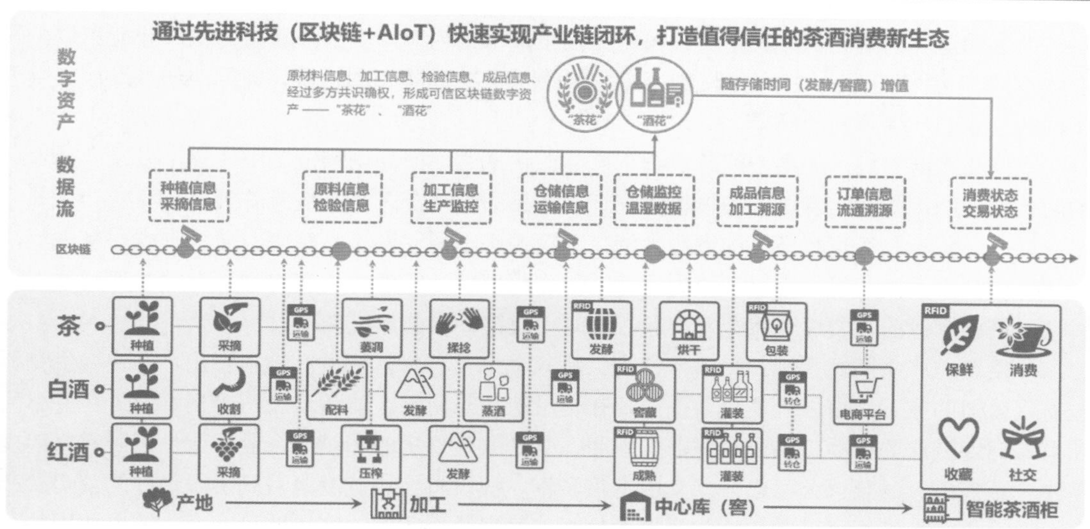

图 4-13 运用“区块链+AIoT”技术搭建的消费生态

4.1.10 溯源的效应

1. 对消费者

有了溯源系统，消费者能够快速、准确地获得产品的信息，有助于其货比三家，从而挑选出满意的产品，减少对食品、药品、保健品安全的担心，提升生活质量和幸福感。消费者参与也成为溯源链条上的重要环节，并成为溯源最末端的信息反馈者，实现了产品全生命周期的信息闭环。

2. 对企业和商家

在消费者扫码追溯产品相关信息的过程中，商家可了解到消费者的属地、最关心的地方，甚至可以基于溯源系统做些问卷调查，得到及时的反馈。牢牢锁定消费者，增强商家和消费者的互动，在互动中获取消费者的实时反馈，甚至联系方式，再通过社交媒体的口碑传播，从而不断扩大用户群，提高用户的品牌忠诚度。

商家还可以利用溯源来实现差异化竞争，从而更好地经营品牌。当发生产品质量事故（包括食品安全卫生事件）时，商家可以做到精准处理，快速召回或销毁不合格的产品，从而将损失和影响降到最低，也避免对整个行业造成大的冲击。

3. 对社会的价值

建立信任社会，产品数据采集、流转等环节的标准化，有助于国家监管部门对整个经济运行体系的监管，再基于大数据和人工智能的分析，国家可以更好地进行大政方针的决策。

通过降低整个社会的防范成本和心理负担，减少白白消耗社会资源，将这部分成本投入其他更有意义的事情中，客观上促进了生产力的发展，这也是构建和谐社会的重要一环。

4.1.11 南橘北枳——关于伪需求的讨论

现在很多应用场景设计中如没有区块链就不“时髦”，确实让人有些“审美”疲劳。在火爆的话题背后，我们需要做一些“冷思考”。在准备使用区块链的场景设计中，必须考虑为什么要使用区块链，以及区块链技术到底能解决什么样的痛点。

大家知道“南橘北枳”这个典故吗？“橘生淮南则为橘，生于淮北则为枳，叶徒相似，其实味不同。”橘甘而甜，枳酸而涩。在区块链项目中，也有类似的情况，同样的场景设计应用于不同的行业会产生不同的结果。

以产品溯源为例，如果不能解决线下产品源头造假、产品销售链条中作弊，以及产品本身的防伪等问题，那么笔者认为在很多情况下，产品溯源结合区块都是伪需求。

以牛、猪、羊等畜牧肉类的溯源为例，不仅源头造假问题不易解决，而且肉类一旦分割，以现有的技术手段，仍然难以解决中间环节的作弊问题。既然源头和中间环节等线下问题无法解决，产品溯源的真实性也就无从谈起，这时区块链介入的意义就不大。

以疫苗的产品溯源为例。2018 年 7 月，国家药品监督管理局发布通告指出，×××生物科技有限公司的冻干人用狂犬病疫苗生产存在记录造假等问题，随后该公司受到严厉处罚并召回所有有问题批次的产品。该公司并非无牌照、生产条件恶劣的乡镇小企业，而是证照齐全的疫苗生产正规单位，且该公司已在深交所上市多年。假设将区块链溯源系统引入这样的公司及产品流通过程中，是否可以避免这一恶性事件呢？答案是否定的。区块链只能解决链上数据的可靠性问题（不被篡改、无法删除），而无法解决数据上链之前的问题，如果信息在上链之前就是假冒或伪造的，那么数据上链之后的信息也是不可靠的。个别厂家，也许是由于利欲熏心，也许是由于管理上的疏漏，只要存在主观上想要造假的行为，区块链溯源系统便无法对上链之前的数据和产品真伪（伪劣）背书。所以从消费者的角度来说，区块链溯源系统如果不能解决链下（区块链以外的真实世界环境）的信任问题，则其依然没有解决行业痛点，最终也只能退化为并无“实际价值”的产品追踪系统而已。

以快销品中的酒类为例，从厂家、多级分销商、零售商，到用户手中，酒类的批发环节众多。厂家也许有防伪和追踪产品的需求，但是在中间的批发环节，特别是零售批发市场、小零售商及物流环节，是没有意愿参与区块链的环节的。主要是对中小零售商来说，区块链溯源系统一是有可能会带来成本上的负担，二是有可能带来环节中的操作麻烦，三是没有带来利益/好处，参与者自然缺乏兴趣。在区块链溯源系统中，如果某些参与者没有意愿参与，则中间的环节可能就会出现缺失，也就失去了联盟链的意义。目前的防伪技术根据成本由低到高，大体上包括二维码、NFC 和 RFID 等。对于啤酒等消费品，如果采用物联网的防伪技术，会带来成本的上升，即使采用二维码之类的低成本方式，也需要改造现有商标印刷生产线，这也是目前市面上鲜有啤酒厂商采纳这类防伪技术的原因。同时，简单的防伪技术也容易被仿造或攻破，如某名酒就曾在 2017 年出现了二维码问题。因此，如果解决不了线下的防伪问题，那么区块链技术的追溯依然是伪命题。

其实，防伪技术就和现钞防伪技术一样，“魔高一尺，道高一丈”。随着时间的推移，技术需要进行不断的进化和改进，不可能一成不变。作为传统生产制造厂商，由于种种原因，特别是成本因素，很难跟上时代的步伐。即便是高档白酒厂家，对此依然投入不足。市面上价格为几百元甚至上千元的高档白酒，其实在生产端看来依然价格低廉，如某些名酒，虽然其零售价格达到上千元，但总批发商从厂家所能拿到的批发价格可能不足百元，生产厂家自然很难采用高精尖、高成本的防伪技术作为后盾，往往止步于容易被破解的二维码技术。

此外，酒类厂商众多，而批发商和零售商又不仅只售卖一种产品，链条中批发商和物流系统数以千计，如何协调、整合不同厂家的防伪溯源系统，如何接纳所有参与者，用还是不用，都是需要考虑的问题。

那么，是不是在产品溯源领域里就没有什么可应用区块链的场景了呢？

非也。

还是以疫苗生产为例，如果能在原材料环节进行把控，在生产环节进行严格的管理，更重要的是施以强有力的第三方质检和第三方机构的监督，并对市场流通中的产品进行定期和不定期的抽查，就会形成一个真正意义上的管理闭环，从而更加有效地避免假冒伪劣。而上述的过程和内容，在面对现今复杂的市场环境，不能仅以传统的方式运作，一定要进行数字化转型（如生产过程中进行视频监控并接受第三方权威机构的监管），甚至辅以大数据和人工智能的支持，这样才能形成一套电子化的监管流程，并将相关证据上链保存。随着科学技术的日新月异，我们一方面将现代科技的管理融汇在生产过程中，另一方面通过更加先进的电子化方式来进行有效的监管和检查，这样就能更好地解决链下的信任问题，补齐这方面的短板，最终实现区块链溯源系统的真实场景。

在这方面的实践，我们可以先将价值昂贵的药物作为试点，如基因药物、高端抗肿瘤药物等。这是因为任何数字化监管都需要代价，都会带来生产成本的上升，而选择此类药物是因为数字化监管所带来的成本上升在其本身价值面前显得微不足道；而其带来的好处显而易见，即能够最大限度地避免假冒伪劣，让患者服用更加安心。

此外，一些高端药物在不同的国家和地区，有着不同的价格销售策略，其在部分发展中国家的价格可能低于其在发达国家的销售价格。因此，生产商非常介意窜货现象的发生，即批发环节中本来销售给价格低的地区药品，未经厂家允许，被批发商转售到价格高的地区。厂商有追踪产品销售轨迹的强烈需求，而无论是批发商、医院还是最终的患者，都不希望手中的高端药物是假冒伪劣产品，因此他们也有参与其中的诉求。

再回顾上述过程，首先，有着数量可控的不同参与者，这非常切合区块链共同参与、角色对等的特质；其次，每个环节的角色都有强烈的加入区块链产品溯源链条的诉求；最后，产品能够相对完好地解决线下的信任和防伪问题，这样再加上区块链在线上可追溯、不可篡改的分布式账簿的特点，确实能够解决行业痛点。

总而言之，将区块链应用于产品溯源领域时，一是一定要解决链下的信任问题，二是整个流通环节中的所有节点一定要参与进来，形成逻辑上的闭环，这样才能让区块链溯源系统成为真正的“南橘”。

所以，千万不要把区块链技术当成“锤子”，把所遇到的各类问题和项目当成“钉子”。在全面分析应用场景的特征后，找出标准化和精准化的发力点，才能更好地解决区块链场景设计中的去伪存真问题。

4.2 区块链在医疗保险行业的应用

4.2.1 画好同心圆——区块链电子病历

2017 年国家卫生和计划生育委员会发布的《电子病历应用管理规范（试行）》规定：“门（急）诊电子病历由医疗机构保管的，保存时间自患者最后一次就诊之日起不少于 15 年；住院电子病历保存时间自患者最后一次出院之日起不少于 30 年。”简单来说，一旦有过住院史，被保险人这 30 年之内的情况都是可以查到的，治疗过程中要参考的典型病历不易筛选，通过电子病历系统不仅可以快速检索出所需的各种病历，而且使以往费时费力的医学统计变得非常简单、快捷，为科研教学提供第一手的资料。另外，任何一次住院病历都有可能被保险公司用于做出延期承保、除外责任、加费承保、拒保等核保决定。投保人在填写健康调查时，一定要如实告知，不然病历上细微的就诊记录都可能影响保费费率与拒保概率。如果投保人“带病投保”，则保险公司是可以完全不赔偿的！

一、前世今生

人类对癌症认识的 3 次革命如下所述。

（1）知道了癌细胞生长得很快，发明了化疗和放疗等疗法。

（2）知道了癌症与基因突变有关，发明了靶向疗法。

（3）知道了癌症不仅要发生基因突变，还要逃避免疫系统的监管，发明了免疫疗法。

确诊患者的不同病理特征：个人体质、所处环境、感染后呈现出的独特的个体病灶特征。每一份患者病历，都将毋庸置疑地成为医疗科研人员治疗癌症的有价值的基础研究资料。

1. 新旧时代的病历进化

据世界卫生组织（WHO）报道，癌症每年导致约 1000 万人死亡。患者病历该如何存储？怎样才能让所有病历可以进行全球共享，使医疗研究者快速找到可参考的治疗方案和病历？历史上人类曾经面临过同样的挑战。西汉初期，名医淳于意在行医的过程中领悟到了仅靠医生个人的经验和主观判断很难把病人的主诉和诊断等一一记清，还需要重视病人个体的实际情况，而不是盲目地死搬硬套医学著作、断章取义。于是，他科学地将病人的姓名、住址、病况等信息一一记录下来，并将治愈和死亡的病例也详细地记录下来。当时淳于意将这个记录称为“诊籍”，即医案，相当于现代社会的“病历”。华经产业研究院的数据显示，2019 年全国出院人数为 26 502.66 万人，平均住院日数为 9.1 天，纸制病历不仅存在难以保存、识别度低的问题，而且长期储存每年新增的 2 亿 6 千万名以上住院患者的纸制病历的成本相当高。因此，**病历由记录在**纸上转变成了电子病历并逐渐被广大医院接受。

2. 科技时代的产物——电子病历

电子病历作为病历的一种记录形式，其主要用途是协助医疗或其相关服务。其记录内容包括患者资料、症状、治疗计划、病况评估等。电子病历发展到今天，医疗水平高的国家的研究人员研究表明，电子病历的发展大致可以分为 5 个阶段。

（1）自动化的医疗记录（Automated Medical Record）：原有的平面纸张记录逐渐升级为电子记录。

（2）电脑化的医疗记录（Computerized Medical Record）：病历资料以电子档案形式存储，不需要将纸质病历传递至诊所或医疗机构。

（3）电子化的医疗记录（Electronic Medical Record）：无纸化操作，能够提供医疗专业人员的诊断及治疗上的建议。

（4）电子化的病人记录（Electronic Patient Record）：在重视个人机密的条件下，建立网络间交换机制。

（5）电子化的健康记录（Electronic Health Record）：这是电子病历的最佳阶段，将电子病历变成个性化的健康记录。

我国于 2017 年 4 月 1 日开始实行《电子病历应用管理规范（试行）》，国家卫生和计划生育委员会、国家中医药管理局大力普及电子病历的使用，同时对电子病历的封存提出如下要求。

（1）储存于独立可靠的存储介质，由医患双方或双方代理人共同签封。

（2）可在原系统内读取，但不可修改。

（3）操作痕迹、操作时间、操作人员信息可查询、可追溯。

经济发达地区有条件的医院在使用医院信息系统（Hospital Information System，HIS）时，会根据本身的规模和经济条件选择适合品牌厂家生产的 HIS。各 HIS 使用的代码不同，病历共享要解决的第一个问题就是消除不同厂商生产的 HIS 间的信息壁垒。在电子病历的推行过程中，据不完全数据统计，三甲医院的 HIS 平均价格为 230 万元左右；县级的 HIS 价格也在 50 万元以上。各医院的 HIS 配置不同，数据存储系统容量也不同。目前电子病历多存储于各个医院的数据库中，当时间过久或技术更新时，容易导致数据遗失和泄露。患者无法完全享有自身病历的权限，不同医院采用的 HIS 不同造成数据较难即插即用，无法有效共享。

2019 年，新加坡发生了网络攻击盗取 150 万名病患个人资料的案件，其中 16 万人的开药记录也被盗取了。被盗取的信息包括姓名、身份证号码、地址和出生日期，甚至还包含了当时的新加坡总理及数名部长的个人资料和开药记录。

《中华人民共和国医师法》规定，医师泄露患者隐私或者个人信息的，由县级以上人民政府卫生健康主管部门责令改正，给予警告，没收违法所得，并处 1 万元以上 3 万元以下的罚款；情节严重的，责令暂停 6 个月以上一年以下执业活动直至吊销医师执业证书。但即使在严厉惩罚措施的威慑下，仍有少量工作人员贩卖患者信息，对每位患者的个人信息明码标价，并且屡禁不止。更有甚者贩卖逝者信息，让承受着丧亲之痛的人还要承受不断的骚扰！此外，还有不法分子通过侵入 HIS 盗取医院数据，对一些病人进行诈骗、勒索，或者将信息进行贩卖，给病人带来无尽的麻烦。

由此可见，电子病历也没有解决纸质病历的弊端，如信息壁垒多、隐私保护差、安全性低等。能否将新兴的区块链技术与电子病历系统相结合，解决上述这些弊端，最终达到“1 + 1 > 2”的效果是值得深入探究的问题。接下来，笔者将对此问题进行进一步的分析，验证其可能性并探索未来的发展趋势。

二、电子病历的“简历”

首先我们来认识一下电子病历，如图 4-14 所示（图 4-14 中的内容比较简略）。电子病历的基本内容包括病历概要、门（急）诊诊疗记录、住院诊疗记录、转诊（院）记录、健康体检记录、法定医学证明及报告、医疗机构信息等 7 个业务域的临床信息记录。

图 4-14 电子病历的基本内容

1. **病历概要**

病历概要的主要记录内容包括患者基本信息、基本健康信息、卫生事件摘要、医疗费用记录。

（1）患者基本信息：包括人口学信息、社会经济学信息、亲属（联系人）信息、社会保障信息和个体生物学标识等。

（2）基本健康信息：包括现病史、既往病史（如疾病史、手术史、输血史、用药史）、免疫史、过敏史、月经史、生育史、家族史、职业病史、残疾情况等。

（3）卫生事件摘要：指患者在医疗机构历次就诊所发生的医疗服务活动（卫生事件）摘要信息，包括卫生事件的名称、类别、时间、地点、结局等信息。

（4）医疗费用记录：指患者在医疗机构历次就诊所发生的医疗费用摘要信息。

2. **门（急）诊诊疗记录**

门（急）诊诊疗记录主要包括门（急）诊病历、门（急）诊处方、门（急）诊治疗处置记录、门（急）诊护理记录、检查检验记录、知情告知信息等6项基本内容，具体如下所述。

（1）门（急）诊病历：分为门（急）诊病历、急诊留观病历。

（2）门（急）诊处方：分为西医处方和中医处方。

（3）门（急）诊治疗处置记录：指一般治疗处置记录，包括治疗记录、手术记录、麻醉记录、输血记录等。

（4）门（急）诊护理记录：指护理操作记录，包括一般护理记录、特殊护理记录、手术护理记录、生命体征测量记录、注射输液巡视记录等。

（5）检查检验记录：分为检查记录和检验记录。检查记录包括超声、放射、核医学、内窥镜、病理、心电图、脑电图、肌电图、胃肠动力、肺功能、睡眠呼吸监测等各类医学检查记录；检验记录包括临床血液、体液、生化、免疫、微生物、分子生物学等各类医学检验记录。

（6）知情告知信息：指医疗机构需要主动告知患者和/或其亲属的信息，或者需要患者（或患者亲属）签署的各种知情同意书，包括手术同意书、特殊检查及治疗同意书、特殊药品及材料使用同意书、输血同意书、病重（危）通知书、麻醉同意书等。

3. **住院诊疗记录**

住院诊疗记录主要包括住院病案首页、住院志、住院病程记录、住院医嘱、住院治疗处置记录、住院护理记录、出院记录、检查检验记录、知情告知信息等9项基本内容，具体如下所述。

（1）住院病案首页：分为住院病案首页和中医住院病案首页。

（2）住院志：包括入院记录、24小时内入出院记录、24小时内入院死亡记录等。

（3）住院病程记录：包括首次病程记录、日常病程记录、上级查房记录、疑难病例讨论、交接班记录、转科记录、阶段小结、抢救记录、会诊记录、术前小结、术前讨论、术后首次病程记录、出院小结、死亡记录、死亡病例讨论记录等。

（4）住院医嘱：分为长期医嘱和临时医嘱。

（5）住院治疗处置记录：包括一般治疗处置记录和助产记录两部分。对于一般治疗处置记录，住院与门诊相同；助产记录包括待产记录、剖宫产记录和自然分娩记录等。

（6）住院护理记录：包括护理操作记录和护理评估与计划两部分。对于护理操作记录，住院与门诊相同；护理评估与计划包括入院评估记录、护理计划、出院评估及指导记录、一次性卫生耗材使用记录等。

（7）出院记录：无子记录。

（8）检查检验记录：与门诊检查检验记录相同。

（9）知情告知信息：与门诊知情告知信息相同。

4. 转诊（院）记录

转诊（院）记录指医疗机构之间进行患者转诊（转入或转出）的主要工作记录。

5. 健康体检记录

健康体检记录指医疗机构开展的，以健康监测、预防保健为主要目的（非因病就诊）的一般常规健康体检记录。

6. 法定医学证明及报告

法定医学证明及报告指医疗机构负责签发的各类法定医学证明信息，或者必须依法向有关业务部门上报的各类法定医学报告信息，主要包括出生医学证明、死亡医学证明、传染病报告、出生缺陷儿登记等。

7. 医疗机构信息

医疗机构信息指负责创建、保存和使用电子病历的医疗机构法人信息。

现在我们对电子病历有了基本认识，在电子病历支持数据精细化管理的基础上需要考虑如何建立“互联网+医疗健康”服务新体系，以技术赋能保护患者隐私、确保医疗数据安全，打破信息壁垒，构建全民健康信息标准化方案。

三、上链攻略

拥有不可篡改性、高度透明、安全性、去中心化运行等特点的区块链作为新生代技术不仅提高了**存储和数据安全，而且提升了信息共享的便利性**。我国国家卫生健康委一直在倡导医院的数字化转型。那么数字化医院具体指的是什么呢？让我们先厘清这个概念。

现代医院利用计算机、网络、数据库等信息技术，有机结合医院业务信息和管理信息，实现文字、图像、语音、数据、图表等信息的数字化采集、存储、阅读、检索的医院信息体系的主要组成部分包括：HIS、临床管理信息系统（Clinic Information System，CIS）、医学影像归档和通信系统（Picture Archiving and Com-munication Systems，PACS）、实验室检验信息系统（Laboratory Information System，LIS）和电子病历等。其中，HIS 是利用计算机及其网络通信设备和技术，对医院内外的相关信息进行自动收集、处理、存储、传输和利用，为临床、教学、科研和管理服务的应用信息系统；CIS 是应用于临床治疗过程的信息系统，主要包括医生工作站系统、护士工作站系统、输血管理系统、手术麻醉管理系统和临床决策支持系统；PACS 是用来管理医疗图像（如心电图、脑电图、超声图像）的系统；LIS 是利用计算机技术、网络技术实现实验室信息的采集、存储、处理、传输、查询，并提供分析诊断支持的软件系统；电子病历是由医疗机构以电子化方式创建、保存和使用的，重点针对门诊、住院患者（或保健对象）临床诊疗和指导干预信息的数据集成系统，提供居民个人在医疗机构就诊过程中产生和被记录的完整、详细的临床信息资源。

接下来让我们一起探讨“区块链+电子病历”如何解决“医院重复检查”“医疗保险欺诈”“药品假冒”等痛点，结合前文讨论过的溯源机制还可以支持医疗科研成果可信溯源，构建科研诚信体系等新模式，创造出最大化的社会效益。考虑建立一个电子病历的联盟链，在联盟链中建立各家医院的子链，让联盟链中所有医院都将电子病历上传到各自的子链上，有需要时可以跨链提取相关信息，最终实现多方参与、共同受益的区块链电子病历生态。

我们今天的主角——电子病历，由如下几个部分构成：病历概要、门（急）诊诊疗记录、住院诊疗记录、健康体检记录、转诊（院）记录、法定医学证明及报告、医疗机构信息（前文已有介绍）。这 7 个部分所代表的业务域临床信息记录大致可以分为两类：结构化数据和非结构化数据，它们之间的关系如图 4-15 所示。

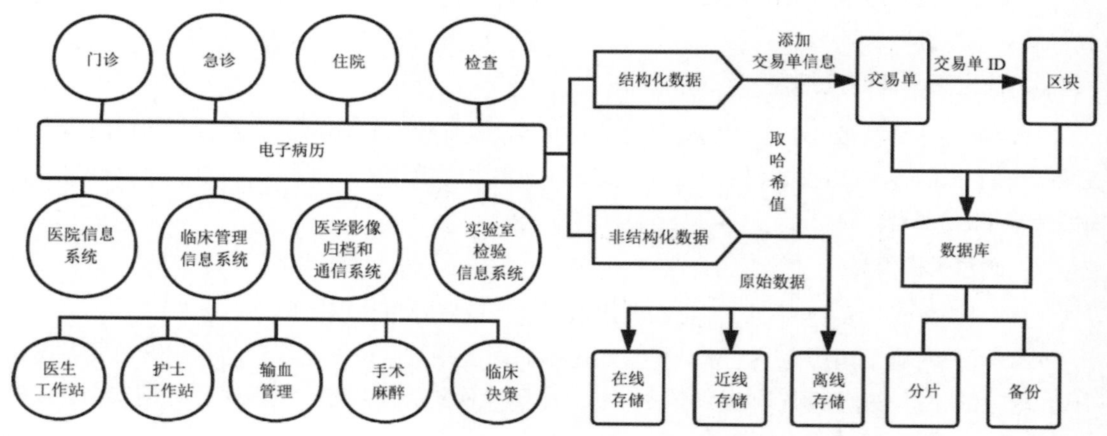

图 4-15 区块链电子病历的数据存储架构

结构化数据指常见的数值或文本（字符串）数据，这些数据通过添加交易单信息，作为交易单的内容，形成交易单存储在通用数据库中（如 Oracle、DB2、MySQL 等，通过收集交易单 ID 生成的区块也存储在这些数据库中），再通过数据库分片（突破单节点数据库服务器的 I/O 能力限制）将海量结构化数据分布式存储在节点的各个数据库服务器上，通过数据库备份技术备份这些数据。

非结构化数据指医疗过程中产生的图像与音频数据等，如 CT、B 超扫描图、心电图等。这些数据的数据量较大，不适合在建立“共识”的过程中进行传输，因此仅将这些数据的哈希值上链，同时根据医院所处地区与级别，在省、市级卫生管理部门进行备份，防止这些数据丢失。节点在存储这些数据时，首先取其哈希值，作为结构化数据存储起来。

对原始数据的有效存储，可以分为 3 级：在线存储、近线存储、离线存储。在线存储和近线存储采用存储区域网络（Storage Area Network，SAN）文件系统，即通过 SAN 将文件数据直接传输到存储设备，或从存储设备传输到 SAN 文件系统。SAN 文件系统使用高速光纤作为传输媒介，利用光纤通道（Fiber Channel）和小型计算机系统接口（Small Computer System Interface）协议来实现高速共享存储。在存储介质上，在线存储采用磁盘存储时间较近（如半年）的数据，近线存储采用磁带库（半年至两年）存储时间较远的数据；离线存储采用磁带，以较低的费用长期保存时间久远（大于两年）的数据。与磁盘相比，磁带存储能够以更低的成本实现存储数据的耐久性与安全性。因为医院节点的存储能力有限，各节点每隔一段时间就要将这段时间内校验过的来自其他节点的数据删除，最终实现如图4-16所示的区块链电子病历——存储“乌托邦”生态。

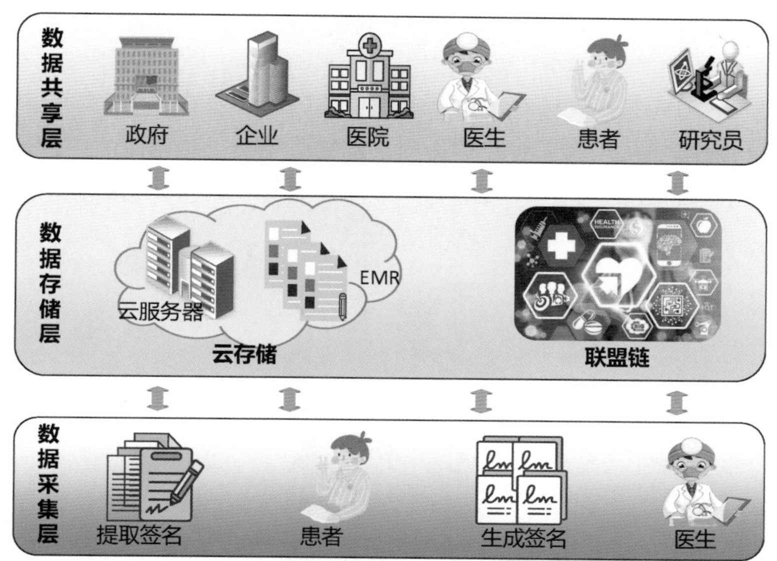

图4-16 区块链电子病历——存储“乌托邦”生态

举个例子，我们有一个用来存储所有货物的集中库房，在各地建立子仓库，子仓库里面所有的货物都在中心仓库中记录，任何一个子仓库都可以提取大仓库里面的货物信息，达到所有的信息共享。这种存储也可以被视为电子病历的云存储。

所有就诊资料被医生记录并存储在区块链上，生成一个区块链电子病历。从病人的角度来说，既要**保证自己信息的私有化和安全性，又要让自己可以享有电子病历所有权、处置权、收益权**，避免遇到骚扰和麻烦。比如，甲持有自己电子病历的密钥，在各地就医时他只需要提供一个二维码，异地医生扫描后即可查看甲的历史病历及诊断记录，即可在治疗中方便地查找相关信息，既避免了医生遗漏信息，也节省了医生的诊断时间。如果甲不愿意提供自己的历史病历及诊断记录，也可以尊重其意见和选择，明确根据当前情况直接进行诊断，然后由甲在接收电子病历后将电子病历上传到区块链上，极大地保证了信息的私有化和安全性，让病人自己可以享有病历所有权和收益权。

区块链是一个去中心化的存储系统，所有上链的病历并不是存储在各个医院中的，而是存储在联盟链上的。当医院进入新的办公地点时，可以从自己的子链上直接下载以前存储的数据，并不会因为搬迁中的失误导致数据遗失。区块链技术因为高冗余的数据库保障了信息的完整性；通过密码学原理进行数据验证，保证信息不可篡改。多私钥进行访问权限的控制等系列技术方式，填补了传统技术中所缺失的高度安全保障，除非在患者自愿的情况下，否则任何人不可能访问到该数据。这不仅保障了患者的隐私安全，还让患者和医院本身的数据得到了一个“高级精密保险柜”的保护，避免侵犯隐私、数据遗失的困扰。综上所述，区块链技术可以完善电子病历，助力其更好地推广、落地。

四、虎妹妹的一天

让我们来了解一下区块链在门诊治疗中的工作流程。首先，患者会保存自己的公钥和私钥。在医院进行缴费后，缴费清单上的敏感信息都会经过公钥加密，连同非敏感的信息一起被记录在区块链上。患者由于病情发生变化转院后，接收患者的新医院在需要提取病患的历史信息时，由病患通过自己保存的私钥对用公钥加密过的内容进行解密。这时新医院的接诊医生可正常推进病患的新疗程。医生会在门诊系统中输入患者目前的病情与新的治疗方案，这些信息会同时用医生和医院的私钥进行数字签名，最后用患者的公钥对清单上的敏感信息进行加密处理。下面我们就针对这个医疗场景，具体看看其实现过程。

通过 21 世纪虎妹妹从江南太医院转诊到京都御医院接受王御医的门诊治疗的过程（见图 4-17），展示区块链的基本工作流程。其中，虎妹妹的私钥与公钥被存储在虎妹妹自己的手机中。

图 4-17 虎妹妹等候问诊

（1）虎妹妹的信息存储在区块链中的一个交易单中，虎妹妹的记录信息有身份证号、姓名、性别、年龄、公钥。其中，身份证号、姓名是经过非对称加密的，而性别、年龄是没有经过加密的。王御医的信息与虎妹妹类似。

（2）虎妹妹因情感问题，情绪波动大，爱哭、体虚，疑似患有严重精神类疾病，还被诊断出患有其他衍生症等疑难杂症。在得知京都御医院在精神治疗和专科治疗方面的效果较好后，贾府总管就着手准备将虎妹妹从江南太医院转诊到京都御医院。

（3）虎妹妹到达王御医的诊室后，用手机根据公钥生成一个查询交易单，用自己的私钥进行数字签名，向系统获取含有自己信息的交易单。系统通过公钥和数字签名在“密钥与认证架构”中校验虎妹妹的身份，验证成功后，返回含有虎妹妹信息的交易单。该查询交易单会被保存在每个验证节点的本地数据库中，等待被系统打包进新的区块。虎妹妹通过私钥解密后，将解密后的信息（不包括患者的私钥）发送到王御医的客户端，展示在王御医的电脑上。王御医根据公钥获取虎妹妹在江南太医院时就诊的交易单 ID，进而获取虎妹妹在江南太医院时的就诊记录。虎妹妹在江南太医院的就诊记录是通过公钥得到实体信息关联交易单，进而得到就诊记录交易单的过程得到的，该过程与获取虎妹妹信息的过程类似。王御医在了解了虎妹妹在江南太医院的就诊记录，并经过一番问诊后，确认了虎妹妹的病情，在门诊系统中输入虎妹妹目前的病情与新的治疗方案，点击保存。王御医点击保存后，生成一个 ID 为 TX_1、类型为增加、公钥为王御医的公钥和京都御医院的公钥、数字签名为王御医使用自己的私钥进行签名的数字签名和京都御医院使用医院私钥进行签名的数字签名，以及内容为“公钥=虎妹妹的、病情=目前病情、治疗方案=新的治疗方案”的交易单。然后生成一个 ID 为 TX_2、类型为保存、公钥为王御医的公钥和京都御医院的公钥、数字签名为王御医使用自己的私钥进行签名的数字签名和京都御医院使用医院私钥进行签名的数字签名，以及内容为“公钥=王御医的、门诊记录 ID=TX_1”的交易单。根据上面两个交易单生成一条交易单消息 TX_M，发送给区块链验证节点 VA_P。其中，$VA_P = v \bmod (\mathcal{R})$，$v$表示当前的视图编号，($\mathcal{R}$) 表示存储副节点的个数。交易单的数据结构如图 4-18 所示。

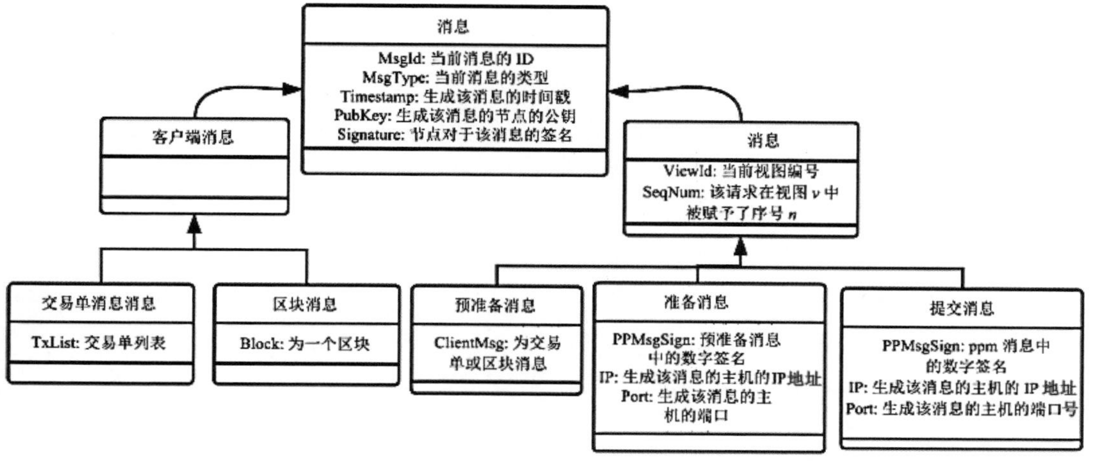

图 4-18 交易单的数据结构

（4）主区块链验证节点 VA_P 在接收到这条交易单消息 TX_M 后进行验证并保存。区块链集群达成共识后接收交易单 TX_1 和 TX_2。

① 首先，主区块链验证节点根据 TX_M 生成准备消息 PP_M，并保存到本地数据库中，然后广播给其他区块链验证节点 VA_1、VA_2、VA_3。

② 区块链验证节点 VA_1、VA_2、VA_3 接收主区块链验证节点发来的准备消息 PP_M 后，生成准备消息 PM_1、PM_2、PM_3，并将这 3 条消息保存到本地数据库，接着将消息 PM_N 广播给除本节点外的其他所有区块链验证节点。

③ 各区块链验证节点在接收了 3 条来自不同区块链验证节点的准备消息 PM_N 后，便生成提交消息 CM_1、CM_2、CM_3，并将这 3 条消息保存到本地数据库，接着将提交消息 CM_N 广播到除本节点外的所有区块链验证节点。

④ 各区块链验证节点在接收至少 3 条来自不同区块链验证节点的提交消息 CM_N 后，便接收交易单 TX_1、TX_2。此时，交易单共识过程结束。

⑤ 已知目前区块长度为 1，最后一个区块 ID 为 1，当前验证节点数为 4，经过一段时间后（如 10 分钟），各区块链验证节点开始根据公式 $B = L \%(N - 1)$来判断当前区块是否需要由自己来生成。此时，$B = 1 \% (4 - 1) = 3$，故此时各验证节点知道下个区块的生成者为 VA_1，VA_1 开始收集一定数量的包含 TX_1、TX_2 的交易单 ID，生成区块，其中保存前一个区块的 ID。区块生成后，VA_1 将新生成的区块发送给主区块链验证节点，主区块链验证节点在接收到该区块消息后，通过验证区块生成者的数字签名判断该区块的生成者是否为 VA_1，之后生成准备消息广播至其他备份节点，这些节点也会根据准备消息中存储的区块消息，来验证区块是否为 VA_1 所生成。达成交易单共识之后，将该区块加入各节点的区块链中。

⑥ 此时，虎妹妹的就诊信息已被保存在区块链中，考虑下列非法操作的情况。

- 虎妹妹的门诊信息 TX_1 遭到泄露。因她的亲戚并不知道该信息属于哪位小姐姐，故不会对虎妹妹产生影响。若关联信息 TX_2 遭到泄露，她的亲戚没有虎妹妹的私钥，理论上无法解密其中的信息，因此也不会知道虎妹妹的具体医疗新信息，对虎妹妹不会产生影响。
- 虎妹妹的就诊信息遭到篡改。原交易单 ID 与重新计算的交易单 ID 不同，则证明该交易单遭到了篡改；若交易单 ID 与重新计算的交易单 ID 相同，则通过到区块链中查看交易单 ID 是否存在便可知道交易单是否被篡改；若某一验证节点中的交易单被恶意删除，但因为其他节点还保存着该交易单，所以还可以从其他节点获取该交易单。

以上就是虎妹妹经历转诊的一天的遭遇。其他门诊、住院、体检等医疗过程与转诊过程相似，在遇到新的医疗需求时，可以以此为蓝本进行实现。例如，虎妹妹想通过查询交易单获取自己的数据，其过程与王御医添加新的医疗记录类似。另外，在上述过程中，若京都御医院出现泄露信息等恶意行为，可以根据如下流程来检测和防止恶意行为的发生。

（1）若主节点 VA_P 出现以下恶意行为。

① 主节点丢弃虎妹妹的信息，不予进行识别。若王御医就诊客户端隔一段时间后发现虎妹妹的信息在信息符合规范的情况下没有入链，则认为主节点失效，更换主节点。

② 主节点篡改患者信息。若主节点发送给各备份节点的准备消息中的客户端消息数字签名验证失败，则备份节点检测出来后应进行视图更换，更换主节点。

③ 若主节点 VA_P 在广播准备消息或提交消息时出现恶意行为，可参考下面“（2）”中的解决方式。

（2）若副本节点 VA_i 出现以下恶意行为。

① VA_i 丢弃主节点 VA_P 发送的准备消息或接收准备消息后不广播准备消息，接收来自节点 VA_P 或 $VA_j\,(i \neq j)$ 准备消息后不广播提交消息。这不影响共识算法过程，并在检测出节点 VA_i 的恶意行为后，将其排除。

② VA_i 发送恶意的准备消息或提交消息。验证节点 VA_P 或 VA_j 在接收到节点 VA_i 发来的恶意准备消息或提交消息后，会校验该准备消息。对比提交消息的视图编号 v、消息序号 n 和准备消息签名 PPMsgSign 与自己所保存的准备消息中的视图编号 v、消息序号 n 和准备消息签名 PPMsgSign 是否一致，若不一致则会丢弃该准备消息或提交消息。

对于本节所涉及的认证过程，区块链系统都会根据交易单或区块上的公钥与数字签名验证其所对应的身份，验证成功后，根据保存在区块链中的权限判断其行为是否合法。

五、未来可期

在国家政策大力推广电子病历的情况下，传统纸质病历逐渐转化为电子病历。区块链技术将作为催化剂来加快该转化过程，让疾病研究、就医便利性等得到更加完整的改变，有助于促进电子病历的完善。未来电子病历互换、个人健康记录提升全民身体素质等宏伟目标，由于引入了区块链技术，都变得可落地、可执行。区块链作为价值互联网、天然的信息流/价值流流通平台，让电子病历在重视隐私的条件下，有偿地进行流通转让，可持续性地发展，创造出各种可能，最终形成丰富、健康的数据交易生态，为更高级别的医疗需求奠定坚实的数据磐石。例如，完成保护受试者权益的伦理审查后，结合大数据技术，通过生命数字化为基因工程/靶向 T 细胞癌症免疫疗法等前沿临床试验提供双盲海量临床真实数据。借助区块链技术进行精细化社会分工，各司其职，进行有效社会分工，采集数据、分析数据、使用数据的公司角色可进行解耦。专业公司只做自己专业的事，提升社会整体效率，高效为全人类谋福祉。

4.2.2 建好连心桥——区块链电子处方

一、医改迎来春天

作为民生热点之一，“社会保障”已连续 3 年位列人民网两会调查热词榜前 3。“十三五”期间，我国建成了世界上规模最大的社会保障体系，基本医疗保险覆盖超过 13 亿人，基本养老保险覆盖近 10 亿人。除了“社会保障”，“教育改革”“住有所居”也位列两会调查热词榜前 10，网友最关注的民生话题涵盖养老、医疗、教育等多个领域。医疗作为其中的一个民生热点问题，各级国家机关都在积极响应，推出具体的政策法规来改善、解决这些问题。

国家发展改革委等 21 部委联合印发的《促进健康产业高质量发展行动纲要（2019—2022 年）》提到：“积极发展‘互联网+药品流通’。建立药品流通企业、医疗机构、电子商务企业合作平台，在药品流通中推广应用云计算、大数据、移动互联网、物联网等信息技术，简化流通层次，优化流通网络，提高供求信息对称度和透明度。建立互联网诊疗处方信息与药品零售消费信息互联互通、实时共享的渠道，支持在线开具处方药品的第三方配送。加快医药电商发展，向患者提供‘网订（药）店取’、‘网订（药）店送’等服务。（商务部、卫生健康委、药品监管局负责）”

国务院办公厅印发的《关于促进“互联网+医疗健康”发展的意见》提出：“对线上开具的常见病、慢性病处方，经药师审核后，医疗机构、药品经营企业可委托符合条件的第三方机构配送。探索医疗卫生机构处方信息与药品零售消费信息互联互通、实时共享，促进药品网络销售和医疗物流配送等规范发展。（国家卫生健康委员会、国家市场监督管理总局、国家药品监督管理局负责）”

国家医保局则印发了《关于完善“互联网+”医疗服务价格和医保支付政策的指导意见》，首次提出医保支付接入互联网医疗。“定点医疗机构提供的‘互联网+’医疗服务，与医保支付范围内的线下医疗服务内容相同，且执行相应公立医疗机构收费价格的，经相应备案程序后纳入医保支付范围并按规定支付。”

不难看出，国家对医疗改革是下定了决心的，各部委对中国医疗改革是有一个明晰的总体思路的，那就是卫生体制改革、医保体制改革、药品流通体制改革联动。

二、医窘

2021 年中国医疗支出占 GDP 的比例约为 4.4%，相较于美国的 17%，我国医疗消费水平尚处于初级阶段。公共医疗管理系统不完善、医疗成本较高、异地就医“梗阻”、医保覆盖面窄等问题困扰着大众。尤其是以“效率较低的医疗体系、质量欠佳的医疗服务、看病难且贵的就医现状”为代表的医疗问题成为社会关注的主要焦点，归纳如下。

1. **医药不分离，存在滋生腐败的土壤**

在医药不分家的年代，医院是药品尤其是处方药的最大销售渠道，药店只占据冰山一角。“以药养医”推高了药价，利益驱动医生开大处方、滥检查、过度治疗等，不仅浪费了大量的医药资源和资金，而且危害到患者的安全，增加了患者的经济负担，威胁到群众的健康。另外，这也助长了医疗腐败之风。医院存在“塌方式”腐败，医疗窝案也屡见不鲜。

2. **医保覆盖面广，长期面临收支平衡压力**

医保收支压力倒逼医保改革，各生产、流通、销售环节开源节流，如降低药价、缩短流通、提高药效、鼓励创新、倾斜治疗性药品等，未来医药专业化分工趋势会更为明显。随着人口老龄化的加剧，一方面，医保收入端承压将使得我国医保控费成为必然趋势；另一方面，由于医疗费用逐年上升和经济增长逐渐放缓，医保控费也成为解决看病贵问题的重要方式。

3. **患者用药没有享有知情权和选择权**

医药市场畸形发展，市场这只“无形的手”长期缺席，没有充分发挥其调节作用。患者没有机会去购买性价比更高的处方药。例如，允许网络销售处方药，拿医院开具的处方也可以到线下医院、药店买药，或者到其他的网络药店买药。这样可以打破部分医院对处方药的垄断，促进竞争，降低药价。

4. **患者缺少医疗记录留痕，医患冲突存在举证倒置的现象**

举证责任遵循“谁主张，谁举证”的原则，这意味着在医疗纠纷案件中，患者有责任对自己的主张提供证据，证明医院方面有过错。但对于患者来说，在缺少医疗记录留痕的前提下，要承担医疗诉讼中的全部举证责任，几乎是不可能也是不公平的。

三、坐看云起时

医疗卫生系统积极推进“处方流转”“药品网售”等政策，当务之急是引入先进的区块链电子处方解决方案，承接医院内处方，连接医院和药店，支持处方安全流转，降低药占比，助力医药分离；构建医院处方流转可信安全互通机制，实现信息可信、过程可追溯，保障用药安全；通过对互联网药房处方流转风险与问题的分析，利用区块链去中心化、智能合约、防篡改和可追溯等技术特性，有针对性地给出解决问题的技术方案。

四、洞悉电子处方

什么是电子处方？百度百科给出这样的定义：“电子处方（Electronic Prescription），是指依托网络传输，采用信息技术编程，在诊疗活动中填写药物治疗信息，开具处方，并通过网络传输至药房，经药学专业技术人员审核、调配、核对、计费，并作为药房发药和医疗用药的医疗电子文书。”

数字化医院使用电子处方会有哪些具体的场景呢？

（1）医生可远程问诊在线帮助病患诊断病情，使病人可以在家看病，不需要去医院排队挂号。

（2）医生可以根据病患的详情开具处方，也可听取药店人员的建议开具处方。

（3）在线医生开具电子处方，执业药师严格审核。

（4）医生专业指导、合理用药。

电子处方、线上开药、配药、送药、签收药等流程都将被记录，不可篡改且可追溯。同时，一张处方被标记已配送后，就不可再次配药，这样可以避免处方滥用的问题。电子处方、线上问诊为患者看病就医简化了流程，而区块链技术保证了电子处方流转和药物运输过程的安全性和可追溯性。运用区块链技术赋能智慧医疗场景，形成诊疗、处方、医保、药品全流程安全体系，做到互联网医院服务全程留痕和可追溯，率先形成“互联网+医疗健康”服务**“医+药+保”的完整闭环**。同时，为保证患者医保账户的安全，医保在线支付都需要“银行卡金融身份+公安身份证信息+医保身份信息”三重比对确认身份，与公安部人像比对系统对接，采用基于人体生物学特征的人脸图像识别技术，对传输过程中的信息加密，集成到数字化医院的急救医疗中心互联网医院 App 中，方便、快捷。区块链电子处方平台架构如图 4-19 所示。

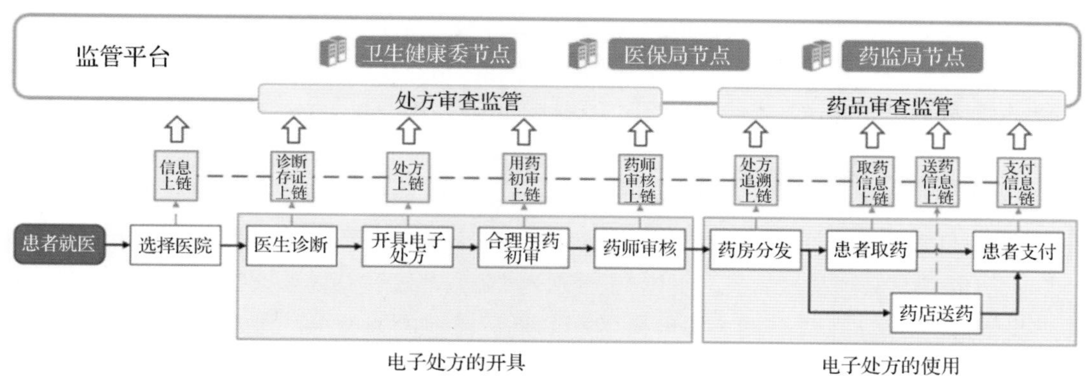

图 4-19 区块链电子处方平台架构

4.2.3 织好便民网——区块链电子票据

区块链技术是一种以分布式为特征，以密码学为基础，提供数据可信和业务可信的全新的金融基础设施的底层核心技术。区块链技术可以为金融业务提供无须第三方中介的业务流程公开、信息证明公示，以及资产流转记录可查的高效的技术支持，显著降低金融业务的复杂度和成本，提升共享信息的便利性，营造多方互信的协作机制，重构金融基础设施形态，有效解决金融行业的数据“孤岛”和数据寡头问题，促进金融业务创新。实践表明，经优化的区块链技术可高效支撑数字票据的签发、承兑、贴现和转贴现等业务，为票据业务的创新、发展奠定坚实的技术基础。

一、数字票据是区块链技术应用的典型场景

票据是依据法律按照规定形式制成的并显示有支付金钱义务的凭证。数字票据在自身特性、交易特点与属性、监管要求等方面都天然适合采用区块链技术。

首先，数字票据的自身特性与区块链技术高度契合。根据票据法，票据拥有者对票据拥有行使权和转让权，持票人有权对票据进行转让或执行票据内所注明的各项权利。票据是一种法律规定的包含多项权利的凭证，其高价值对防伪、防篡改有很高的要求；可转让性则必然涉及在众多参与方间的流转，开放的技术架构有助于扩大市场规模、降低市场成本、满足各种差别服务需求。

其次，票据的交易特点与属性决定数字票据适合采用区块链技术。票据是一种集交易、支付、清算、信用等诸多金融属性于一身的非标金融资产，其交易条件复杂，不适合集中撮合的市场交易机制，需要引入中介服务方提供细致的差异化匹配能力。当前的票据中介良莠不齐，部分票据中介利用信息不对称性违规经营，如伪造业务合同、多次转卖等，将一些风险极高的票据流入商业银行体系，给票据市场交易带来了潜在风险，急需借助新技术促进各参与方之间的信息对称。票据的“无条件自动执行”和智能合约的特征完美匹配，数字票据以自动强制执行的智能合约形式存在于区块链上，可以降低交易风险，避免司法救济的社会成本。

最后，监管需求的实现需要区块链技术发挥作用。监管机构需要掌握市场动态，并在必要的时候进行引导或干预，使用区块链技术可以实现对业务的穿透式监管，提高监管有效性。

二、数字票据对区块链技术的个性化需求

在银行、企业业务场景中，票据一般特指银行承兑汇票或商业承兑汇票，其主要生命周期包括承兑、背书转让、贴现、转贴现、再贴现、兑付等。通过深入分析票据业务的特点，我们认为适用于比特币交易的公有链过于强调去中心化和匿名交易，缺乏金融资产交易所必需的身份管理、业务监管等机制，难以直接应用于票据交易等金融产品和服务场景。同时，许可链技术仍缺乏足够的实际金融业务实践，也不适合照搬开源社区的成果直接进行金融业务应用。

谁能相信在没有现代化交通工具和通信手段的情况下，我国古代的票号居然几乎没有发生过假汇票？日升昌（“西裕成”转型之后改名为“日升昌”）在平遥古城旧址西侧的柜房墙上有一些句子，按照从右到左的顺序，这些句子分别为“防假密押”“谨防假票冒取，勿忘细视书章”“堪笑世情薄，天道最公平，昧心图自利，阴谋害他人，善恶总有报，到头必分明”“赵氏连城璧，由来天下传”“国宝流通”，如图 4-20 所示。把这些不相关的句子放在一起，让人很摸不着头脑。但显然，票号并不是在做提醒或无聊的说教，这些句子其实构成的是中国最早的银行密押制度，即用汉字代表数字的加密方法。

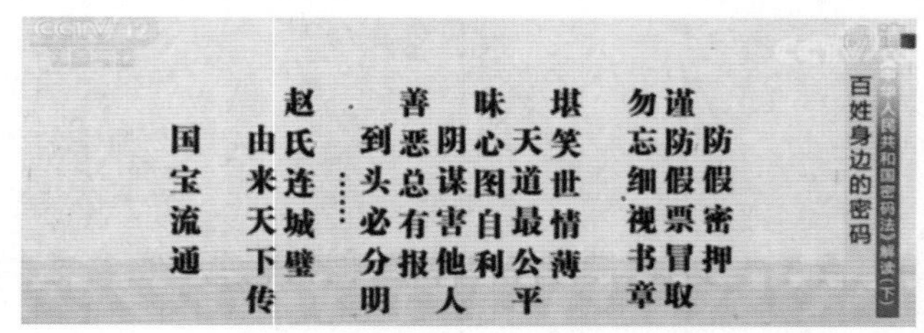

图 4-20　古代票号 1

如图 4-21 所示，对外人来说，这种密押无疑就是天书，如果看都看不懂，也就没法冒领了。更重要的是，这些密押也不是一成不变的，用过一段时间便会进行变更，若有人想要破译或伪造，实则难上加难。这也是票号能够“一纸汇通天下”的最有力的保证。除此之外，汇票的防伪措施还包括隐含在汇票里的水印、印章，以及汇票书写的固定笔迹。这些防伪措施层层构筑起了汇票的“防火墙”。

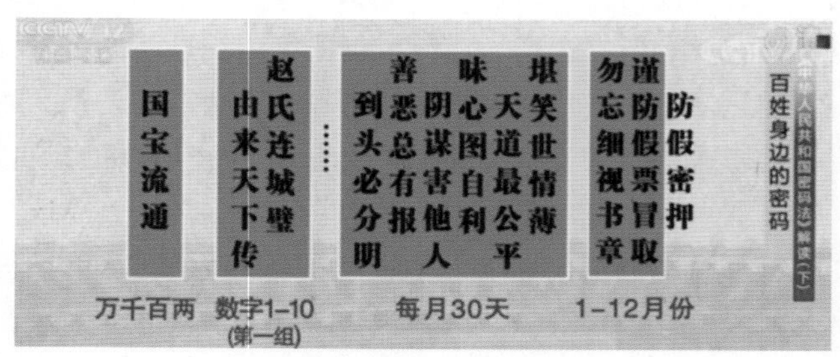

图 4-21　古代票号 2

票据作为金融市场中一种重要的金融产品，具备支付和融资双重功能，具有价值高、承担银行信用或商业信用等特点。票据一经开立，其票面金额、日期等重要信息不得更改。票据还具备流通属性，在特定生命周期内可进行承兑、背书、贴现、转贴现、托收等交易，交易行为一旦完成，交易就不可被撤销。因此，数字票据业务对区块链技术提出了如下个性化需求。

一是强化身份认证等管理机制。票据是由法律认定的登记在实体名下的权益，和物理世界的真实身份密切相关，区块链的匿名机制无法满足身份认证和授权等功能需求。

二是需要设置全局时间。票据业务需要依赖权威的全局时间，而区块链的出块间隔相对较长，出块时间不确定，这就使得交易时间的认定存在一定的不确定性和可操控性，无法满足对履约时间要求较高的场景。

三是预先考虑监管接口和要求。票据的贴现利息计算需要考虑到节假日的影响，需要权威机构向系统中输入实际的节假日情况，这就要求系统在设计之初就要考虑包括监管在内的管理机构的接入接口，以便其履行法律或制度赋予的行政职能。

四是需要加强对交易信息的安全保护。票据交易的转手交易价格信息高度敏感，需要严格保密，如果不加保护地放在区块链上，会严重抑制用户的使用意愿，因此需要有全套的隐私保护方案，以保护商业和用户隐私。

三、区块链推动票据业务实现数字化转型

基于对数字票据及其交易特点的分析，接下来设计一套依托区块链技术、以智能合约为载体的数字票据技术基础设施。其中，每张数字票据都是一段包含票据业务逻辑的程序代码及对应的票据数据信息。这些运行在区块链上的数字票据拥有独立的生命周期和自维护的业务处理能力，可支持票据承兑、背书转让、贴现、转贴现、兑付等一系列核心业务，各种业务规则可通过智能合约编程的方式实现。

这种数字票据技术基础设施在试点运行过程中充分体现出了如下 3 个优越性。

（1）提高了业务透明度。区块链分布式结构改变了现有的系统运行和存储结构，建立起更加安全的“多中心”模式。票据业务的交易规则采用代码公开的智能合约定义，权责明确，功能清晰。一旦完成规则定义，任何参与方都无法轻易对其进行修改。监管方对规则的任何修改也都会留下完整记录，最大限度地提高了业务透明度。

（2）提升了监管效率。区块链数据对监管方完全透明的数据管理体系提供了可信任的追溯途径，使得监管的调阅成本大大降低。自动的业务合法性检测可以实现业务事中监管，如通过背书转让时的前置检查可以规避票据的非法流通。同时，通过把监管规则智能合约化，建立共用约束代码，可实现监管政策全覆盖和硬约束。监管方只需要制定交易规则，交易本身在参与方本地提交并通过点对点网络执行，有助于降低业务的复杂性。

（3）在票据法和有关制度的允许范围内可支持业务试点创新。数字票据的可编程性使得平台可以最大限度地释放市场的创造性。以票据的转贴现为例，目前主要的转贴现业务模型有买断式转贴现和回购式转贴现两种。随着数字票据业务的普及，市场可能自发出现新的转贴现形式，如转贴现利率随着回购间隔时间自动调整等。此外，票据质押业务、票据池业务、大面额票据打散成小面额票据交易等在票据法允许的范围内都可以进行业务试点创新。数字票据交易系统无须更新后台业务逻辑，只需要根据市场的需求发布新的业务智能合约，大大缩短了需求响应时间。

四、多项技术创新支撑区块链数字票据平台

在设计数字票据体系时，应从实际业务场景出发，紧跟技术发展趋势，以前瞻性的方案定位、专业的技术架构和设计理念确保发挥区块链底层的先进性及实用性，对区块链底层多个方向进行技术攻关，形成多项核心技术成果。

1. **共识算法满足金融业务的时效性要求**

数字票据业务允许的交易时延短，并需要完全的交易确定性，确保交易成立后不能被取消或推翻。为此，考虑在区块链底层实现一种改良版 PBFT 算法作为默认的共识算法，即在半同步网络模型下保证安全性与可终止性。用户在提交交易之后，只需要等待 3 秒左右便可以收到交易打包入块的反馈，确认交易已被敲定，不会再被取消。3 秒左右的交易时延可以满足以票据交易为代表的大部分金融服务场景的需求。同时，考虑到共识节点可能发生变化，我们利用智能合约技术管理共识节点，使节点集合数据能够及时发布到各节点，保持全网一致。

2. **多重防护机制提供有效安全保障**

在实践中，我们对区块链底层设置了三重防护，包括 P2P 通信加密、落盘加密和硬件密钥管理。为了防止在数据通信过程中被第三方嗅探，在 P2P 网络的数据“握手”与通信上采取了加密机制，非交易参与方无法获得区块链上的数据。对区块链节点在本地保存的数据采用高强度的密码算法加密保护，可防止数据泄露。对于身份认证和交易签名等核心信息，对参与方密钥的管理和保护采取了高等级的硬件保护机制。金融机构与监管机构使用硬件密码机生成并保存公钥，企业用户使用安全芯片 IC 卡生成并保存私钥，采用智能合约管理用户权限，支持监管方根据用户请求重置业务操作密钥，以应对私钥丢失的情况。

3. **并发机制实现多业务并行**

公有链上采用串行流水号的形式记录账号的每一笔交易，致使业务无法并行处理。同时，公有链上的交易不存在超时时间限制，如果一笔合法交易迟迟没有被区块链确认，则业务方既无法将其撤回也无法判断其何时可以被区块链确认。为解决上述问题，我们可以采用非串行流水号作为业务标识，并在交易中加入超时时间设置，实现业务的并发与超时确认功能。

4. **隐私保护机制解决两难问题**

区块链的隐私保护一直是技术难题，为兼顾参与方对隐私数据访问控制的要求，以及全网达成共识这两种看似矛盾的需求，一套综合隐私保护方案被提出。该方案基于同态加密和零知识证明技术，在满足转贴现交易金额隐私保护的前提下支持票款对付（DVP）交易。

5. **看穿机制满足监管要求**

隐私保护机制采用零知识证明技术的同时实现了全网共识与交易金额私密，但监管方需要借助对隐私数据的看穿机制来实现监管。首先，我们将用户的身份密钥与隐私保护密钥分开，前者用来做交易签名和身份证明，后者则用来对交易金额进行加密保护。其次，用户将隐私保护公钥公开，并与监管方的隐私保护公钥进行非交互式密钥共享算法计算，得到新的隐私保护密钥并公开其公钥。当两个参与方之间进行隐私保护交易时，双方利用对方的新隐私保护公钥再做一次非交互式密钥共享算法计算，得到本次交易的临时隐私保护密钥，并将其作为金额保护密钥。

同样，监管方也可以通过两次非交互式密钥共享算法计算所有的隐私保护交易所使用的临时密钥，从而对区块链上的所有交易进行监管。第三方无法获得非交互式密钥共享算法计算的密钥，因此无法获得隐私保护的交易信息。

6. **可控智能合约实现风险可控**

由代码控制的业务模型，尤其是涉及数字法币的业务模型可能会因程序漏洞出现系统性损失。例如，TheDAO 事件中的智能合约设计漏洞造成了数千万美元的潜在损失，并最终导致项目终止。

为规避分布式业务系统引入的种种不可控风险，需要考虑多种形式的技术创新。例如，针对智能合约的不可升级问题，有人设计实现了一种新的智能合约动态挂载方案，确保在不影响既有数据的情况下对智能合约业务规则进行修改。新设的紧急干预机制支持管理委员会在紧急情况下干预接口、暂停业务，待问题修复后再继续运行。

7. 区块链中间件降低技术门槛

为便于快速集成，我们封装了区块链中间件，将复杂的区块链分布式业务逻辑封装成了便于通过消息队列（MQ）调用的报文接口，同时将区块链上的非结构化数据根据业务规则同步到本地，生成结构化关联数据。应用开发人员无须深入了解技术细节，按照传统的报文接口和关系数据库接口即可访问及调用区块链数据，大大降低了区块链系统与传统系统的整合难度。

五、思考与展望

经过技术创新，数字票据区块链平台在实验性生产环境中取得了初步成效，为票据业务创新发展提供了有力的技术支持。但区块链技术仍存在一些影响其应用深化的问题，如效率和容量问题一直制约着区块链技术在金融领域的正式商用。要解决这个难题，除了通过工程优化、算法创新等手段持续提升单链性能，还需要进行系统整体架构上的创新。业界目前正在积极探索的新架构可以归纳为两类：分层及分片。分层思路的代表性方案有状态通道、Plasma、Truebit 等，主要特征是“链外持续更新，链上最终确认”；分片是指将各业务子项分散到多个子链上完成，并通过主链为子链进行数据转接和最终确认。

再如网络拓扑结构，区块链的点对点结构在金融系统中有一定的应用限制。现有的金融专网一般是中心化结构，是上下级机构的星形连接，无法承载大规模的点对点直连，直连的网络结构将对金融系统的数据安全和通信安全提出新的挑战。

此外，公有链通过“假名”机制实现匿名，但交易记录全局可见，缺少隐私保护，而真实的商业应用对于隐私有着多样和严格的要求，因此真正的大规模应用需要密码学算法的配合才有可能实现。

事实上，区块链与其他技术类似，都需要在技术进步和发展的过程中长期演进，也将随着应用的深化而逐步完善。从前沿理论研究来看，共识算法创新将进一步提高区块链体系的整体处理效率，加密技术的发展将更好地保护用户隐私、增强数据安全、扩大技术的适用范围。随之，区块链技术的应用领域也将进一步扩展，如银团贷款、征信管理、权益证明和证券交易、保险管理、金融审计、事务处理程序、资金管理、银行账簿管理、金融资产交易等。另外，跨链技术的发展有助于数字票据业务未来与其他区块链平台的互联互通，构筑数字经济的新基础设施。

票据市场是中国发展最早的金融子市场之一。经过多年的建设和发展，作为有效连接货币市场和实体经济的重要通道，票据市场已成为金融市场体系的重要组成部分。票据交易所（以下简称票交所）是经国务院同意设立、中国人民银行指定的全国性票据报价交易、托管登记、清算结算、信息查询和票据风险监测平台，是央行实施货币政策再贴现和公开市场操作的重要金融基础设施。区块链票据如图 4-22 所示。

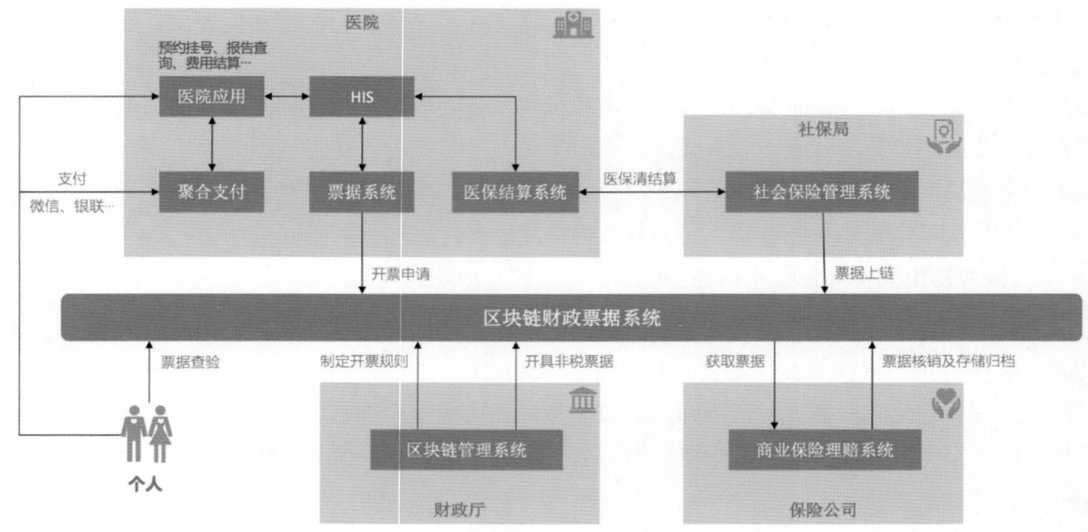

图 4-22　区块链票据

随着各地促进区块链发展的政策的逐步推出，社会资本投融资持续高涨，产业聚集效应逐步显现，技术应用日渐多元化，作为实践者需要务实、理性地看待区块链技术的本质及其发展阶段，找到能够发挥其技术改良作用的特定领域，让区块链技术真正解决行业痛点。

1. **票据业务应用区块链技术的可行性**

区块链是近年来的一项前沿技术，业界普遍认为它为生产要素市场尤其是风控要求很高的金融市场提供了一种去中心化的、具有较高安全可信度的解决方案。对此，票交所组织力量研究区块链相关技术，积极探索区块链在票据市场中的应用，推动票据业务创新。

回顾一下区块链技术独有的特点，如下所述。

（1）区块链采用去中心化的信任机制，区块链网络上的参与者可以进行可信交易，无须担心交易对手伪造信息或身份抵赖。

（2）区块链通过密码学算法保护数据的安全性、完整性和不可篡改性。

（3）区块链运用多种隐私保护策略，可实现参与者在区块链上的匿名性。

（4）区块链提供可编程的智能合约，参与者很容易进行查看和发布合约。

根据应用场景的不同，区块链分为公有链、私有链和联盟链三大类。公有链运行在互联网上，用户可任意加入或退出，访问门槛低，交易速度相对较慢。私有链运行在单个机构内部，由单个机构独立运行和维护，自治性较高。联盟链由若干机构共同参与和维护，一般需要许可加入，其运行和维护成本较低，交易速度更快，更适合运用于金融领域。

票据在流通方面有两个特点，如下所述。

（1）票据流通主要发生在银行承兑汇票，商业承兑汇票的数量和流通量都较少。

（2）由各银行独立对票据业务进行授信和风险控制，单个银行的风控结果可能会影响到票据市场交易链条上的其他参与者。

票据的特点决定了其票面信息和交易信息必须具备完整性和不可篡改性。与一般的金融交易相比，票据交易的金额一般较大，因此其安全性要求更高。区块链利用密码学算法提供的安全性、完整性和不可篡改性等特性，可在一定程度上满足票据交易的这些需求，从而有助于在技术层面上防控票据业务风险。

此外，区块链的其他技术特性也可能为票据业务带来新的机遇。如在隐私保护上，当前票据市场中各金融机构间通过信息隔离保护参与者的隐私，而区块链技术通过隐私保护算法保护参与者隐私，从而提供了一种隐私保护的新思路。

通过以上分析可知，区块链技术在票据领域某些关键业务场景下显示出良好的适用性，这使得区块链技术在票据业务中的应用理论上具有一定的可行性。未来，技术人员将继续与各方携手推动技术进步和应用落地，相信区块链及相关技术将为金融服务创新带来无限可能性，为金融风险防控保驾护航。

2. **票交所对区块链技术的探索和应用**

如何将区块链理论上的可行性转化为实践，使其应用于票据业务场景，给票据市场带来技术上的变革和业务上的创新，是票据领域金融科技的一项重要课题。中国人民银行总行领导票交所会同中国人民银行数字货币研究所，组织中钞信用卡公司和试点商业银行进行了基于区块链的数字票据的全生命周期登记流转的研究，实现原型系统并在模拟运行环境下试运行成功。票交所和中国人民银行数字货币研究所继续牵头，在原型系统上进一步开展工作，积极推动数字票据交易平台实验性生产系统的研发和投产上线（该系统于 2018 年 1 月 25 日投入生产环境并成功运行）。

数字票据交易平台实验性生产系统采用了区块链技术，借助同态加密、零知识证明等密码学算法进行隐私保护，通过实用拜占庭容错（PBFT）算法进行识别，采用看穿机制提供数据监测。

数字票据交易平台实验性生产系统包含票交所、银行、企业和监控 4 个子系统：票交所子系统负责对区块链进行管理和对数字票据业务进行监测；银行子系统具有数字票据的承兑签收、贴现签收、转贴现、托收清偿等业务功能；企业子系统具有数字票据的出票、承兑、背书、贴现、提示付款等业务功能；监控子系统实时监控区块链的状态和业务发生情况。

数字票据交易平台实验性生产系统对其原型系统进行了 7 个方面的改造和完善。

一是结算方式创新。数字票据交易平台实验性生产系统构建了“链上确认，线下结算”的结算方式，为实现与支付系统的对接做好了准备，探索了区块链系统与中心化系统共同连接应用的可能。

二是业务功能完善。根据票据真实业务需求，数字票据交易平台实验性生产系统建立了与票据交易系统一致的业务流程，并使数据统计、系统参数等内容与现行管理规则保持一致，为业务功能的进一步拓展奠定了基础。

三是系统性能提高。实用拜占庭容错算法的引入，提高了数字票据交易平台实验性生产系统的性能，降低了系统记账损耗，为实现“运行去中心化、监管中心化”奠定了基础。

四是安全防护加强。为适应我国金融服务应用高安全性、自主可控密码学算法的要求，数字票据交易平台实验性生产系统采用 SM2 国密签名算法（国家密码管理局于 2010 年 12 月 17 日发布的椭圆曲线公钥密码算法）进行区块链数字签名。票交所为参与银行、企业分别定制了符合业务所需的密码学设备，包括高安全级别的加密机和智能卡，并提供了软件加密模块以提高开发效率。

五是隐私保护优化。通过采用同态加密、零知识证明等密码学算法设计，数字票据交易平台实验性生产系统构建了可同时实现隐私保护和市场监测的看穿机制，强化了票交所的市场监测能力，为基于区块链技术的监管模式探索了新的实现方式。

六是实时监控管理。数字票据交易平台实验性生产系统搭建了可视化监控平台，通过可交互的图形化业务展示、信息查询、运行告警、统计分析等功能，实现对区块链系统、业务开展、主机网络等运行情况的实时监控。

七是服务生产应用。数字票据交易平台实验性生产系统突破节点虚拟、参与者虚拟的模式，通过重塑系统安全防护和网络连接机制，使系统的安全性和稳定性得到了全面提升，支持由银行、企业根据真实信息和管理需要直接进行系统操作。

下面我们以一个投入运营的区块链财政电子票据系统为例，来看看电子票据的业务流程是什么样的。区块链财政电子票据系统架构如图 4-23 所示。

图 4-23 区块链财政电子票据系统架构

区块链财政电子票据系统应当支持财政电子票据的链上开票、票据冲红、票据上链、票据查询、票据应用、票据入账和票据归档等功能。票据应用流程示例如图 4-24 所示。

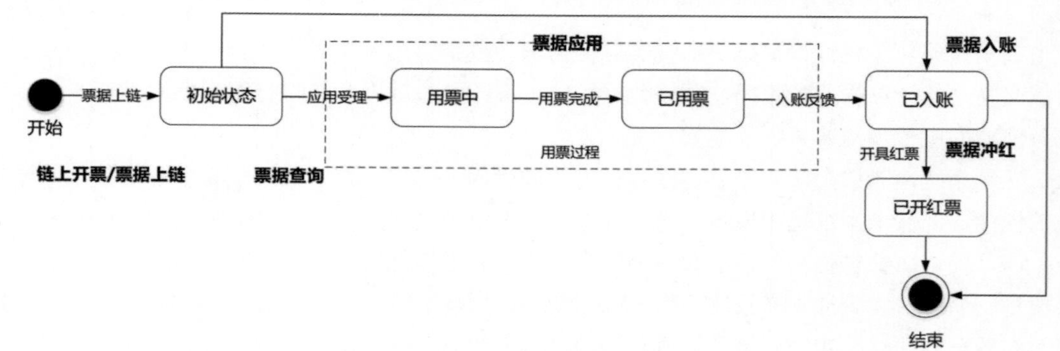

图 4-24 票据应用流程示例

区块链财政电子票据系统应记录财政电子票据的状态变化，状态应包括已开具、已冲红、用票中、已用票、已入账和已归档。其中，已开具、用票中、已用票、已入账、已归档是电子票据的有效状态，已冲红是电子票据的失效状态，电子票据进入失效状态后不应再进行操作。

（1）链上开票。

区块链财政电子票据系统应支持电子票据链上开具，链上开票或票据上链后，标记为“已开具”状态。其具体流程如下所述。

① 开票单位向区块链财政电子票据系统发起开票请求。

② 生成财政赋码。

③ 完成开票单位和财政的电子签名。

④ 生成电子票据文件。

⑤ 完成链上开票。

（2）票据冲红。

区块链财政电子票据系统应支持票据冲红，以实现开票单位因原开具的电子票据有误需要更正、调整而开具红字票据，通常金额是负数。开票单位票据冲红后，标记为“已冲红”状态。其具体流程如下所述。

① 开票单位向区块链财政电子票据系统发起冲红请求。

② 查询原始电子票据是否处于不可冲红状态，如用票中、已用票、已入账、已归档、已冲红等。

③ 若处于可冲红状态，则执行红票链上开具，或红票票据上链，完成冲红。

（3）票据上链。

票据上链业务，应由财政部门发起，经由财政部门接入区块链财政电子票据系统，最终存入区块链财政电子票据系统。其具体流程如下所述。

① 交款人到开票单位办理业务，业务办理完毕，开票单位收取款项。

② 开票单位接入区块链财政电子票据系统，生成电子票据文件并完成单位签名，文件内数据的格式可为 XML、JSON 等其他纯文本格式，文件应使用安全且符合国家密码管理规定的算法和协议进行加密。

③ 财政部门对电子票据文件进行监制签名。

④ 完成开票后上链。

（4）票据查询。

① 收票方票据查询。

区块链财政电子票据系统应支持收票方查询名下的电子票据信息列表，并对用户选取的电子票据进行展示。其具体流程如下所述。

- 收票方向区块链财政电子票据系统发起查询请求。
- 核验收票方身份，系统展示收票方所查询的电子票据信息列表。
- 收票方按需查看并使用电子票据。

② 票据查验。

区块链财政电子票据系统应支持票据查验服务，实现电子票据真伪信息的核验。其具体流程如下所述。

- 收票方或经授权的用票方发起票据查验，验证电子票据真伪，并输入五要素，即电子票据代码、电子票据号码、校验码、票据金额、开票日期。

- 身份核验。
- 返回电子票据真伪信息。

（5）票据应用。

区块链财政电子票据系统应支持票据应用服务，实现报销、理赔等应用。用票方进行票据应用时，标记为“用票中”状态；用票方返回票据应用结果后，标记为“已用票”状态。其具体流程如下所述。

① 由收票方或经授权的用票方发起票据应用。

② 用票方应用时，从链上获取应用所需的电子票据文件。

③ 用票方处理后，并返回应用结果。

（6）票据入账。

区块链财政电子票据系统应支持票据入账服务，实现企业单位收入或支出票据，计入账簿，完成会计账务处理。用票方提交票据入账反馈，标记为“已入账”状态。其具体流程如下所述。

① 开票单位发起入账请求。

② 查询该电子票据的链上状态。

③ 若符合入账规则，将该电子票据入账。

（7）票据归档。

区块链财政电子票据系统应支持票据归档服务，实现单位将财政票据关联到单位电子档案。用票方提交票据归档反馈，标记为“已归档”状态。票据归档数据格式说明如表 4-1 所示，具体流程如下所述。

① 单位发起票据归档请求。

② 查询该电子票据的链上状态。

③ 若符合归档规则，将该电子票据归档。

表 4-1　票据归档数据格式说明

序号	数据项	数据类型	数据长度	数据说明	存储方式	数据备注
1	电子票据代码	数组	定长，推荐 8 字节	用于描述财政电子票据的种类信息	明文存储	必选
2	电子票据号码	数组	定长，推荐 10 字节	电子票据号码，与电子票据代码组合，具有唯一性	明文存储	必选
3	校验码	字符串	定长，推荐 6 字节	6 位数字、字母随机组成校验码	哈希存储	必选
4	总金额	数值	定长，推荐 21 字节	电子票据的票面合计金额	加密存储	必选
5	开票时间	日期	定长，推荐 8 字节	电子票据的开具日期	加密存储	必选
6	开票单位代码	字符串	不定长，推荐 30 字节以内	电子票据的开票单位代码，一般为统一社会信用代码	哈希存储	必选
7	开票单位名称	字符串	不定长，推荐 100 字节以内	电子票据的开票单位名称	加密存储	必选
8	收票方代码	字符串	不定长，推荐 30 字节以内	电子票据的交款人代码，个人一般为身份证号，单位一般为统一社会信用代码	哈希存储	必选

续表

序号	数据项	数据类型	数据长度	数据说明	存储方式	数据备注
9	收票方名称	字符串	不定长，推荐 100 字节以内	电子票据的交款人名称	加密存储	必选
10	相关票据代码	数组	定长，推荐 8 字节	预留扩展字段，开具红票时在此填写原票据代码	明文存储	可选
11	相关票据号码	数组	定长，推荐 10 字节	预留扩展字段，开具红票时在此填写原票据号码	明文存储	可选

4.2.4 组好智能团——智能保险，保险直赔

一、生存还是灭亡，保险业亟须避险

保险是一个古老的行业，其是为了应对各种意外事故的发生而出现的。3000 多年前，欧洲就出现了保险业的雏形。巴比伦国王命令僧侣、法官、村长等收取税款，作为救济火灾的资金。为了保护商队骡马和补偿货物损失，在汉穆拉比法典中，规定了共同分摊补偿损失的条款。

随着商业的繁荣，保险业不断规范并形成了全球性的保险法典。中国保险业自 1979 年恢复，发展至 2021 年，中国保险业的总资产规模达 24.89 万亿元。在与外资的激烈竞争中，中国保险业不断地蝶变、进化。但传统保险从产品设计到销售，是一套自上而下的管理模式，中间环节繁复，对市场节奏反馈、响应速度慢，无法快速迭代适应现代社会的频繁变化。传统业务受到现代市场新业态的冲击，具体体现在以下几方面。

（1）慢半拍。针对新型的保险业务需求很难及时开拓。

（2）存在壁垒。保险和医疗系统没有打通，理赔的申请、受理、审核及赔付的周期长，同时存在骗保的情况。

（3）行业不透明。整个保险产品生命周期（从参保到理赔，到最后的赔付）不公开，参保人对保险公司缺乏基本的信任。

（4）过度依靠人。整个保险业务过程完全依赖于人的操作，缺少自动触发和智能控制，因此不仅响应速度慢，而且很难杜绝人为的操作错误、行为疏漏，甚至是恶意篡改。

（5）信息查询困难。用户很难随时随地地查询自身参保情况。

（6）再保险业务开展困难。缺乏有效的监管机制：防篡改、反欺诈、可追溯。

（7）传统保险业务无法兼顾隐私保护和信息公开。

（8）IT 基础设施建设周期长，成本高。高昂的保险基础设施建设限制了新科技的引入，如大数据分析、人工智能等，阻碍保险业信息化的发展。

二、大象能否翩翩起舞

国内近几年兴起的保险业务积极拥抱互联网，绝不是仅将互联网作为保险业务的推广渠道之一，更重要的是将整个保险业务的 IT 基础设施依托在云计算之上，这样才能实现保险业务的快速开发和精准投放，并拥有随时随地地弹性接入最新的金融科技的能力，最快速地拓展新兴的市场潜力。

而在这一浪潮中，以区块链技术为代表的新型科技，使得金融业务的创新如虎添翼。由于区块链先天就具有无法篡改和可追溯的特性，因此区块链就与保险行业在“基因”上有相似性；

而从上层应用的角度来看，区块链是一种可信的、共享的、分布式的公共账簿，为打通不同的上层应用间的互联创造了条件（如保险与医疗），以及为颠覆大型的、成本高昂的、基于中心化的 IT 基础设施创造了条件。

利用现有的最前沿的互联网技术、大数据分析技术、人工智能技术等一起配合区块链平台，为传统保险行业构建一个全业务能力的体系，提高业务的实时性和效率性，同时让整个保险业务更加透明，并实现更完善的监管，降低运营成本和 IT 方面的投入成本，让保险业务从制度监管走向技术监管，确保企业合规且在社会治理层面发挥正当功能。

在具体应用中，区块链技术协助保险行业业务在现有平台基础上进行定制优化，在不影响现有系统正常运行的情况下，帮助保险公司实现更多的业务能力。例如，在区块链节点上部署一个独立的查询服务，可以方便、快速地查询保单信息、资金账目等信息。

在实现信息上区块链后，还需要保险公司使用区块链来构建上层业务平台，将保险业务中基本的业务逻辑封装在区块链上的智能合约中，实现事件自动触发、资金自动划拨等功能。通过保单信息、资金全流程、医疗信息上链，整个保险业务流程高度透明并具备智能协作的能力，使得区块链成为真正服务于用户的保险链和信任链。

同时，区块链技术拓展了再保险的业务能力。再保险是基于原保险的保险，从根本上讲，是一种“再合约”的过程。区块链将加速“再保险 2.0”时代的到来，其重要特征是“风险新分散”，这是再保险职能的新存在。共识机制、时间戳和智能合约将扮演重要角色，将给再保险，乃至保险创新以全新的启发和路径。

最后，如果想有效利用区块链技术建立展示平台，并将资金信息、保单信息、会员信息等共享到区块链当中，则除了存证能力，还涉及一项非常重要的能力，即治理能力。构建区块链云平台可以有效引入监管机构、第三方媒体和会员，共同参与区块链云平台的监管。平台是开放的，业务模式是去中心化、自动化、AI 运维的。也就是说，保险公司可以自助式地运作和管理项目。项目上链后，通过引入参与方、监管机构、第三方媒体，甚至有意愿参与的会员，可以共同对链上数据的真实性进行验证。行业痛点及区块链解决方案对比如表 4-2 所示。

表 4-2　行业痛点及区块链解决方案对比

参与方	行业痛点	区块链解决方案
审计/监管机构	• 缺少监督措施 • 审核监管难度大	• 审计和监督基于区块链技术，数据可信、可追溯
保险公司	• 基于传统中心化平台，账簿可篡改，公众缺乏信心 • 缺乏有效监督手段，审计成本高 • 账目不透明，资金使用存疑，再保险业务开展困难 • 中心化的 IT 基础设施建设成本高昂，弹性差	• 基于分布式账簿，防篡改 • 流程透明、可追溯 • 规避内部作弊风险 • 通过智能合约、时间戳和共识机制，实现再保险业务能力 • 分布式账簿，弹性接入，IT 基础设施建设成本降低
医疗机构	• 无统一联盟 • 医疗机构分散，医疗机构与保险公司不互信 • 信息不共享，平台封闭	• 通过联盟链，解决机构互信问题，形成统一联盟 • 信息共享，统一平台

续表

参与方	行业痛点	区块链解决方案
参保人	• 资金使用情况不透明 • 缺乏追踪资金流向的手段 • 信息不对称	• 基于区块链的分布式账簿，资金流向可追溯 • 信息公开、透明 • 全网信息共享 • 通过角色、权限等细粒度的管理控制，可实现隐私保护
潜在用户	• 受限于传统信息传播模式 • 信任无法传递	• 信息公正可信 • 全网公开透明

三、保险的螺旋式发展

保险电子化进程伴随着保险发展模式的演进，大致可以分 3 个阶段。

第一阶段：以产品为导向的运营电子化。保险需求的潜在性，以及销售导向的运营体系决定了早期保险电子化主要解决的是保险公司内部业务流程电子化的问题。各保险公司均建立了核心业务系统（ERP），取代手工记录作业流程，实现投保、核保、缴费出单、批改、报案、查勘、定核损、单证收集、理算核赔、结案全业务流程的信息化管理，极大地提升了客服响应效率、降低了运营成本，实现了运营体系的标准化、集约化和规范化。

第二阶段：以互联网为特征的服务电子化。随着互联网、移动互联及电子签名技术的成熟应用，保险渠道的网络化、保险服务的线上化、保险单证的电子化、保险业务的智能化得到迅猛发展。从 1997 年我国第一家保险网站——中国保险网上线，到目前几乎每家保险公司都会建立官方网站、移动端应用、微信公众号，提供一站式保单和理赔信息查询、产品报价和保全服务；从 2005 年中国人民保险集团股份有限公司开出第一张电子保单，到目前保险公司基本都具备电子保单服务能力、委托第三方进行托管和验真，在短期意外险、车险等产品及网络渠道推行电子保单；从 2014 年中国人寿保险股份有限公司试点签发第一张电子发票，到今年“营改增”落地实施，保险公司自建或通过行业共建实现了电子发票的签发、存储、推送和查验服务。

第三阶段：以账户为中心的交易电子化。随着金融综合化、保险集团化、网络资源账户化的深度发展，账户越来越成为虚拟经济中资源汇集和争夺的载体，“得账户者得天下”的时代已经到来。国寿、平安、阳光等保险集团相继构建集团内部“一账通”统一账户体系，为客户提供跨公司、跨渠道、跨产品的超级支付体系，提供便捷的移动资金通道和金融理财的一站式解决方案，实现集团对客户的综合金融服务战略布局。2016 年 6 月成立的上海保险交易所建立了以保险为主题的电子交易市场，在推进保险证券化和提升市场效率的同时，开启了保险交易电子化的基础设施建设新篇章。

从目前的市场形势来看，大部分保险公司完成了第一阶段和第二阶段的信息电子化，但也遇到保险单证电子化的现实困境。由于保险服务是以复杂的保险合同为载体的，因此保险合同电子化是保险电子化的前提和基础。虽然早在 2005 年，《中华人民共和国电子签名法》就确立了电子签名的法律效力，但投保单电子签名、电子保单、电子发票等电子单证的推广应用备受掣肘。例如，电子发票尚未广泛普及，电子保单由于验车时需要提交机动车交强险纸质凭证（目前部分地区已取消）等问题，其社会公信度和消费习惯难以确立；更为关键的是，在区块链技术出现之前，市场上缺少完善的电子存证的模式，这些都制约着保险业务朝着第三阶段的发展。

四、扬起保险的风帆，让梦想启航

区块链的加密认证技术和全网共识机制可以弥补传统互联网的信任与风控短板，建立不可篡改和分布式的连续账本数据库，实现保险 IT 基础设施的“去中心化”。从技术特征和理论上讲，区块链完全可以在如保险资产发行登记、转让交易、结算清算等同业交易领域实现去中心化的智能化应用。

区块链技术具有公开、透明的特点，因此区块链技术非常适合在保险业务中作为账目管理平台的基础技术。在采用开源组织开源技术搭建的底层区块链平台，搭建“保险+医疗”公共账目的存储分享系统，以解决保险业务中所遇到的问题。

五、保险业的切肤之痛

生病的人想买保险，是因为花自己的钱心疼了，但保险“霸王”条款让很多消费者望而却步。在 2001 年 9 月 11 日之前，几乎所有的保险人都认为，世界上的保险已经很完美了，但恐怖分子几乎击毁了保险业。例如，“9・11”事件中航空战争责任险这一险种的最终赔偿额为 60 亿美元，虽然在总赔付中占比不大，但是此数额几乎相当于国际航空险市场 3 年的保费，这直接导致美国航空战争责任险市场濒临崩溃。鉴于此，国际航空险承保人向全球航空公司投保人发出通知，要求增收航空险附加保费，并且将战争责任险赔偿限额从 20 亿美元直接下调至 5000 万美元，直降为原额度的 2.5%。这记重拳把全世界的航空公司都打进了泥潭，要么老老实实缴纳大量的保险附加费，然后等着关门，要么直接关门大吉。

“9・11”事件后遗症带给保险行业的创伤，不仅是看得见的经济损失，更是保险公司破产这一事实让更多投保人担心——自己还能放心地投保吗？

又如，保险业在汶川大地震总赔付额仅为 16.6 亿元，反映的是巨灾保障制度缺位和民间保险意识落后的遗憾；天津危化品大爆炸事件反映的则是再保险市场发展的尴尬之处了——多达 60 亿元左右的财险赔付，仅有极小一部分被分摊给再保险公司，这与“9・11”事件后美国保险的赔付比例截然相反。只要有一块木板不够高，木桶里的水就不可能是满的，只有补齐所有的短板，中国的保险才能算得上真保险。

上海保险交易所发布的《保交链平台白皮书（2022）》称：“区块链是发展数字经济和建设数字中国的重要载体，也是保险行业转型发展的重要引擎，上海保险交易所作为国家金融基础设施，有条件、有基础、有能力为行业的区块链应用创新提供支持和服务。”经过多年自主研发，上海保险交易所已成功打造以底层核心为基础、以各辅助套件和支持子系统为保障、以丰富业务场景为载体的保交链平台，逐步构建起更稳定、更高效、更安全的保险产业区块链生态。

《保交链平台白皮书（2022）》还对再保险、健康医疗、保险风控等应用场景进行了介绍。其中，数字化再保险登记清结算平台是上海国际一流再保险中心建设的核心载体，能基于保交链连接各交易主体，为再保险交易和对账清结算提供自动化、数字化、标准化的中后端服务，目前已支持再保险交易登记 2.4 万笔，上链的标准化电子合同和账单已在行业实际交易中使用；健康险“零感知”理赔，通过保交链实现医疗机构、患者、保险公司等多方互联，营造一个高度安全、深度信任、即时交易的数据互通环境。在客户有效授权的前提下，保险机构可在客户就诊的同时实时获取相关信息，实现在线数字化理赔，极大地提高了理赔效率。客户信息及医疗记录等采用加密技术进行传输和存储，信息调阅行为上链可追溯，确保客户信息隐私安全；保险风控应用，以旅行保险领域存在的保险欺诈行为为切入点，利用保交链实现保险机构间相关数据信息的实时、安全共享，提升行业反欺诈风控能力，目前已支持行业风险信息共享次数超过 800 万次。

除底层技术和应用场景外，保交链平台在制定行业标准方面也持续发力。在原银保监会的指导下，上海保险交易所联合行业机构开展“保险行业区块链应用标准”制定工作，为行业区块链规模化运用注入新动能。目前，《数字化再保险登记清结算平台数据规范（财产险）》已正式发布，《保险行业区块链应用规范　再保险》及《保险行业区块链应用规范　数字保单》两项行业标准正在推进。

从技术层面，保险公司医保区块链整体项目开发可分为如下 3 个步骤。

（1）参保人信息、保单信息、费用明细等链上存储，实现信息的电子存证。

（2）实现“试点诊所→业务试点”的区块链直赔平台。

（3）作为联盟链形态，引入更多医疗机构、保险公司、政府监管等节点。

第一期信息存证上链的数据分为四大部分，详细内容如下所述。

（1）个人基本信息。

- 个人身份信息。
- 参保信息（社保与商保）。
- 就诊日期。
- 就诊类型。
- 就诊医院/科室。
- 诊断代码/名称。

……

（2）费用明细信息。

- 门诊及住院明细：含药品、诊疗项目，以及服务设施名称/编码/规格/单位/数量/金额。
- 门诊病历。
- 出院小结。
- 诊疗项目。

……

（3）就诊结算信息。

- 发票号码。
- 发票金额。
- 医保扣费金额。
- 医保赔付金额。
- 个人支付金额。
- 个人支付方式。

……

（4）其他信息。

- 门诊电子处方。
- 住院电子病历。
- 住院医嘱。
- 实验室检验结果与报告。

- 医学影像检查结果与报告。
- 治疗记录。
- 手术记录。

……

六、设计理念：合纵连横

保险业务上区块链的初期原则为联盟链的形式，作为一种有准入机制的开放系统，众多的医疗机构、各类的保险公司、区域平台（监管机构）、电子病历托管中心等组织，经联盟批准后可自由加入，实现信息的共享。

区块链系统的引入并非取代现有的医疗—保险运营网络，而是通过和现有系统的互通，实现医疗信息的流动，完善医疗/保险系统的协作，解决当前保险业务中的痛点。当业务发展到一定规模，且通过区块链建立起来的医疗—保险系统产生巨大的影响后，未来将有更多的医疗机构和保险公司加入区块链系统，区块链系统也将升级为更大的联盟链形式，实现区块链保险直赔模式，如图 4-25 所示。

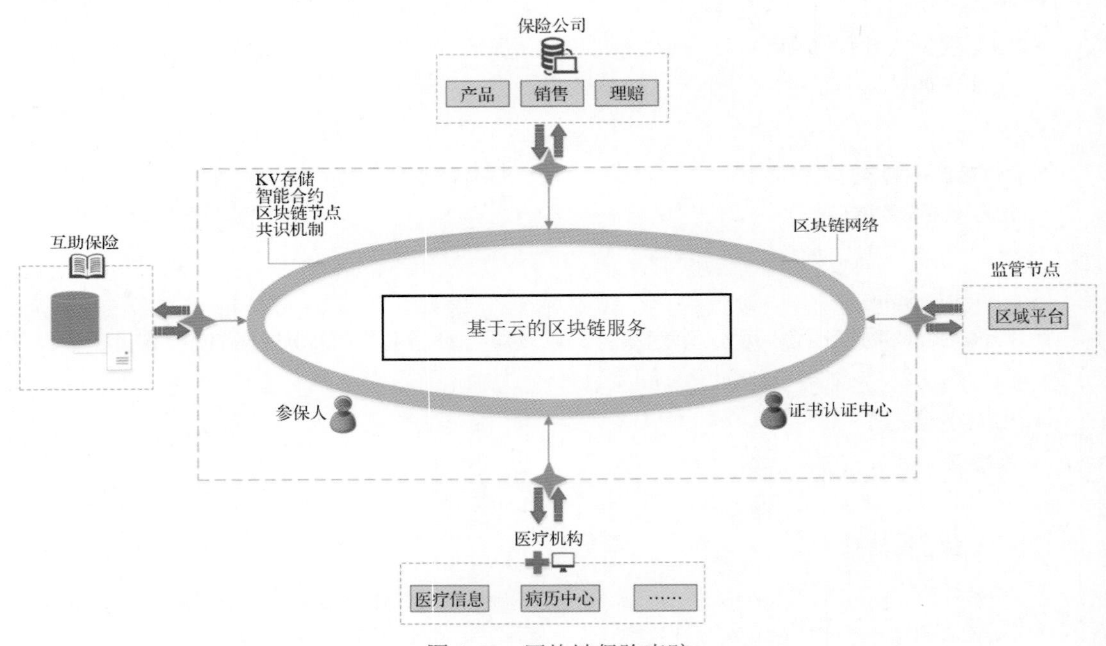

图 4-25　区块链保险直赔

区块链系统仅仅是加快和加强信息流通的平台，并非取代现有业务模式，区块链系统提供的是信息通道，真正的保险理赔业务仍然通过现有系统进行处理（包括人工处理过程），即采用线下的模式（链外操作）。

鉴于医疗和保险信息的敏感性、隐私性，区块链系统在设计之初，应该考虑到这种复杂的安全及权限保护模型，这样才能消除众多的医疗机构、保险公司、患者/参保人的顾虑，使其有意愿参与到区块链系统中。因此，区块链系统设计的原则是，区块链系统中只保留最基本的元数据（Metadata）信息，以及个人信息、保单详情、医疗记录、数字票据等信息的数字摘要（Hash Digest）和详细信息的指针（URL 或其他 Reference），而对于等级最高的敏感信息，可以通过“加盐”的方式来保证数据的安全。

目前的公有链可以用来完成缺乏角色定义、隐私管控、权限限定、监督管理等金融工业级别的需求，但是利用共有链实现医疗—保险系统，仍然需要通过消耗代币来完成相关任务。而在比特币、以太币价格较高的当下，为了实现相关任务，需要花费较多的成本。另外，个人资料、医疗就诊、保险理赔的信息上公有链，即使经过加密，依然会存在安全和隐私方面的风险。

考虑到前期的稳定性和易用性，初步决定需要 4 个区块链节点，符合共识机制的最小节点数要求，同时保留拓展能力。当更多的保险机构和医疗机构加入区块链系统中时，区块链平台可以平滑扩展，并可无缝对接到公有云以外的网络中（通过 DCI 专线等方式）。同时，区块链系统还应该具备多链的结构、可以服务于不同保险业务模式（类似于在数据库中，创建不同的 DB 来管理不同的项目），以及因为性能需要而采用多链并行处理的能力。区块链角色分工如图 4-26 所示。

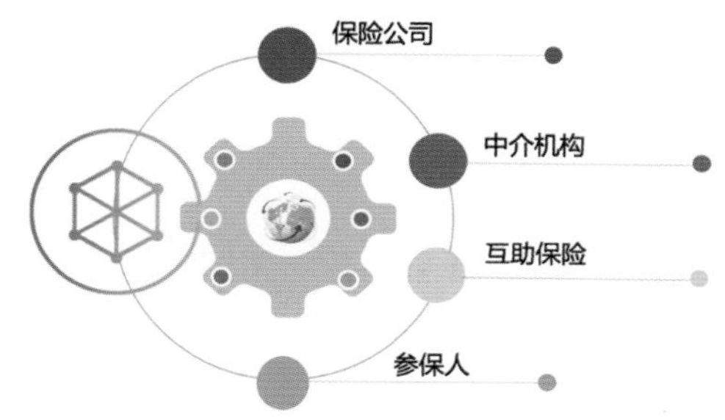

图 4-26 区块链角色分工

区块链系统的设计目标是将区块链作为信息共享的平台，区块链上并不实现具体的业务逻辑。实际上，区块链仅仅作为信息检索入口和权限控制的系统，最终医疗和保险详细信息的数据查询仍然需要通过现有的医疗 NEST（医疗/保险统一接口平台）进行对接服务。因此，在区块链平台上链的数据写入成功率高、查询速度快。

区块链系统中还需要一个更为重要的中间件系统，该系统为外界提供一个访问区块链平台的接口，从而实现数据上链（数据插入）、数据检索（数据查询）、权限管理（权限定义、权限核对）等功能。为了不影响现有系统的正常运行，同时保证写入成功率，中间件系统利用消息队列服务集群，来实现大量数据同时写入的缓冲，确认数据写入成功后再将数据移出缓存。中间件系统提供了对外的查询服务，需要核对查询方的权限后，才能将数据结果返回给客户端。权限管理部件负责权限的定义，参保人或患者可以定义自己的数据开放给何种机构，医疗机构也可以定义自己的医疗数据对哪些商业保险公司开放。

七、数据保存权威攻略

在存储保险业务数据环节，会遇到哪些关键挑战呢？

（1）个人基本信息、医疗数据、费用明细、商业保险等内容都是非常敏感的个人隐私或机构的商业机密，如果将以上所有信息保存在区块链上，即使有权限控制和加密处理，依然面临安全方面的挑战，存在数据泄露的隐患。同时，很难消除机构和用户对数据安全持有的异议，使医疗机构、保险公司和参保人在系统中的信息共享方面存在障碍。

（2）如果将所有信息都保存在区块链上，会导致区块链系统对医疗系统、保险业务的紧耦合，需要开发与现有系统相同的一套业务逻辑，不仅开发成本比较高，也存在如何和现有医疗、保险系统对接，以及数据保持一致的问题。

“他山之石，可以攻玉”，区块链就是这个用来琢磨“玉”的“石头”（工具）。建立在区块链上的系统只作为信息检索的平台，在区块链中只保留系统的元数据及实际详细数据的指针及数字摘要（数字指纹），而详细数据的获得，需要使用数据指针（URL）的定位，通过当前访问NEST来获得。这样只要接入NEST系统的单位，无论是医疗机构，还是保险公司，其当前主系统都不需要做任何修改，简化了区块链系统引入的难度；每个医疗机构、每个保险公司，私有信息仍然被保存在自己的系统中，无须保存在另外的系统中，同时保证了数据的安全性、规避了安全监管的难题和数据泄露的问题。而在安全策略方面，区块链系统中有着完备的权限管理机制来定义角色和权限，现有的医疗—保险系统也有着同样的安全管控。因此，通过已有系统与区块链系统中的安全控制，形成双保险的方式来控制敏感信息的访问，为后续将所有保险业务对接到区块链系统上预留了足够的空间，后续工作容易，方便管理。联盟链因此会吸引更多的机构加入，形成良性循环。

八、钢铁是这样炼成的

1. 数据构成

采用区块链存储业务逻辑时需要将每个业务逻辑按照时间顺序打包为一个区块，存储在链上。区块链数据的存储方式如图4-27所示。

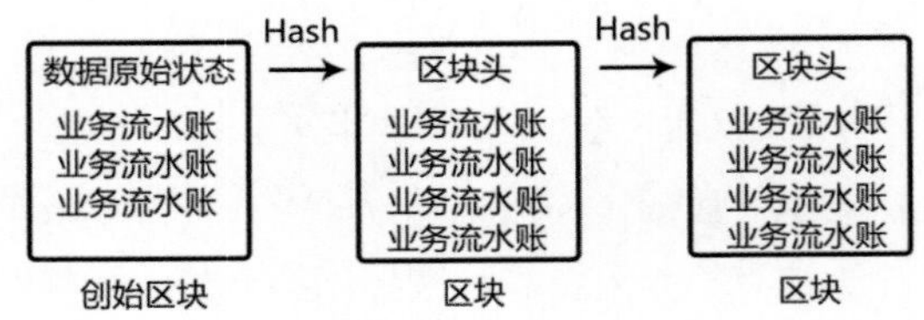

图4-27　区块链数据的存储方式

其中，业务流水账包括以下内容：具体业务流水号、该业务实际发生时间、区块链系统收到该笔业务时间，以及该业务的具体内容。

区块头包括以下内容：该区块打包生成时间、上一个区块的哈希值，以及业务流水账的哈希值等信息。

从数据存储形式看，区块链系统类似一个业务明细表记录系统。通过业务明细表，从初始状态开始按照业务实际发生时间运行一遍所有的业务逻辑，即可得到和主系统同步的系统状态。

运行所有业务逻辑，得到所有账户的最终状态的过程，即区块链清算。我们将区块链的清算结果存储在节点的数据库中，方便查询。数据库中将直接保存用户ID、赔付金额等核心字段信息。由于区块链系统需要等待打包业务逻辑的特性，因此，该数据库中保存的清算结果与主系统中的结果相比可能会有延迟。延迟时间根据实际情况，通常不超过10秒。考虑到保险区别于一般的金融数字化交易，作为一种低频的、复杂的客户交互行为，和主系统相比有一定延迟，是可以接受的。

实际的区块链业务的数据构成如图4-28所示，具体内容如下所述。

（1）用户信息：用户名、年龄、性别、身份证号、社保号码等。

（2）保单信息：用户可以参加多个保险计划，如重疾险和寿险，每份保单对应的相关信息保存在此字段中（内容待定，需要进一步沟通需求）。

（3）上链时间：数据保存在区块链上的时间。

（4）状态：代表用户的状态，根据业务需要，可以规定为有效、失效等状态。

同理，赔付、缴纳保费、费用明细等资金信息流保存在另一条链上，具体构成和内容待定，需要进一步沟通需求。

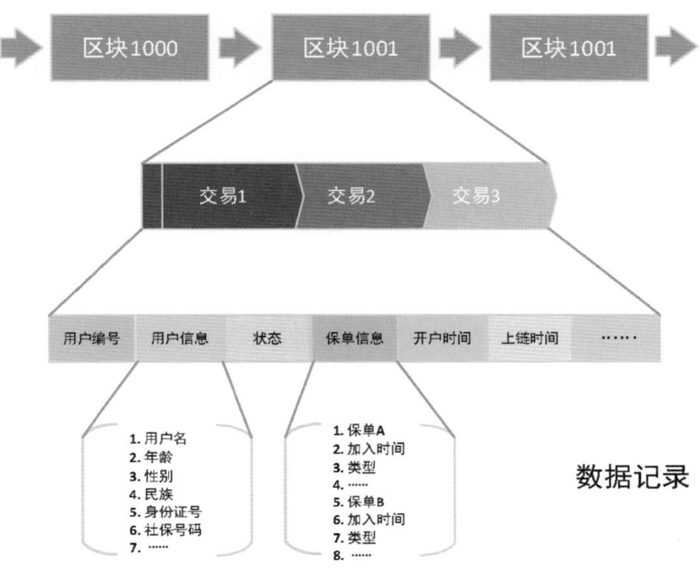

图 4-28　区块链业务的数据构成

2. 逻辑拓扑

区块链仅作为旁路账目存储和分享系统，以保险区块链项目为例，其逻辑架构如图 4-29 所示。

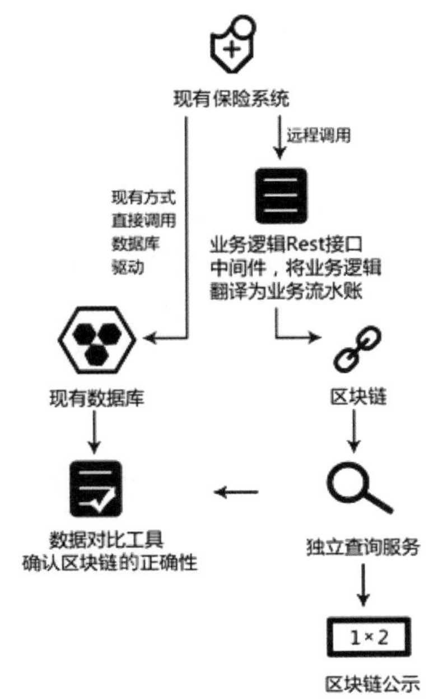

图 4-29　保险区块链项目的逻辑架构

3. 系统规划设计的最终目标

保险区块链项目，不仅是将数字信息存证保存在区块上，更重要的是要达成以下目标。

（1）打通医疗、保险、监管等各个环节，实现真正意义上的医疗与保险业务的信息共享和流通。保险公司利用共享的信息更好地完成保险业务、降低风险和成本，以及更好地开辟新业务，使客户获得更满意的保险服务。

（2）通过智能合约来实现保险业务智能化管理，降低管理成本，实现自动核保、快速理赔的目标，为智能理赔奠定了基础。

（3）通过区块链平台的信息共享，加强医疗机构—保险公司、保险公司—保险公司、医疗机构—医疗机构间的合作。

通过区块链、智能合约而构建起来的“医疗机构—保险公司—监管机构”系统，具备如下能力。

（1）参保人/患者随时可通过区块链平台查询个人信息、参保信息（保险保单）、医疗信息、费用信息等。

（2）各方参与者（参保人/患者、医疗机构、保险公司）可制定策略，以限定自己的信息、医疗信息、医疗费用明细等是否可开放给其他机构或公司。

（3）参保人/患者提交理赔申请后，自动触发智能合约，系统调用医疗机构接口，对参保人的信息、医疗资料、费用信息和理赔资料进行核对。

（4）审核通过后，触发赔付智能合约，保险公司对赔付的钱款进行自动划拨。

（5）区块链系统与第三方医疗—保险统一接口进行对接，区块链中只包含元数据、数字摘要和 URI 信息。

（6）区块链作为信息检索平台，数字摘要负责信息的防篡改，而数据的详细信息需要通过 URI 访问 NEST 接口来获得。

（7）作为开放的平台，接入的系统只要能够和统一接口平台对接，就能访问区块链平台，无须对现有系统做大量的改造。

（8）区块链平台系统，将最终引入监管节点（国家卫生和计划生育委员会）、电子病历中心、众多的医疗机构、保险公司，形成一个完整的“保险—医疗—监管—参保人”生态网络。

（9）证书中心作为核心节点加入这个系统中，系统中各种角色、各类节点所使用的电子证书，都由认证中心机构集中管控和颁发。通过引入权威认证中心，如 CFCA（中国金融认证中心），使得证书的颁发、校验更具备金融合规性，使得电子存证真正具备法律效力。

九、区块链的创世纪

由于保险业务系统已经运行了很久，其系统数据库中拥有大量的历史数据，初始化区块链系统时需要开发专门的工具，直接读取系统数据库中的数据，完成对区块链的创始区块和之后的若干区块的初始化。

进行初始化操作时，有以下两种情况。

（1）如果主系统拥有所有的业务明细日志，并且从系统运行之初就进行了保存，同时数据库没有在主系统外进行过改动，则我们可以将所有的历史业务作为业务流水账批量导入区块链系统。

（2）如果主系统不满足上述要求，那么我们可以将主系统现在的数据表状态作为区块链账目的初始状态，直接在创始区块中创建所有的现有账户及其对应保单等信息。

在进行区块链初始化时，原业务发生的时间将同步保存在区块链中，不会产生混淆。

4.2.5 搭好同心锁——供应链金融

一、初识供应链金融

供应链金融就是通过商业银行的介入，利用核心企业的信用保障，将低成本的资金流引入供应链上下游的中小企业，以解决其资金缺口问题，从而维持整个供应链资金的高效运转。

供应链金融模式的初衷是解决供应链节点企业，尤其是中小企业的资金困境。中小企业受自身的局限性和金融行业的特殊性影响，资金流问题一直是影响其经营的关键因素。中小企业普遍有着强烈的融资需求。

供应链金融是把金融服务在整个供应链链条全面铺开，银行基于对供应链上核心企业的信任，为上游供应商提供应收账款融资服务、为下游经销商提供应付账款融资服务，以及为上下游企业提供其他相关金融服务。供应链上下游企业获得的授信正是通过核心企业雄厚的授信条件及较强的信息整合能力来实现的。在整个供应链条上开展金融服务是商业银行业务和产品创新的一个重要方向。

供应链金融自提出以来就被各方看好。从本质上讲，供应链金融对中小企业更有包容性和开放性，它为解决中小企业的融资问题提供了一个很好的思路。从风险控制方面讲，它把核心企业与配套的上下游企业作为一个整体，把单个企业的不可控风险转化成整体可控的风险，通过这种风险控制方法的创新，**既增加了商业银行的业务规模，又解决了中小企业的流动资金需求，践行了金融服务实体经济的宗旨**。

二、供应链金融并不完美

随着供给侧结构性改革及工业转型的发展，很多企业特别是中小企业融资难、融资贵的问题越来越突出。面对这种情况，国家财政部门为了推动金融业的发展、提升服务中小企业的能力，支持工业有序、良性发展，制定了一系列政策，鼓励供应链金融产业快速、健康地发展。

但在实际业务推进发展过程中，传统供应链金融业务的开展依然存在许多问题，国内的金融机构（包括银行）开展供应链金融业务与国外同行相比起步较晚，国内特殊的商业环境和不断变革的时代新要求使其在应用中面临更多的挑战。

1. 供应链上存在信息盲点

在实际商业运作中，同一个供应链的上下游企业的信息系统是各自独立的。供应商仅给厂家供货，且产品质量应按照指定要求达到相应的标准。供应商或经销商并不愿意开放自己的内部系统给厂家，除非遇到非常强势的核心企业，而供应商或经销商又必须依靠核心企业才能存活。据统计，95%的企业最多提供相应的产品信息或系统字段。

企业之间的系统不互通，导致企业间信息割裂，全链条信息难以有效利用。对银行等保守型金融机构来说，必须尽量保证资金安全，企业的信息不透明意味着风险控制难度加大，因此很多银行机构不敢向这些供应商或经销商直接放款，转而只对核心企业授信，让核心企业提供担保作为向其供应商或经销商放款的前提。

2. 授信企业数量有限

供应链金融都是围绕核心企业供应链两端的中小企业的，覆盖能力有限，很多中小企业由于不在核心企业的两端，因此仍然无法得到有效融资，并且银行的授信只针对核心企业的一级经销商和供应商，二级供应商和经销商则无法获得融资。

也就是说，核心企业的信用不能传递，这种信息“孤岛”现象导致核心企业与上游供应商的间接贸易信息不能得到证明，而传统的供应链金融系统传递核心企业信用的能力有限。

3. 信息的真实性无法辨别

核心企业的信息系统无法完全整合上下游企业所有的交易信息，只是掌握了与自己发生交易的信息，这样一来，银行获取的信息有限，既无法得到更多的信息，又无法辨别获取信息的真伪，无法鉴别核心企业是否与上下游企业合谋造假、虚构交易诈取贷款。

核心企业对供应链的掌控成本随管理范围的扩张而急剧增大，随着产业分工的精细化程度的提高，供应链上企业的数量呈爆炸式增长，在此情况下，核心企业全权管理是不现实的。传统的供应链管理模式通常为核心企业将管理权下放至低一级供应商，这种分层式管理导致了上下游信息不对称问题，核心企业对物流、资金流、贸易流掌控力不足，甚至存在信息篡改风险。

信息不对称会衍生出两大问题，如下所述。

（1）信息的真实性存疑。

金融机构无法正确评估资产、物流信息，也难以界定风险水平，从而不愿放贷，导致企业之间和银企之间出现信任危机。供应链上下游企业之间缺乏信任，将增加物流、资金流审查等直接成本、时间成本；银行对企业的不信任也会增加信用评估代价，导致融资流程冗长而低效。

（2）交易过程不透明、虚构成本低。

尽管供应链金融整合了物流、商流和信息流，但是由于整个交易过程公开得不够及时，银行都是事后才获取到交易信息的，不能及时查看整个交易过程，这种滞后效应同样会制约供应链金融的发展。供应链融资模式的初衷在于能将资金导向真实、高效的贸易中，处于中枢位置的大企业则担负起为相关交易活动增信的责任。当前供应链管理技术的限制使信息的透明度与流通速度不容乐观，加之某些关键技术与渠道可能被上下游企业所掌控，核心企业对其交易的真实性实际上无法提供充足的保障。供应链的信息管理混乱、传递延迟等漏洞也给了企业相互勾结、弄虚作假的土壤，一旦出现问题，举证追责难以进行。低质甚至虚假交易的影响一旦传递给终端消费者，则会对现金流的回收产生直接的负面影响。为降低回款风险，银行将被迫加大投入以验证交易的真实性。

以上问题在很大程度上制约了供应链金融业务的进一步发展，人们迫切需要一种新的技术来解决这些问题。在这样的背景下，区块链技术应运而生。让我们来看看供应链金融全景图，如图 4-30 所示。

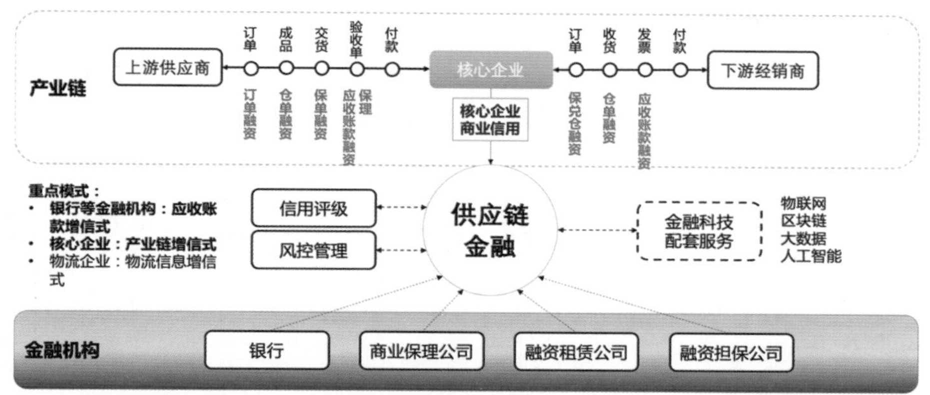

图 4-30 供应链金融全景图

三、"区块链+供应链"金融四大模式

1. 基于实物资产数字化的采购融资模式

这种模式主要应用于大宗商品行业，常见的如钢材的代采模式等。基于区块链的数字仓单方案，针对钢铁公司仓库内的钢铁实物资产设计一种基于区块链的数字资产，利用区块链技术将仓单资产的状态数据实时上链，形成和实体仓储资产流转映射的"数字资产"。图 4-31 所示为区块链应用于仓单质押/融资的场景。

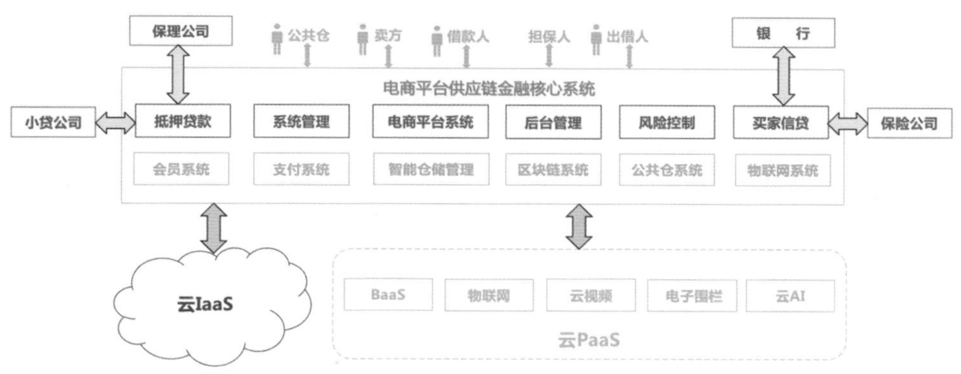

图 4-31 区块链应用于仓单质押/融资的场景

（1）将仓储货物的入库、入库调整、锁定、质押、解押、出库、退货入库等全流程数据第一时间上链，杜绝数据信息造假，使得仓单数据流转自身能形成一个完整的闭环，数据能自证清白。

（2）仓储货物资产数字化后，可以通过密码学技术（如门限签名技术）由多方（如钢厂和金融机构）联合控制仓单资产的状态，从而实现更灵活的动产控制，进而衍生出更多的创新服务模式。

2. 基于核心企业信用的应付账款拆转融模式

区块链在供应链金融场景中应用得比较成熟的场景如图 4-32 所示。通过将核心企业和下属单位的应付账款形成一套不可篡改的区块链数字凭证，在核心企业的内部单位中依照一定的规则签发，具有已确权、可持有、可拆分、可流转、可融资、可溯源等特点。

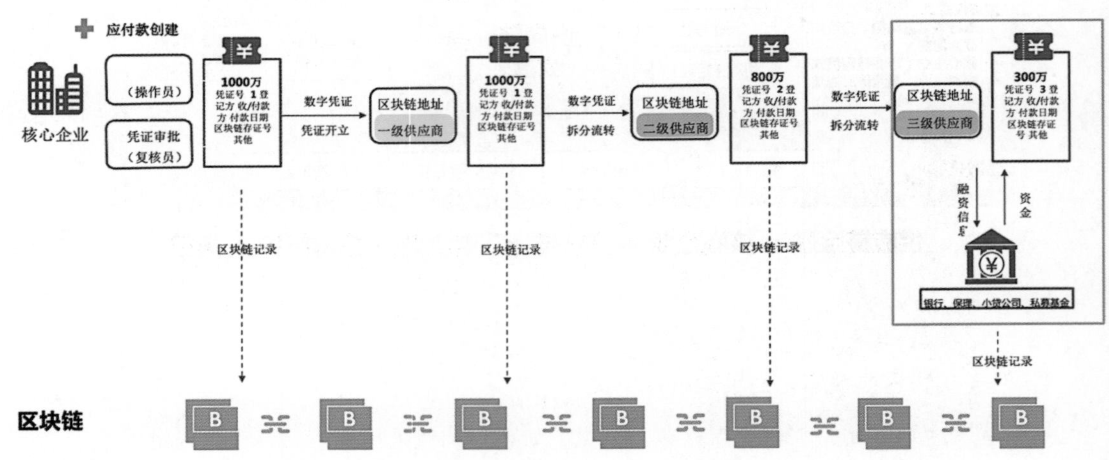

图 4-32 区块链应用于应付账款拆转融的场景

此场景中的区块链方案包括以下几个阶段。

（1）系统对接：金融机构与商业银行签订总对总的整体合作协议，将核心企业 ERP 系统的业务流、合同流、物流、资金流等关键点数据按照时间顺序直接上链存证，由金融机构根据核心企业的资产实力情况给予一定额度的授信。

（2）供应商推荐：核心企业将可能存在应收账款融资需求的 1 级供应商直接推荐给金融机构，由金融机构逐个对供应商进行合规性准入审核；对于金融机构审核通过的 1 级供应商，可以将它的上游 2 级供应商推荐给金融机构，以此类推。

（3）融资申请：在核心企业确认的前提下，已经形成应收账款的 1 级供应商，可以向金融机构申请融资，或者将已确权的应收账款拆分给 2 级供应商。

（4）审核放款：金融机构对核心企业的确权审核无误后，并向供应商收集发票复印件、对账单等相关资料，同时，确认核心企业支付款项的账户为已开设的专项监管账户，并签署合同，便可以开始启动放款流程。

（5）到期扣款：实到资金到期后，核心企业直接将款项偿还给金融机构。

3. 基于多而分散的中小微再融资模式

再融资业务包括商业银行再保理、资产证券化、资产包转让等，具体包括以下环节。

（1）资产形成环节。

资产形成环节具体指客户提出申请、风控审核、与客户签署融资合同、保证金交款，以及应收账款确认的资产形成全流程。通过区块链浏览器，可使相关上链节点数据可视、可信化，审计方核验时，可通过哈希值比对的方式来确认数据文件信息的真实性，如图 4-33 所示。

序号	类型	内容	HASH
1	会员ID	公司	ea723....
2	会员ID	法人	eb593....
3	会员ID	历史交易	ec792....
4	会员ID	平台注册	ed853....
5	合同	框架合作合同	ee833....
6	合同	采购文件	ef135....

图 4-33 区块链数据结构

（2）资产包筛选环节。

对于满足集中度、审计等方面要求的资产，将被打包到轻节点 SPV 里（可验证某笔交易是否存在，但不能验证交易的合法性），拟通过将筛选过程进行上链存证，增加筛选环节的透明可视性，打造成相关方都能认可、查验的筛选流程。

（3）资产审计环节。

资产打包环节需要经过相关审计机构的严格审计。例如，律师事务所需要对资产包情况出具法律方面的专业意见，会计师事务所需出具财务方面的专业意见等。基于可信的区块链资产，对资产数据与债项主体数据进行一定程度的共享，有助于促进相关方的审计流程。

（4）资产发行销售环节。

基于区块链可信环节的证券化资产信息，资产的相关数据信息公开、透明化，有助于提升销售环节对投资者的吸引力，提升投资者的认购率水平。

（5）资产二级流通环节。

基于区块链智能合约技术对资产的表现情况进行实时的追踪、展示，可及时反映底层资产的表现情况，如底层客户的经营信息、还款情况及业务信息等，有助于人们根据资产情况的变化来调整资产价格的变动。同时，也便于监管部门进行针对 ABS 底层资产的穿透式管理，降低因人工干预造成的业务复杂度和出错概率，显著提升现金流管理效率。

4. 基于历史数据/中标通知书的订单融资模式

针对供应商采用赊销方式进行货物销售，订单融资模式往往可以解决供应商资金回笼的困难。该模式的风控要点在于判断供应商是根据中标通知书产生的订单，还是基于历史数据产生的交易。

一种情况是，基于核心企业采购/政府采购的业务，往往通过区块链将中标通知书存证的方式来解决项目的真实性问题，如各地政府公共资源交易中心主导的区块链中小微企业融资平台，通过将中标通知书的核心数据不可篡改地上链，体现中标金额、交付周期等重要事项，从而为金融机构给中标企业的授信融资提供场景支持。

另一种情况是，将供应商历史的过往销售数据进行不可篡改的上链存证，通过趋势分析等手段判断出这一时期可能发生的供应规模，并以此为依据，作为授信支持等。

（1）供应链信息透明化。

供应链上存在很多信息“孤岛”，这种企业间信息的不互通制约了很多融资信息的验证。例如，多个主体使用的供应链管理系统、企业资源管理系统、财务系统等所属厂商、系统版本不同，导致系统难以对接，即便对接上了，数据格式、数据字典不统一等也会导致信息难以共享。

而通过区块链技术解决信息“孤岛”问题，多个利益相关方可以提前设定好规则，实现数据的互通和信息的共享。区块链核心是分布式记账数据库，给予参与方对于信息同等的权利，任何一方均有权查看所有信息但无法进行修改或删除。去中心化、透明可视化、不可篡改和可溯源等特征，使区块链成为支持供应链金融变革升级的有效技术手段。

在传统供应链管理中，分布在供应链各节点的生产信息、产品信息及资金信息是相互割裂的，无法沿供应链顺畅流转，缺乏围绕核心产品建立的信息平台。而区块链技术支持多方参与、信息交换与共享，能促进数据民主化、整合破碎数据源，为基于供应链的大数据分析提供有力保障，让大数据征信与风控成为可能。

区块链加持的意义不仅在于加快信息流通效率，而且要有效保证数据质量，保护数据的隐私。透明化贸易流、资金流和信息流并不等同于彻底披露所有数据，加密算法可确保各供应链参与方的隐私，如核心企业向供应商发出已收货信息时，并不会向系统中其他企业透露供应商的信息，以确保数据的客观性。

共同信息平台可解决供应链溯源问题。生产过程、物流运输和终端销售等环节的信息需求均可从平台上快速获取，使交易路径一目了然，各节点的连接关系更加透明化。这不仅可以加速产品信息的流转、降低审计成本，而且有助于责任追溯、降低违约风险，保证金融风控、业务顺利进行。

（2）传递核心企业的信用。

根据物权法、电子合同法和电子签名法等，核心企业的应收账款凭证是区块链上可流转、可融资的确权凭证，使核心企业的信用沿着可信的贸易链路径传递。基于相互的确权，整个凭证可以衍生出拆分、溯源等多种操作。

区块链去中心化和不易篡改的特性解决了供应链链上交易数据信息的真实性问题。在实际操作中，核心企业往往引入 ERP 系统作为自身的财务信息管理系统，**尽管 ERP 系统中的数据不易篡改，但是商业银行依然担心核心企业与供应商或经销商私下存在互相勾结、篡改交易数据信息的可能性。**

而区块链技术具有一致性、不易篡改、去中心化的特性，且区块链上的数据都带有时间戳且具有不重复记录等特性，即使能篡改某个节点的交易数据，也会留下痕迹，容易被发现，这就解决了银行对信息被篡改的顾虑。

因此，商业银行将区块链技术应用到供应链金融业务中，可以直观、方便地查看贷款企业每一笔交易的情况和资金的去向，大大节省了人力等成本，提高了监管效率。

（3）丰富可信的贸易场景。

银行需要可信的贸易场景，由于中小企业无法证实贸易关系的存在，在现存的银行风险控制体系下，难以获得银行的资金。同样，银行业也无法渗入供应链进行获客和放款。区块链可以提供可信的贸易数据。

例如，在区块链架构下提供线上化的基础合同、单证、支付等结构严密、完整的记录，提升信息透明度，实现可穿透式监管。采用区块链技术在审查阶段可保证数据来源的真实性与完整性，便于核对背后交易是否真正进行，保证流转凭证可靠。在贷后风控阶段，持续更新的数据流为后续追踪企业运营提供支持，令虚构交易与重复融资等行为无所遁形。区块链应用能赋予供应链金融更高的安全级别，消除金融机构对企业信息流的顾虑，在一定程度上解决了中小企业无法自证信用水平的问题，并将供应链上下游企业的信息流、资金流和贸易流数据整合上链。

（4）管控履约风险。

合同履约并不能自动完成，很多约定结算都无法自动完成，尤其在涉及多级供应商结算时，不确定性因素会更多。利用区块链技术可以实现合约智能清算。

虽然基于智能合约的自动清算能减少人工干预、降低操作风险、保障回款安全，但仍存在很多人为主观因素。例如，核心企业的权力部门负责人对供应商提出非法要求等，技术尽管能解决很多问题，但仍需要社会监督来实现相对公平的商业经营环境。

智能合约被看作区块链最有价值且最易在商业场景中普及的重要发展方向。它封装了若干状态与预设规则、触发执行条件及特定情境的应对方案，以代码形式存储于区块链合约层，在达到约定条件时，自动触发预先设定的操作。

只依赖于真实业务数据的智能履约形式，不仅保证了在缺乏第三方监督的环境下合约得以顺利执行，而且杜绝了人工虚假操作的可能。在条件确认阶段，基于区块链上实时更新的价格、质量信息，在核查外部各方的业务信息流并判断交易达成后，智能合约即被激活并执行。与此同时，通过物联网对质押物进行追踪，监测价格动态变化并设置不同的自动应答方案以控制市场风险。在合约执行后续阶段，也可利用去中心化的公共账本、多方签名技术加强资金流向管理与回款监控。

（5）实现融资降本增效。

融资难、融资贵现象突出，在目前赊销模式盛行的市场背景下，供应链上游的供应商往往存在较大的资金缺口，如果没有核心企业的背书，则他们难以获得银行的优质贷款。而区块链技术可以实现融资降本增效。核心企业的信用传递后，中小企业可以使用核心企业的信贷授信额度，获得银行低利率的融资。**制约融资效率提升的因素大致包括前期审核与风险评估、业务多级登记审批、打款手续冗长等，且各类费用高昂，进一步提高了中小企业的融资成本、降低了融资效率。要打破传统融资模式的弊端，就要从成本节约及运营速率提高两端同时发力**，如图 4-34 所示。

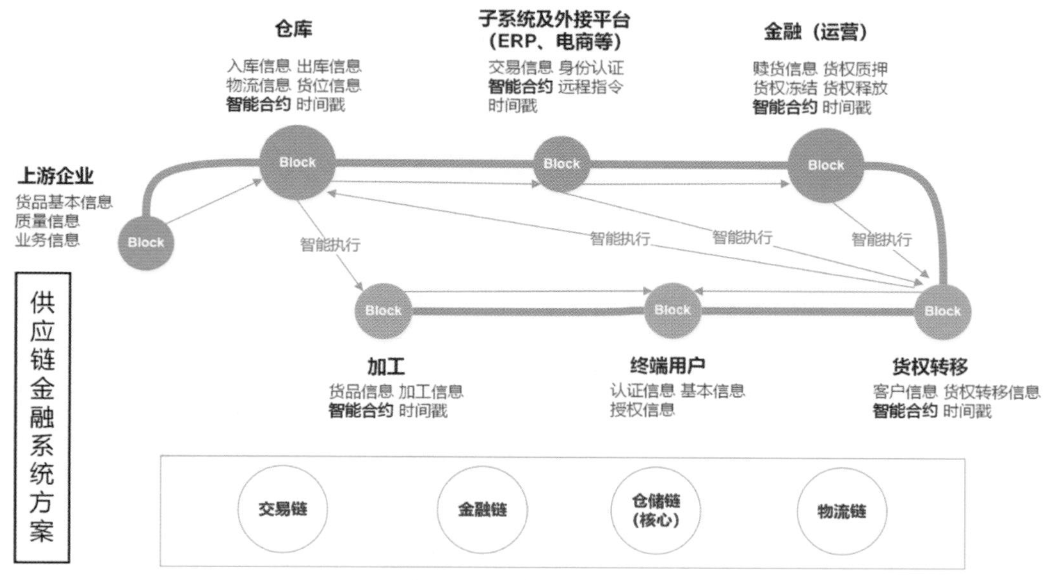

图 4-34　区块链融资应用

区块链的公开、透明性能够使核心企业与上下游企业开展业务时减少信任建立过程所需的试探性交易，降低沟通成本，提高商业协作效率。供应链一体化推进了企业对于客户需求快速应答机制的改善，还能防止库存管理混乱、采购运输中断等严重阻碍贸易进程的问题。

同时，对银企融资合作双方而言，风险评估成本也能大大压缩。简化传统信用评估步骤、删除由于信任危机增加的核查程序，缩减时间成本与资金成本，并通过连锁反应最终提升融资效率。就运营速率而言，所有实物产品与纸质作业均可数字化，如数字化作业系统、数字化档案和数字化信用体系等，为业务实施过程节省时间。

采用智能合约将降低人工监督成本，并可在独立于第三方的前提下自动执行，紧密对接业务流程节点，简化运作程序。相应地，基于上述交易的贷款审核、发放效率也将得到显著提升。

当前，区块链应用于供应链金融尚不具备完善的生态体系，除了要设计合理的激励机制吸引参与方，区块链技术在供应链金融领域的实践还需要进行全方位的布局，包括技术研究、商业模式探索、落地场景、标准化工作、配套设施、金融监管与法规等。

总之，供应链金融是区块链技术的重要应用领域，供应链金融与区块链天然契合。然而，对于区块链技术在供应链金融领域的运用，我们应当理性看待，在研究创新的同时也要保持理性，切忌跟风忽悠，要注重实践并积极实现落地。

4.3 NFT 热潮退却下的冷思考

区块链领域总是不乏热点，各类空气币、ICO 等可是风光无两，大有“你方唱罢我登场”之势。然而，这种“虚火”虽然来势汹涌，但冷却离去得也快，很快就乏人问津了。在诸多备受追捧的概念中，非同质化代币（Non-Fungible Token，NFT）与以往备受诟病的各类空气币和“不靠谱”的 ICO 不同，NFT 绑定了货真价实的“实物”，虽然这种“实物”并非触手可及的实际物品，而可能是某种数字化资产或无形有价的知识产权，但这毕竟向真实世界及物有所用的方向迈出了坚定的一步。

以太坊上的加密猫（CryptoKitties）也称以太猫、虚拟猫等，如图 4-35 所示。这款游戏，曾在 2017 年“火爆”，其中一只代号为“Dragon”的基因优秀的猫更是以 600 个 eth（以太币）成交，以当时的以太币价格计算，相当于一百多万美元。这款游戏在巅峰时期日活过万，甚至因此导致了整个以太坊的拥塞，可仅仅过了半年多，这股热潮就迅速回落。到了 2018 年年底，其日活仅有几百，而曾经高不可攀的“高冷”猫咪，价格也变得平易近人，几十美元便可购买一只普通的数字猫咪。如果把加密猫看作 NFT 1.0，那么我们可以看到其在商业逻辑上还存在诸多缺陷和不足。在随后的两年中，随着第一代的 NFT（CryptoPunks、CryptoKitties 等）的沉沦，一些产品相继变得销声匿迹。与此同时，NFT 相关的生态却得到了持续、蓬勃的发展，以 OpenSea 和 SuperRare 为代表的 NFT 二级市场交易商引领着 NFT 进入 2.0 时代，DAO（Decentralized Autonomous Organization）的持续发展，以及 DeFi（Decentralized Finance）概念的出现，都促使着整个社区的前进，让数字资产交易终于在商业逻辑上形成了一个完善的闭环。2020 年，NFT 终于迎来了春天，进入全面爆发时代，至此其发展也进入快车道。在市场方面，数字资产的发行及各类相关交易出现异常的繁荣；在概念层面，NFT 的进化使之成为 GameFi、Web 3.0、元宇宙的重要组成构件；在技术层面，NFT 演化出了 4 个层面，即基础设施层、项目创作层、交易流通层、衍生应用层，使得整个生态结构更加完善，如图 4-36 所示。

图 4-35　加密猫

图 4-36　NFT 生态结构图

NFT 的出现确实带火了数字资产的交易，从进步的意义来看，NFT 确实拓展了数字资产交易的可能性，并且让数字资产交易更加便利。无论何时何地，也无论英雄的出处，任何人的创意，不管大小、高低贵贱，都可以在一个扁平化的市场上去兜售自己的 IP（知识产权）。这样繁荣的市场，反过来会更加促进和刺激知识产权的创造者提出更多的创意。但从另外的角度来看，往往“成也萧何，败也萧何”，NFT 亦不能免俗。受到追捧、热炒后，缤纷的乱象开始显现，如本来并不具备特殊艺术性的数字作品被“炒”成了天价，完全背离了其基本价值，这类人为地制造稀缺性，而缺少实际艺术价值的数字标的，正印证了当下流行的一句话——“站在风口，猪都可以飞起来，可当潮水退去时候，才知道谁在裸泳”。

在笔者看来，当下各类曾被炒作的区块链概念，正不断地轮回着同样的误区，即通过人为地制造稀缺性，再利用人性中趋利的弱点及公众的盲从性，来产生各种各样的热点，而这类热点往往又成为别有用心之人的“割韭菜”项目。另外一个明显的“硬伤”是，公链上所谓的各类 NFT，其交易本质是离不开数字货币或虚拟代币的。在这里我们需要强调的是，**我们必须旗帜鲜明地反对各类虚拟代币/加密数字货币**。NFT 在经历过辉煌后，从 2022 年 2 月开始，各类数字资产的价格和热度一路走低；到了 2020 年 6 月，各类 NFT 的价格更是一落千丈，

NFT 平台的日均交易量只是最高峰时期的 1.5%。繁华的泡沫破灭之后是落寞，那么 NFT 该何去何从呢？

4.3.1 敢问路在何方——NFT 的未来之路

如何让 NFT 走一种理性而又健康的发展路线，如何让 NFT 能够真正地融入我们的社会生活中、融入经济活动的生产中去，并且促进文化产业和金融产业的发展，实现强者恒强，这些都是我们亟待面对的现实。在笔者看来，对于 NFT 目前所面临的问题和乱象，还需要解决好如下问题。

一、NFT 如何解套虚拟数字货币

NFT 在国内通常翻译为“非同质化**通证**”，但从更大世界范围来看，特别是在公链社区和币圈，更加恰当的称谓为“非同质化**代币**”。一词之差，有什么不同呢？

答案不言而喻，由于在国内虚拟数字货币/代币既不合规也不合法，这一称谓通常是为规避政策方面的风险而主动进行的“避嫌”，以免让人有一种先入为主的印象——和实际的数字货币挂钩。但仅仅是名词称谓上的不同，那就只是文字游戏而已，NFT 要切实地与虚拟数字货币/代币进行切割，还有更多的路要走。

那么，应该如何处理，如何操作呢？

首先，发行的 NFT 必须彻底与以太坊等这样的公链脱钩；其次，发行 NFT 时和 NFT 交易过程中不能出现任何虚拟货币和代币。替代的解决方案是，NFT 可以依托于无币化的联盟链发行和交易。这也是目前国内大多数 NFT 的常规操作。例如，腾讯的幻核、阿里巴巴的鲸探、京东的灵稀等，其大体思路和模式正是如此。但仅仅做到上述内容就能完美地避开虚拟货币了吗？答案当然是不能。笔者认为，这样的操作也只是必要条件，而非充分要素，要完全符合要求，还需要走更长的路。这是因为，即便 NFT 不是依托于公链来发行的，也避免了借助虚拟货币进行交易，**但作为一种数字资产标的，其仍然可以作为一般等价物进行交换和炒作，而这似乎与私人化的虚拟货币只有一线之隔**。

巧合的是，2021 年 10 月，网传监管部门加强了对中国互联网企业发行 NFT 及建立 NFT 平台的监管力度，随后各大互联网公司在其产品中纷纷删除了 NFT 字样，而改名为“数字藏品”。2022 年 8 月，腾讯旗下曾经火爆的 NFT 明星产品“幻核”更是宣布关停。以上林林总总，都在说明 NFT 无论如何更名，实际上仍然处于法律和监管的灰色地带，尽管国内目前尚未将 NFT 列入虚拟货币的范畴，但 NFT 交易容易引发的炒作风波，仍然存在较大的金融风险和触发群体事件的可能性。

为了让 NFT 能够真正解套虚拟数字货币，避免作为数字等价物被炒作，让其走入健康发展的道路，NFT 及相关产业及政策还需要调整，其核心原则如下所述。

1. 实现全面的监管

俗话说：“不以规矩，不能成方圆。”对于备受争议的 NFT 产业更是如此，必须建立起行业准入规则，正如金融市场中对企业资质所要求的那样，经营发行 NFT 的企业需要牌照，二级市场平台经营者同样需要牌照，企业必须对自己的行为负责、对所属的交易负责，随时接受相关监管机构的监督和管理。

2. **规则的建立和完善**

行业同样要有健全的制度，如果说实现监管是从更上层的角度进行管理，那么行业的规则建立相当于产业的自律性政策。正所谓“国有国法，家有家规”，产业中的企业必须建立起完善的规则，并接受司法机构的督导和行业协会的引领。例如，NFT 的发行过程和交易规则必须公正、公开、透明；NFT 产品的发行要进行备案，同时所有的交易行为必须处于阳光之下，不能有暗箱操作的空间。

3. **法律的界定和授权**

NFT 作为新生事物，出现了很多现实的新问题，在法律法规的某些方面还存在空白。特别是在数字虚拟财产的交易方面，相关的法律还存在一定的滞后。但是我们也要看到，我国作为全球最大的发展中国家，在法律法规的跟进方面能够做到与时俱进，走在了世界的前列。我们有理由相信，相关立法、司法、执法机关，能够更上一层楼，实现在法律层面对 NFT 进行更加完善的界定，保护公民的利益和私有财产。

4. **切断作为一般等价物的可能性**

为什么要排除 NFT 作为一般等价物？这是斩断其与虚拟货币之间的联系，或者避免其直接成为代币替代品的最后一个环节。首先，在法律层面将 NFT 作为虚拟财产界定清楚，并对相关交易规则和方法进行解释，避免了法律方面的歧义，规避其作为一般等价物的可能性。有法可依之后，便可将规则落地，各类 NFT 的发行商可以对旗下的产品进行规范，NFT 的二级交易平台更能够对其上的交易进行约束，让其成为真正意义上的“数字藏品”或“数字资产”而进行交易，避免其作为等价物实现“物”“物”交换。这样，交易媒介必然只有法定的货币——人民币。

5. **避免炒作**

避免炒作和“NFT 如何解套虚拟数字货币”又有何干系呢？其实无论法律方面如何界定、平台方如何建立规则并进行约束，我们依然无法避免私人之间线下的场外交易，这样的交易有可能存在不合法的玩法，使 NFT 作为代币或一般等价物而存在。不知大家是否听过这样一句话：“当存在百分之一百的利润时，有些人就会铤而走险，当存在百分之二百的利润时，有些人就可以蔑视一切法律。”因此只要存在炒作的空间，就避免不了这样的“暗网”或私下的操作。有一些不怀好意的人会为了攫取利益而设局，针对这些人当然需要加以重罚以惩前毖后，但仍然存在一些区块链技术的拥趸们对这种炒作操作不以为意，甚至乐见其成，认为这样的炒作可以快速达成一种技术或一种现象的普及和推广。但是从长远角度来看，这样急功近利的做法只会妨碍技术的发展，以牺牲其长远利益而换取眼前的利益，无疑是一种杀鸡取卵的策略，我们在区块链领域见到过太多“早衰”的概念和现象。那么，我们应如何避免炒作这样的情况呢？

二、NFT 如何避免炒作

NFT 未来必然要走上一条稳重而健康发展的康庄大道。可以预料的是，NFT 未来会成为元宇宙和 Web 3.0 等技术的重要基石。但在达成目标之前，必须避免揠苗助长式的炒作，笔者试图从以下方式和方法中寻找答案。

首先，对于法律、法规和监管层面，虽然前文已经进行了详细的论述，但需要补充的是，在监管层面仍有很多的工作要做，除了对违法、违规行为施以重拳，还需要在资产交易层面进行监管，并对个人或公司的银行账户的大宗转账和支付等行为进行监测。在大数据和人工智能无处不在的今天，这类私下交易非常容易触发银行侧的风险控制规则，从而对其进行精准地管控，这将补齐最后一道金融风险的防线，可谓“釜底抽薪”之计。

其次，对于 NFT 等数字资产交易中获得暴利的情况，目前在税收环节上仍然存在着漏洞，如果能够补齐这一块的缺失，则其与银行监管就自然地一同成为金融防控中的“一体两面”，形成完美的闭环，个人或企业想通过炒作 NFT 来获得暴利将更加困难。但这无疑增加了成本和风险，懂得趋利避害的理性的行为个体，必然会权衡利弊，避免落入被“割韭菜”的陷阱，可谓“关门捉贼”之计。

再次，从更加积极的角度来看，只要存在充分的市场竞争，就没多少炒作的空间。以往 NFT 更多以人为制造稀缺性来达成炒作的目的，如部分朋克图片（见图 4-37），动辄炒作到几十万甚至上百万美元，这不仅是缺乏理性的行为，其背后还有着深刻的市场及经济学因素。个人电脑刚刚推出时，虽然具有划时代的意义，但能够生产个人电脑的公司并不多，成本也极其高昂，彼时个人电脑更像是富裕家庭的玩具，而后经过随后十几、二十年的发展，之前高不可攀的产品早已经“飞”入寻常百姓家了。此时的个人电脑不仅成本低廉，价格也非常透明，个人电脑的生产已经全面进入了微利时代，这就是充分的市场竞争所带来的好处。针对 NFT 等数字资产，首先需要在政策层面避免出现行业垄断，这也恰好切合目前政策风向的主流。针对互联网平台的反垄断措施，对 NFT 来说也是有效的，可谓“隔岸观火”之计。

图 4-37 CryptoPunks 的 NFT 图片

最后，如上内容更多针对的是市场中的裁判员角色，那么针对市场中的运动员角色——参与者，在市场方面如何推动这种充分的市场竞争呢？例如，假设腾讯游戏推出某爆款游戏的 NFT（道具、图片、音乐等数字知识产权），那么它通过限量发售的方式，市场是没办法摒除这种垄断行为的，政策和法规仅仅限定的是大方向的内容，针对细节的操作，政策无法触达也不应该去做限制，否则就有行政干预过度的嫌疑而违背了市场经济的原则。这方面的缺憾，在笔者看来，是因为目前 NFT 还处于市场竞争的早期阶段，还缺少这样充分竞争的手段和方式。但是我们也不用气馁，因为我们从一些创新型的理念和产品中已经可以看到了解决问题的曙光。例如，《我的世界》（Minecraft），就是一款去中心化的元宇宙游戏，虽然微软拥有这款游戏的版权，但它更多扮演的是一个维护者、经营者和游戏开发者的角色，提供了一个大的平台，任何人都可以创造一个属于自己的元宇宙，任何人和任何公司都可以开发这款游戏的第三方模组供所有游戏的玩家来使用。第三方模组如果放在更大的层面来看，把它变成 NFT 产品，就形成了非垄断而又充分竞争的数字资产。如果说《我的世界》是开放游戏 1.0 的话，那么 Roblox 游戏平台就可以称为开放游戏 2.0，它让我们看到了更大的希望。Roblox 可以看作一个在线游戏创作平台，即参与者既是游戏的创作者也是游戏的玩家，就类似于抖音，每个用户既可以是视频内容的观看者，也可以是视频内容的创造者，这样一个高度可定制化的平台，吸引了至少 500 万名以上的青少年开发者，月活跃度玩家更是过亿。不同于《我的世界》的是，Roblox 不仅提供更加开放的编程接口和工具，还为游戏的创作者提供了获利方式。例如，一位 17 岁的立陶宛少年在 Roblox 上开发的游戏《Mad Paintball》，使其累计获利十多万美元。这激发了人们更大的想象空间。推而广之，如果未来更多的爆款游戏，游戏公司开发的只是游戏平台，而道具和数字资产是由游戏的参与者创造的，则更有利于游戏不断焕发新的生机，类似于 iOS 或安卓平台，苹果或谷歌开发的仅仅是操作系统和基本的工具，给手机带来更大功能和生命力的则是各类 App 软件，这也是 iOS 能够在十多年前颠覆如日中天的诺基亚的根本原因。我们有理由相信，未来的某一天，游戏界也会出现这类产品和公司，让各类 NFT 数字资产不仅能得到市场的检验，更能充分体验到市场竞争，可谓“树上开花”之计。

最后，在 NFT 二级市场的交易环节，仍然需要一些有技巧的技术手段（暗拍）来避免炒作的发生。现有的 NFT 交易平台采用的是艺术品、古董市场中常见的明拍模式（如嘉仕得圆明园兽首拍卖），不同的买家不断喊出新的高价来赢得竞争，最终的胜利者的喊价最高且无人跟拍，从而获得标的的最终所有权。这种方式极易造成哄抬物价、追逐爆点等不理性的群聚效应。在笔者看来，在此市场中，采用暗拍的方式能更合理地解决这一问题。暗拍是指买家只进行一次报价给“中介”（公正的裁判员），而买家之间并不知道相互间彼此的报价，最后仍然是价高者得，可谓“暗度陈仓”之计。

需要说明的是，暗拍模式是在欧美的二手房交易，以及二手汽车销售等领域常见的一种售卖模式，这种交易过程通常称为“Bidding”。因为在暗拍中买家只有一次报价机会，没有不断哄抬价格的机会。事实上，我们从无数的案例中可以看出，最终的价格往往会进入一个比较合理的价格区间，会遵循市场经济的规律。当然，未来对 NFT 的定价，不仅仅只有拍卖的一种渠道，也可以像商店中陈列的产品一样采用明码标价方式，这种方式更加适合门票、兑换券、购物券等数字资产。总之，不同类型的 NFT，也应该有着不同的策略，让我们广开思路来平抑物价，通过多种方式来避免非理性的炒作，可谓“抛砖引玉”之计。

三、如何建设具有合法性的 NFT

在上一节中，我们对 NFT 的相关法律问题进行了简单的讨论，但那只是针对从法律层面如何防止 NFT 的炒作角度进行的论述，如果从未来发展的角度来看，其中仍然有一些法律问题亟待解决。首先，对于 NFT 发行平台和 NFT 的二级交易平台，需要类似金融机构的 KYC（Know Your Customer）的登记机制，即对注册人进行实名认证，如果行为个体是公司，那么平台同样有义务对公司主体进行核实验证，这是能够开展法律监管的基础要素。试想，如果平台上的用户完全匿名，即平台方不清楚自己的客户是谁，那么相关法律责任将无法落实。这样，每个行为主体都会充分认识到自己的责任与利益，无论是发行 NFT，还是对 NFT 进行交易，都在法律的监督下进行。

如果我们购买了一款 NFT，那么作为数字资产，我们拥有的是使用权、物权，还是知识产权呢？从目前的情况来看，无论是腾讯还是阿里巴巴的“数字藏品”，都明确界定了买家既不具有“数字藏品”的任何知识产权，也不具有更多衍生的使用场景，这类所谓“数字藏品”是真正的“藏品”，只能作为收藏而没有任何的使用价值。这无疑大大限制了 NFT 的使用，也制约了 NFT 的发展，但这种限制方式对于早期的 NFT“试水”、探索来说也无可厚非。如果我们着眼于更大、更多的场景，则必须为NFT在法律层面勾勒出明晰的发展路径。首先，NFT的类型各不相同，早期的尝试中多为图片类NFT，而对于有着更大野心、要锚定数字资产的NFT来说，未来还有其他类型的赋能，如域名、门票、兑换券、票证、债券、游戏道具或装备、各类软件的素材库、音乐、影视、文章、其他文艺类作品等。它们各自有不同的属性、不同的用途，不能简单地和图片这类NFT等同地一概而论。例如，如果域名的交易借助了NFT，那么成功的购买者一定拥有对该数字资产的所有权及处置权，这类数字资产更类似于真实世界中的实际物理物品。再如，对于IP类的交易，NFT要能赋予购买者该知识产权。涉及这些不同的数字资产类型，需要在法律层面进行针对性的定义，并对交易规则和属权进行解释，这都需要我们共同参与并推进。

最后，NFT作为新生事物，还处于快速发展的进程中，无论是在技术层面，还是在商业层面，我们很难预料到未来是否还会出现一种全新的“玩法”，届时也需要法律工作者能够与时俱进，快速界定新事物的责、权、利与规则，在法律层面给出明晰的定义。

四、NFT如何满足个性化的需求

从发展的角度来看，目前的NFT特别是图片类的NFT还缺少灵活性和拓展性。对于只能收藏，而没有其他用途的图片，其全部的价值就取决于其艺术性和可观赏性。那么，问题来了，我们可以花大价格去购买凡·高的真迹作品，这是因为其有收藏价值，但这并不妨碍我们将凡·高的作品拍成高清照片或做成画册的方式惠及普罗大众。而NFT图片本身就是一种数字作品，如何能保证其唯一性和所有权确实是一个问题。如果人人都可以浏览该图片，那么它的所有权又有何意义呢？如果不允许人人浏览该图片，而仅凭文字描述，那么该作品又如何能够获得公众的认可呢？这显然陷入了一种自我矛盾之中。因此，笔者认为，NFT的未来并不是这种数字作品，NFT的未来发展之路一定是“产以致用”，即产品的目的就是更加便捷地去使用。

我们都清楚，互联网如今存在大量的素材库类的网站，消费者可以选择购买图片、视频、音乐来构建自己的新作品。例如，我们可将购买的风景图片作为PPT的背景，将购买的音乐作为拍摄抖音视频的BGM（Background Music）。未来我们可以用NFT去接管这样交易，好处是让NFT的数字资产处于更好的市场环境下，实现优胜劣汰，扩大优质作品的销路，同时也可以对用途做更加精确的划分，实现卖家与买家的双赢。反过来从技术层面看，目前NFT的“玩法”还非常单一，不存在“一对多”的情景（一个数字资产的使用权可以售卖给多个人），更不存在属权分割的情况（一个数字资产的所有权可以分割给多个人），这都要求从业者能够充分发挥想象力，在NFT领域开发出多用途的策略。

4.3.2 与NFT相关的若干技术问题

一、区块链暗拍的实现

在上一节中，我们讨论了暗拍在NFT发展中的积极作用，并从商业的角度进行了分析。本节则侧重从技术层面介绍如何利用区块链技术实现数字资产的暗拍。这里对暗拍的逻辑和过程再做一个较详细的说明。

首先，卖家可以设定一个最低价格（也可以不设定），然后发布相关数字资产及资产说明，并指定拍卖的时间。如果不指定时间限制，则取系统默认的拍卖时长。其次，NFT二级交易平

台商发布该数字资产，并对其进行宣传（根据商业条款或佣金比例等条件来决定）；买家看到相关推广后，在规定时间内纷纷投注报价，如果卖家有底价的限制性要求，则买家需要高于底价进行报价，否则视为无效报价，最重要的是买家的报价是一次性的，且看不到其他人的报价。再次，到达截止日期后，正式开标，报价最高的买家获得该数字资产。最后，买卖双方签订协议，数字资产正式归属于拍卖成功的买家（此过程一般为自动化实现）。整个交易过程并不复杂，但因为是一次性报价，所以不会有明拍中不断报价追涨的行为。从博弈心理学的角度来说，暗拍中的买家更倾向于报出自己的心理价位，虽然在某些特殊的情况下，暗拍有可能卖出比明拍更高的价格，但大量的事实证明，绝大多数情况下暗拍能够抑制热炒及哄抬价格的可能性。

虽然暗拍这种模式在拍卖类的互联网交易平台中早已存在，但借助区块链将更具公正性和权威性，买家们的报价以存证的方式存储于区块链，并由智能合约（Constructor）来自动触发及判断开标结果，使数字资产凭证可以和区块链做无缝对接，如图 4-38 所示。这是以往传统平台所不具备的优势。

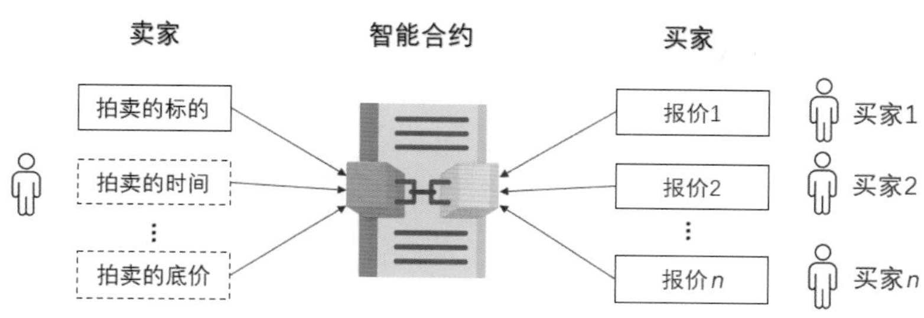

图 4-38 暗拍的智能合约输入

最开始卖家发起拍卖，此时相当于初始化智能合约，将拍卖的标的、拍卖时间（拍卖的期限）、拍卖的描述、拍卖的底价等输入智能合约，此处的拍卖时间和拍卖底价是可选的，这些内容将上链保存。这部分的伪代码如下所述。

```
contract Bidding{
...
 constructor(                //智能合约 Bidding 的构造函数
  unit _nft_Id,
  address _nft,
  uint _duration,
  uint _starting_Price
 ) {
   判断_nft_id 和_nft 是否有效，无效则返回错误；
   判断_duration 是否为空，如果为空，则设置默认值为 7 天；
   _duration 不为空则设置准备上链的数据为输入值_duration;
   判断_starting_Price 是否为空，为空则将准备上链数据设置为 0;
   _starting_Price 不为空则设置准备上链数据为_starting_Price;
   将以上数据存储到区块链中；
 }
```

由于上面的只是伪代码，简化了很多内容，在实际的智能合约的代码中，我们还需要对输入值的有效性进行非常必要且严格的检查，否则会造成智能合约的安全性问题。另外，简化的内容是，真正的开拍起始时间为 block.timestamp，即上链时间；结束时间为 block.timestamp + _duration，即开始时间加上拍卖时长。此后，交易平台启动开拍过程，发布相关消息。当买家浏览到中意的 NFT 后，开始一次性报价，平台需要判断买家的报价是否高于卖家的底价，如果为有效值则生效并上链保存，等待拍卖结束。由于这部分内容和上述伪代码类似，在此不再赘述。

这里比较有趣的地方在于，虽然智能合约是允许的程序，但无论是公链还是联盟链，目前智能合约都是只能运行在“沙箱”中，既不能访问存储、网络等外部设备，也不能访问计算机的时钟（无法调用操作系统的时间函数），因此智能合约是没办法做定时器的。那么，开拍时间到达以后，智能合约是如何定时触发任务的呢？对于这方面，区块链领域一直都在积极努力地探索，目前比较流行的做法是通过外部的“预言机 Oracle”来实现外部事件的访问（注意这里的“Oracle”不是指甲骨文公司的 Oracle 数据库，而是电影《黑客帝国》中的先知 Oracle），借用 Oracle 英文的本义“神谕”来命名区块链中能够通知到智能合约的外部组件——预言机，后续我们将对此进行详细介绍。

在拍卖过程中，我们还需要借助上层应用程序不断地扫描新区块，当新区块出现时需要将其中记录的拍卖截止时间登记到预言机中，这样预言机就成为一个定时器，当到达拍卖截止时间后，外部的预言机会调用相应的智能合约，触发拍卖结果计算的功能，这部分的伪代码如下所述。

```
getAuctionResult(
    unit _nft_Id,
    address _nft,
    date _time,
    string _time_signature
    ...
) {
  根据_nft_Id 和_nft 取到链上保存的拍卖截止日期；
  和输入值_time 的时间进行比较，判断是否到达拍卖时间，如果时间无效则返回错误；
  从区块链上读取预言机的数字证书并取得其中的公钥；
  根据预言机的公钥来验证签名的正确性；
  如果验签不通过，返回验签错误并退出；
  将时间通知这一事件（包含预言机的时间签名等信息）写入区块链；
  执行搜索，查看是否有买家报价，如果没有，返回流拍并退出；
  找到最高报价，判断是否高于卖家底价，如果低于底价，返回流拍并退出；
  将 NFT 的属权赋予最高报价者并返回拍卖成功；
}
```

需要说明的是，对于伪代码中并没有展示的部分，无论是拍卖成功还是流拍，这一事件都必须写入区块链中，作为存证，以备后续查验。此外，整个过程的核心在于验证预言机的时间是否来源于真正的预言机，而不是非法调用，因此需要更加详细地加签名及验证签名。拍卖中智能合约验证签名的原理如图 4-39 所示。

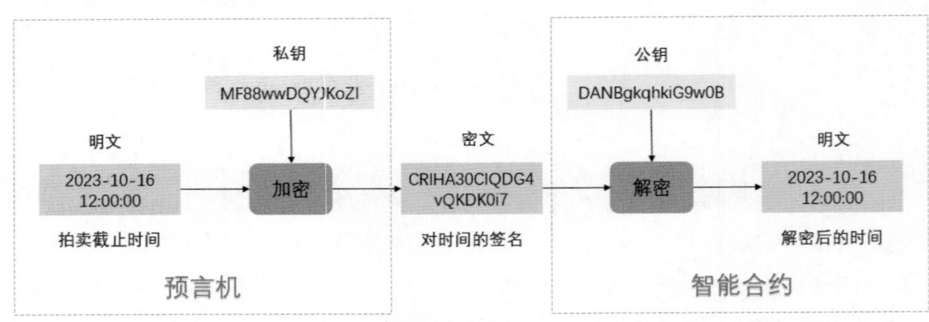

图 4-39　拍卖中智能合约验证签名的原理

由于私钥严格保密，因此只有真正的预言机才拥有自己的私钥，所以预言机用自己的私钥对拍卖截止日期进行签名（加密过程），这样就形成了密文（加签名后的时间），然后预言机将时间的明文和对时间签名后的密文以参数的形式传递给智能合约（调用智能合约），智能合约被调用后，先在区块链上取得预先已经存储在区块链上的预言机的数字证书，证书中包含了其公钥，这样就可以通过预言机的公钥对加了签名的时间进行解密，得到新的明文，这个明文与刚刚通过参数传递过来的时间（智能合约伪代码中的参数 3：_time）进行对比，如果相同则验证通过，这样就确定了时间源来自预言机及调用的合法性。

以上两个伪代码片段，仅仅展示了一个简略的交易过程。在实际的场景中，还包含了很多其他内容。例如，由于 KYC（Know Your Custom）的需要而进行的对卖家和买家个人信息的确认等。对这方面有兴趣的读者，可以继续丰富相关逻辑和验证过程。

二、预言机的妙用

预言机有多种类型和用途，本例中我们需要的预言机是一台时间定时器，而真正意义上的预言机所提供的信息和服务非常广泛，如各类外部事件（天气情况、价格信息、随机数、比赛结果等）、作为智能合约访问 I/O 及网络的代理等，它的出现弥补了智能合约只能在沙盒中运行、无法获得外部信息的缺憾。预言机作为可信的第三方信息源，提供可靠的外部信息给区块链，让智能合约的功能更加强大。

目前，业界已有一些预言机项目问世，比较有代表性的有 ChainLink、Provable、DOS Network 等。以 ChainLink 为例，其号称已经能够为多种区块链平台（以太坊、比特币、Hyperledger 等）提供服务。在这些项目中，预言机更像是区块链与外部世界信息源之间的中介（或代理），由预言机负责与外部可信信息源进行对接，并将消息传递给区块链，如图 4-40 所示。

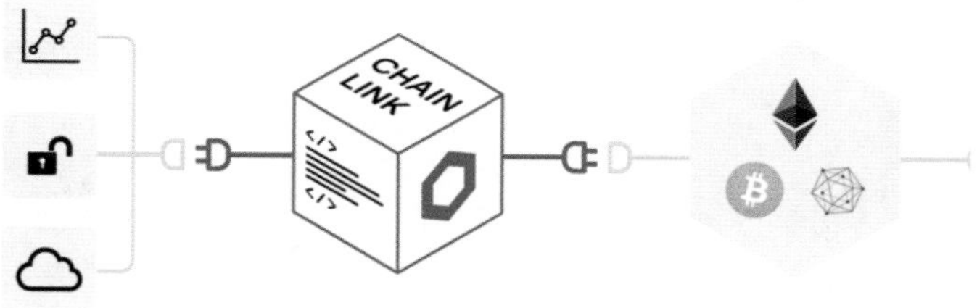

图 4-40　ChainLink 中的预言机

预言机提供外部信息的方式有两种：第一种是将外部的信息以参数的形式传递给智能合约；第二种是将外部的信息直接写入区块链。在本例中，我们采用了第一种方式，但无论采用哪种方式，正如我们在伪代码片段中所看到的那样，都需要将外部的“预言”写入区块链。在上一节的暗拍案例中，采用的预言机模型如图 4-41 所示。

但这同时带来一个问题，众所周知的是，区块链是去中心化的，而预言机是中心化的，预言机的出现似乎打破了区块链长久以来所遵循的最大安全性和最低信任度（不相信任何人）原则，这必然引发争议。

在现实生活中不可避免地会有一些中心化权威机构的介入，如司法、税务、监管机构等，而且在区块链领域我们也有这样的先例。例如，在 Hyperledger Fabric 中我们需要加入 Fabric CA（或其他权威 CA 中心）这样的中心化机构，在联盟链中我们需要确定联盟链里每个组织、每个节点都对这样的权威机构达成共识。

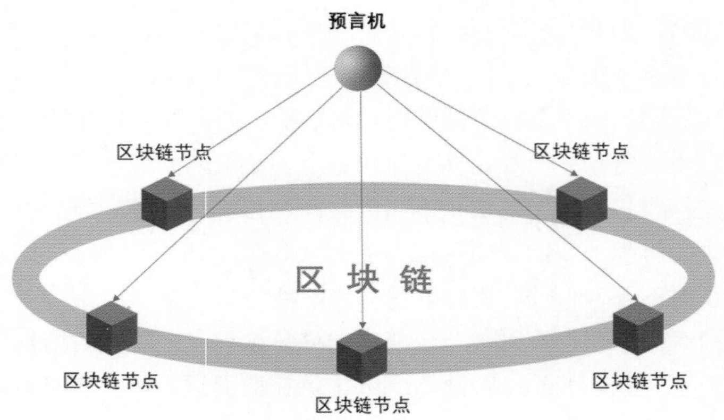

图 4-41 拍卖中的预言机模型

即便如此，使用预言机从安全的角度而言依然面临挑战，从公链的一些预言机应用中我们可以找到一些灵感。比如，需要将预言机也构造成分布式，即去中心化，并且预言机的集群间要先达成共识后才能对外提供服务，这种去中心化的预言机集群本身也是运行在区块链之上的。重新规划后的预言机模型如图 4-42 所示。

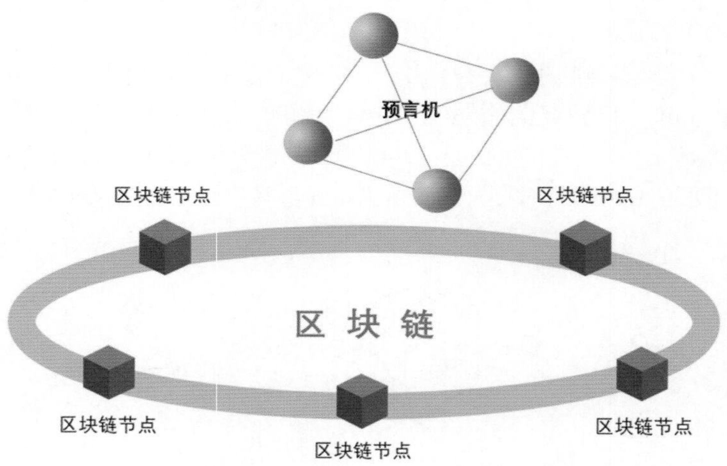

图 4-42 重新规划后的预言机模型

预言机作为区块链中的一个新兴事物，目前还存在很多不足之处，其仍处于快速的发展、变化中。因此需要指出的是，本文成文的内容，在未来有可能被众多的新技术所颠覆。

5

让看不见的数据创造价值

5.1 大数据和数字经济

随着人类社会从工业化时代进入信息化时代，信息量呈几何级别增长。2017 年，国际数据公司（IDC）发布的《数据时代 2025》预测，2025 年的全球数据量将达到 175 ZB，比 2016 年的全球数据量增加 10 倍。据报道，全世界每两年就有约 100 个超大数据中心建成，用于满足数据存储和计算的需求。而我国目前的数据量约占全球数据总量的 20%，我国已经成为世界第一大数据资源国家。

人们用数据大爆炸来形容人类社会的数据量增长，形象一点说，数据的爆炸是三维的，除了强调数据量的快速增长，还包括数据增长的速度及数据的多样性。我们经常提的大数据，相对数据而言，不仅在数据“量”上有所区分，更强调数据“质”的提升。通过分析这些数据，人们能创造新的价值。

业界用 4V 对大数据的特征进行了总结：Volume（海量）、Variety（异构）、Velocity（快速）和 Value（价值）（见图 5-1）。

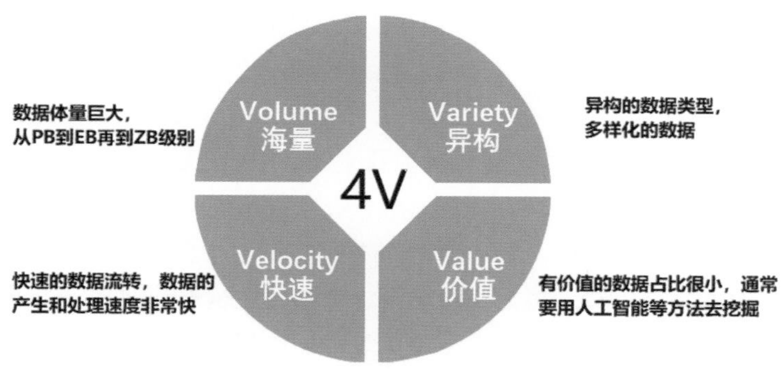

图 5-1 大数据的 4V 特征

《经济学人》在 2017 年指出，数据已成为新时代的“石油”，并替代石油成为当今全球最宝贵的资源。数据和石油在很多地方有相似性，如数据和石油同样需要经过采集、存储、提炼，以及加工、交易、应用等一系列处理环节才能被广泛应用，并发挥其最大的价值。

上面说到大数据的 4V 特征，其中一个就是 Value（价值），数据需要提炼、加工才能挖掘出价值，这也是大数据的本质。随着大数据、人工智能等技术的发展，数据的价值也得以更充分地体现。

移动互联网时代的来临催生了海量数据，智能手机作为随身智能终端，不仅无处不在，而且无时无刻不接入互联网，在给人们带来便捷性的同时，也让手机上的应用服务提供商获取了用户的数据并从中挖掘出潜在的数据价值。无论是跑步、玩游戏、看电视还是驾车行驶在路上，这些智能电子设备都陪伴着我们，并如实地记录下与这些活动相关的数据，如时间、地点、内容、交互等，而这些数据被传送到服务提供商那里，也有助于产品和服务质量的提升。

随着智能可穿戴终端的普及，其数量终将超过智能手机。另外，越来越多的智能汽车出现在我们身边，或许很快我们所使用的一切工具，包括房屋都将是智能化的、都将接入互联网。这意味着未来的数据只会越来越多，并呈爆发式增长。

在数字化生活中，人们实际上已处于数据的海洋里。都市里普通人的生活已经离不开手机，而且人们每时每刻都自觉或不自觉地在和数据打交道，小到看新闻、聊天、购物、出行，大到国计民生等。如果突然上不了网，人们就会感觉处处不方便，生活质量下降明显。

我们的生活方式相比从前发生了翻天覆地的变化，老百姓的衣、食、住、行、游都和互联网结合，实现了在线化，引发了新的消费理念、消费行为、商业模式的蓬勃兴起，并催生了外卖配送、网约车、直播带货等一大批新兴职业。这些变化也反映了信息通信产业在这些年的飞速发展，对此，移动通信、移动支付、大数据、AI 等技术所起的作用是功不可没的。

发生在我们身边的变化，其实只是数字经济在消费这方面的体现，相比整个社会的变革来说只是冰山一角。那么，什么是数字经济？在 2016 中国杭州 G20 峰会上发布的《二十国集团数字经济发展与合作倡议》是这样描述的："数字经济是以使用数字化的知识和信息作为关键生产要素、以现代信息网络作为重要载体、以信息通信技术的有效使用作为效率提升和经济结构优化的重要推动力的一系列经济活动。"

我们通常把数字经济分为两部分：一是数字产业化，即发展电子信息产业，包括电信业、电子信息制造业、软件及服务业、互联网行业等；二是产业数字化，即传统工业、农业、服务业由于应用数字技术所带来的生产数量和生产效率提升而增加产出部分。在数字经济的发展过程中，特别是大数据时代，这些数字化的知识和信息（我们归纳为能产生经济效益的数据资源，或称数据要素）能融入其他生产要素并显著提高生产效率，进而产生倍增效应，展现出巨大的价值和潜能。

《求是》杂志中的《不断做强做优做大我国数字经济》指出："数字技术、数字经济可以推动各类资源要素快捷流动、各类市场主体加速融合，帮助市场主体重构组织模式，实现跨界发展，打破时空限制，延伸产业链条，畅通国内外经济循环。"

数字经济相比传统经济好处多多，在全球经济中的比重越来越大，已经成为经济增长的重要引擎。在新冠疫情期间，数字经济也表现得十分有韧性和活力，而数字产业也是我国最有可能率先超越发达国家的产业之一，其可以推动传统产业不断地转型、升级，让产业布局更加合理、就业市场不断扩大。

据统计，我国的数字经济规模在 2019 年年底就达到了 35 万亿元，位居全球第二位，在 GDP 中的占比超过了 1/3，这两年仍处于高速发展阶段。但美、德、英等发达国家的数字经济规模在 GDP 中的占比超过了 1/2，在这一点上我们还处于不断追赶的过程中。

5.2 数据安全与隐私保护

联合国贸易和发展会议（UNCTAD）发布的《数字经济 2019》报告指出，全球互联网流量在 1992 年为每天约 100GB，在 2017 年为每秒 45 000GB 以上，而微软、苹果、亚马逊、腾讯和阿里巴巴等超级数字平台在世界经济中扮演着越来越重要的角色。

以 Alphabet（谷歌母公司）、亚马逊、苹果、Meta 和微软为代表的美国科技企业，长期占据上市企业的市值排名前几位。这些企业在各自的领域中拥有世界上最大的用户群体，也几乎垄断了数据流量的入口，在数字经济时代拥有巨大的优势和影响力。

阿里巴巴很早就将自己定位成数据驱动的企业，其负责人预见性地指出数据将会成为未来最大的生产资料，淘宝的最大价值不是卖了多少货，而是海量交易背后的零售和制造业的数据。和国外企业一样，阿里巴巴、腾讯、百度等互联网巨头也都早早地把大数据升级为企业战略，越来越多的企业意识到大数据的重要性并付诸行动，和大数据相关的就业岗位始终是热门岗位。甚至有人说，在未来，所有的工厂都会变成数据工厂，所有的企业都会变成数据企业。

在大数据背景下，谁掌握信息谁就能拥有财富。比如，Meta 掌握了数十亿名用户的数据，夸张点说它甚至比用户还了解其自身。像 Meta 这样的巨头企业，可以轻易获知人们在搜索什么、分享什么、关注什么、喜欢什么，从而有针对性地推出新的产品和服务，甚至不惜重金收购小公司，将竞争对手消灭在萌芽状态，进一步巩固其行业垄断地位。在数字经济时代，企业拥有的这些海量数据也成为其“护城河”之一。

现在几乎没有哪家企业或机构不在想方设法地收集数据，数据收集已经涉及人类活动的方方面面，但愿意主动开放数据共享的企业并不多。一方面，数据是企业的核心资产，体现了企业的竞争力；另一方面，随着相关法律法规的完善，对数据的采集和使用都必须合规，企业当然不会轻易对外开放数据共享，这在客观上加剧了数据垄断、数据寡头的形成，也导致“数据孤岛”越来越多。这实际上阻碍了创新，也无法让这些数据发挥更大的价值。

“在网上，没人知道你是一条狗。”这句经典名言其实反映的是互联网早期的情景。到了大数据时代，通过对数据的分析，我们不仅能知道“狗”在哪里，而且能知道其是什么品种、爱吃什么、什么时候睡觉、是否健康等。这个段子其实反映了以下两点：一是互联网服务提供商，特别是移动 App，通过收集用户的各种信息进行大数据分析，然后对用户进行精准画像，从而对用户进行购物推荐或精准推送广告；二是这些都是敏感的个人隐私信息，不管出于什么原因，一旦泄露，将会严重威胁到个人的权利。

事实上，这些年关于隐私泄露的事件屡见报道，我们在享受数字科技带来的便利的同时，也困扰于个人隐私信息随时有被泄露的可能，而围绕个人信息的非法采集、加工、开发和销售正悄然形成一条“数据灰色产业链”。信息泄露导致的骚扰电话和各类诈骗活动给人们的生活带来烦恼的同时，也给人们的财产甚至人身安全造成了难以估量的损失。

2016 年发生的学生遭电信网络诈骗，导致被害人猝死或自杀的案件，引起社会各界的广泛关注。正是信息泄露为犯罪分子实施诈骗行为开启了方便之门。

2018 年，××集团旗下连锁酒店疑似发生 1.3 亿名用户数据泄露，引起股票大跌。该集团非常注重大数据的应用，通过大数据分析给用户画像，进行精准营销，盈利状况良好，但因为其信息安全的短板导致数据泄露，给整个社会敲响了警钟。

在 2018 年发生的“剑桥分析事件”中，Facebook 未经用户授权让剑桥分析公司访问了 5000

万名用户的数据。谁也不愿意让大数据时代变成大泄密时代，但大数据、人工智能等技术使数据越来越集中化，一旦企业的数据中心遭受攻击，大量隐私数据泄露就不可避免了。当前互联网公司提供的服务基本都围绕用户数据进行挖掘：淘宝和京东需要分析用户消费偏好；抖音和快手需要绘制用户画像以实现个性化推送；滴滴出行需要精准定位用户所在的地点……数据的流通和共享为社会发展创造了巨大的价值，但近年来有关数据隐私的讨论，如“大数据杀熟”“手机在监听喜好”“被困在算法里的外卖小哥”等，都反映了人们认为科技企业在收集海量数据的同时，也在“无声”地侵犯用户的隐私权。

2019 年 7 月 27 日，腾讯研究院举办了腾研识者第二期 Workshop，讨论的主题有“信息茧房是否是一个伪概念”“人脸识别是利是弊”“游戏健康系统如何实现商业价值与社会价值的统一”等。来自各大院校的教师、腾讯各业务体系的专家围绕“科技向善”的主题进行了热烈的讨论。

比如，在人脸识别方面，麻省理工学院媒体实验室主任阿莱克斯•彭特兰在其出版的《诚实的信号》中表明，通过数据分析的方法，穿透“谎言”的迷雾，能够识别人类行为中的“诚实的信号”，更好地帮助人们提升社交能力和决策水平。为什么很多决策不理性？在阿莱克斯•彭特兰看来，这一切都与无法捕捉“诚实的信号”有关。语言常常带有欺骗性，而“诚实的信号”这一源于生物学领域的概念将颠覆性地告诉人们：对方说了什么不重要，传递出的信号才重要！

让我们一起来探讨：

（1）诚实可以测量吗？需要观察哪些方面？

（2）诚实可以伪装吗？需要考虑哪些条件？

虽然互联网公司可以吸引流量，并通过个性化的推荐实现流量变现，但也会形成“回音壁”和信息茧房。斯诺登与“棱镜门”事件表明，就算是一国政府的首脑也不敢说有绝对的个人隐私安全。在 2021 年的滴滴事件中，滴滴未按照相关法律法规的规定和监管部门的要求，履行网络安全、数据安全、个人信息保护义务，给国家网络安全、数据安全带来严重的风险隐患。交通数据平台所拥有的数据一旦外泄，将同时带来个人隐私和国家安全层面的巨大风险，需要在国家层面进行强监管。

数据的重要性和数据泄露事件的频发，引起各国政府的重视。近几年，不断有法律法规出台，从法律层面加大对数据的安全保护。

欧盟于 2016 年颁布的《通用数据保护条例》（General Data Protection Regulation，GDPR），是一部对个人信息保护具有里程碑意义的法规，被称为“史上最严”的数据保护法案。这部法规的颁布意味着人类第一次在法律上明确规定了个人数据是个人所有的数据资产，个人数据的控制权属于个人。对于轻微违规行为，企业可被处以其全球收入 2%或 1000 万欧元的罚款（以较高者为准）；对于更严重的违规行为，最高可处以全球收入 4%或 2000 万欧元的罚款（以较高者为准）。

我国这些年也陆续出台了多部相关法律，把数据安全提升到了新的高度。

2015 年颁布的《中华人民共和国国家安全法》将数据安全纳入国家安全的范畴。2016 年正式发布的《中华人民共和国网络安全法》从“个人信息收集与保护”“数据境内存储”“数据（信息）内容安全”“关键信息基础设施安全”等角度，对数据和个人信息合规方面予以规制。2021 年，国家相关部门对滴滴出行等平台进行网络安全审查，也正是依据了 2020 年发布的《网络安全审查办法》。

2021 年实行的《中华人民共和国民法典》明确了隐私、个人信息的定位及界定，明确了个人信息处理范围、主体权利、要求及原则，明确了数据活动必须遵守合法、正当、必要原则。

2021 年实行的《中华人民共和国个人信息保护法》明确规定了个人信息处理规则，以及在个人信息处理活动中涉及的各方的权利、义务和职责等，并回应了当前热点和社会关切，如明确规定了不得过度收集个人信息、不得大数据杀熟，规范了对人脸信息等敏感个人信息的处理等。

2021 年实行的《中华人民共和国数据安全法》，则重点确立了数据安全管理各项基本制度；完善了数据分类分级、重要数据保护、跨境数据流动和数据交易管理等多项重要制度；明确了数据安全保护义务及落实数据安全保护责任；强调坚持安全与发展并重，鼓励与促进对数据依法合规的有效利用，促进以数据为关键生产要素的数字经济的发展。

在这些法律法规出台后，各网站和 App 纷纷开始整改，包括更新用户协议等。目前，合规网站都会提供不追踪用户信息的选项，但选择之后就会屏蔽个性化的推送和“免登录”服务。另外，各类 App 申请过多应用权限、不经同意就收集个人信息的行为有所收敛。

5.3 数据在流通中创造价值

“数据，已经渗透到当今每一个行业和业务职能领域，成为重要的生产因素。”这是全球知名咨询公司麦肯锡所做的论断，这家公司也是最早提出“大数据”时代到来的观点的。

确实如上所述，随着经济活动数字化转型的加快，大数据应用的优势越来越明显，其所涉及的领域也越来越多，数据对提高生产效率的乘数作用日益凸显。5G、大数据、人工智能、区块链等技术加速向各行业融合渗透，数据赋能、增值、提升智能化的作用日益凸显，应用场景不断拓展。

我们对数据在国民经济生产中所发挥的作用和地位也不断地有新的认识。在 2016 中国杭州 G20 峰会上发布的《二十国集团数字经济发展与合作倡议》提出，把使用数字化的知识和信息作为数字经济的关键生产要素。2019 年党的十九届四中全会提出，将数据与资本、土地、知识、技术和管理并列作为可参与分配的生产要素。数据要像其他生产要素一样可参与分配和流通，这也是对数据所有权合理性的确认。

2020 年，《中共中央　国务院关于构建更加完善的要素市场化配置体制机制的意见》正式发布，指出了数据、土地、劳动力、资本和技术这 5 个要素领域的改革方向，明确了完善要素市场化配置的具体措施。

2022 年年初，国务院发布《要素市场化配置综合改革试点总体方案》，除了提及土地、资本、技术和劳动力要素的改革方案，还提出要探索建立数据要素流通规则，内容涵盖公共数据开放共享、数据流通交易、数据开发利用、数据安全保护几方面，要求在保护个人隐私和确保数据安全的前提下，探索“原始数据不出域、数据可用不可见”的交易范式。

2022 年年初，国务院出台《“十四五”数字经济发展规划》，强调要充分发挥数据要素的作用，强化高质量数据要素供给，加快数据要素市场化流通，创新数据要素开发利用机制，大力发展专业化、个性化数据服务，促进数据、技术、场景深度融合，满足各领域的数据需求。

现在普遍的共识是，发展数字经济的关键在于数据要素市场化，数据开放与流通是各国数字经济发展的核心要点。而对数据要素市场的改革试点的关键在于，在做好数据安全保护的基础上，促进数据供给和开放共享，以及数据流通与开发利用。数据要真正用起来并发挥价值，离不开数据共享、数据流通和数据治理。

数据和石油类似，可以经过开采、提炼、加工，然后在交易环节作为商品和服务出售。数据作为生产要素，在流通中才能创造更大的价值。但数据的交易，或者说数据的流通环节，存在诸多障碍。

因为数据要素天然具有通用性、易复制性和易传输性，使得数据使用面临的诸多突出问题尚未解决。例如，如何确定数据归属权、如何保障数据隐私安全并满足合规要求、如何确定数据使用权等。

同样的数据在不同的应用场景所发挥的价值往往有较大差别，而且数据的质量也和数据的采集过程及来源维度紧密相关，往往在使用后才能得到合理的评价。数据的价值还体现在对数据的提炼加工环节，不同的算法或计算模型的影响极大，这导致数据要素难以确权定价。另外，数据一经分享就难以追踪其使用情况，数据所有方担心自己的数据一旦进入流通环节，或者企业的商业机密被泄露，或者隐私数据被泄露，会造成违规风险，这会导致数据的分享与协同受到严重制约。那么，应如何平衡数据开放共享与数据安全和隐私风险之间的关系？

随着数据价值越来越被重视，企业和机构也越来越不愿意主动和别人分享数据。如何让数据既保持流动（通）又能在安全的范围内可控？这是企业、政府和个人都必须思考的问题。

现实情况是数据壁垒、数据“孤岛”广泛存在，我国数据治理体系尚未形成，特别是隐私保护、数据安全与数据共享利用效率之间尚存在明显矛盾，这成为制约大数据发展的重要短板。一方面，用户的隐私数据泄露事故泛滥成灾，法律法规趋严；另一方面，相关企业平台难以获得有效、合规的数字资源，这一矛盾使得越来越多的企业呼唤一种新的数据治理和应用方案。

传统的技术与手段无法有效解决上述问题，也阻碍了人们对数据价值的利用，因此需要借助法律法规和技术手段。

随着大众对于隐私安全的关注度日益增加，围绕数据隐私保护与应用的隐私计算等技术正成为新一轮信息安全发展的焦点，实现让大数据可用但不可见的隐私计算行业迎来了市场的爆发期。隐私计算能做到“数据价值的流通，而数据不流通”，这和“原始数据不出域、数据可用不可见”是相符的。

另外，区块链技术有关数字价值传递的特性使得区块链技术改造成为数字经济建设的必由之路。像“隐私计算+区块链”这样的技术手段，比单一的隐私计算技术更能契合数据要素的应用场景。国家和相关部委都出台了一些政策，客观上将加速这些技术的推广和落地。

工业和信息化部在 2021 年 7 月 12 日公开征求对《网络安全产业高质量发展三年行动计划（2021—2023 年）》的意见，其中提及要“加速应用基于区块链的防护技术，推进多方认证、可信数据共享等技术产品发展”，明确要求推动可信计算、区块链等隐私保护和流向溯源技术的实用化部署和普及应用。

广东省人民政府在 2021 年 7 月 11 日发布《广东省数据要素市场化配置改革行动方案》，明确指出要完善数据安全技术体系。这需要运用构建云网数一体化协同安全保障体系，运用可信身份认证、数据签名、接口鉴权、数据溯源等数据保护措施和区块链等新技术，强化对算力资源和数据资源的安全防护，提高数据安全保障能力。

近年来，隐私计算备受关注，从政策层面看，国家发展改革委、中央网信办、工业和信息化部、国家能源局、人民银行等部门都曾多次发文鼓励多方安全计算、联邦学习等隐私计算技术的发展和应用，政策环境进一步优化。

5.4 隐私计算的原理和方案

因为数据如此重要，数据的安全和隐私保护又很脆弱，所以隐私计算一直是业界关注的重点。

据 IT 咨询与研究机构 Gartner 分析，受限于分析能力、隐私安全等因素，大约有 97%的数据尚未被利用起来；到 2025 年，将有超过一半以上的大型企业/机构使用隐私计算技术在不受信任的环境和多方数据分析用例中处理数据。2022 年年初，Gartner 发布了 12 个重要战略技术趋势，隐私增强计算（Privacy-Enhancing Computation，PEC）位列其中，这足以说明这项技术的重要性。

5.4.1 传统的隐私安全技术

传统的隐私安全技术主要包括数据脱敏、匿名算法、差分隐私这几种。

1. **数据脱敏**

数据脱敏（Data Masking），又称数据漂白或数据变形，是指对某些敏感信息通过脱敏规则进行数据变形，实现对敏感隐私数据的可靠保护。

诸如身份证号、手机号、卡号、客户号等个人信息，都属于敏感信息。如果能在去除了敏感隐私数据并完成安全测试之后再将数据提供给需求方使用，就可以在开发、测试和其他非生产环境及外包环境中安全地使用脱敏后的真实数据集。

尽管数据脱敏技术发展得比较成熟、应用范围较为广泛，但数据脱敏仍存在如何识别敏感数据的问题。现实中的数据来源多样，缺乏统一的格式规范，往往需要人工甄别敏感数据或字段。这类重复性工作不仅带来了比较大的工作量，而且很难利用技术实现通用化。另外，数据脱敏还涉及隐私保护和可用性之间的平衡问题，因为数据脱敏伴随着数据的缺失，这意味着数据价值会被降低。

2. **匿名算法**

匿名算法是指根据具体情况有条件地发布部分数据，或者数据的部分属性内容。匿名化算法既能做到在数据发布环境下保护用户的隐私数据不被泄露，又能保证所发布数据的真实性。匿名算法在大数据安全领域受到广泛关注。

目前，匿名算法普遍存在运算效率过低、开销过大等问题，发展得并不成熟，其应用尚未普及。

3. **差分隐私**

差分隐私是指通过对原始数据进行转换或对统计结果添加噪声来实现隐私保护。应用差分隐私技术，可以使攻击者无法从数据库中推断出任何隐私信息。换句话说，差分隐私就是通过向查询响应添加噪声使得攻击者无法发现特定数据项的存在。差分隐私是当下主流隐私保护技术之一，苹果公司正是使用差分隐私技术从 Safari 浏览器中收集用户数据的。

差分隐私技术被《麻省理工学院技术评论》评为 2020 十大突破性技术之一。

4. 传统隐私安全技术的不足

基于匿名算法等技术的隐私保护方案对数据进行了模糊处理，经过处理后的数据不能被还原，适用于单次去隐私化、隐私保护力度逐级加大的多次去隐私化等应用场景。但这类隐私保护方案降低了数据可用性，导致在实际信息系统中，经常采用的是保护能力较弱的这类隐私保护方案，或者在采用隐私保护方案的同时保存原始数据。

随着大数据、人工智能技术的分析能力日益强大，通过对多源数据进行数据挖掘及分析，能够将经过匿名化处理的数据再次还原，这导致传统隐私保护技术面临失效风险。

5.4.2 安全多方计算

安全多方计算（Secure Multi-Party Computation，简称 MPC 或 SMPC）起源于图灵奖获得者姚期智院士在 1982 年提出的百万富翁问题，已从当初的理论研究，发展到如今被广泛应用的隐私安全技术。近些年，MPC 一直是理论和应用密码学领域的热点，也是密码学领域的重要分支之一。

百万富翁问题讲的是“在没有可信第三方的前提下，两个百万富翁如何在不泄漏自己真实财产的状态下比较谁更有钱”，而 MPC 主要针对在无可信第三方的情况下，各个持有私有数据的参与方如何协同工作、安全地计算一个约定函数，而无须暴露各参与方的私有输入数据。MPC 正好能解决百万富翁问题，因为两个富翁的真实财富（钱的数值）在这里相当于输入数据，是不会对外暴露的。

也就是说，MPC 能够实现一种多方通过网络协同方式参与的协同计算任务。每一方都可以是数据提供方，不仅不会泄露各自的数据，而且对各自的数据始终拥有控制能力，计算过程中也不会产生任何额外的信息泄露，除了计算结果无法得到其他任何信息，最终计算的结果为各方共享并受益。换句话说，MPC 技术可以获取数据使用价值，却不泄露原始数据内容。

其数学描述为，有 n 个参与者（$P_1,P_2,\cdots,P_n$）要以一种安全的方式共同计算一个函数，这里的安全是指输出结果的正确性和输入信息、输出信息的保密性。具体地讲，每个参与者 P_1 都有一个输入信息 X_1（这个信息只能自己知道并保密，不能对外公开），n 个参与者要共同计算一个函数：$f(X_1,X_2,\cdots,X_n) = (Y_1,Y_2,\cdots,Y_n)$，计算结束时，每个参与者 P_i 只能了解 Y_i，而不能了解其他参与者的任何信息。

MPC 技术架构如图 5-2 所示。

当发起一个 MPC 计算任务时，枢纽节点发送网络及指令控制消息。每个数据持有方均可发起计算任务，通过枢纽节点进行路由寻址，选择其他数据持有方进行安全的多方协同计算。其他 MPC 节点在收到计算请求后，从本地查询所需数据，然后和其他 MPC 节点通信，共同完成协同计算任务。最后，在保证输入数据隐私性和安全的前提下，各方都能得到正确的计算结果。在整个过程中，各方的本地数据既没有出域，也没有泄露给其他任何参与方。

MPC 可以用秘密共享、同态加密、混淆电路和不经意传输等技术来实现，主要适用于统计分析、判断决策、基础查询等常规计算场景。

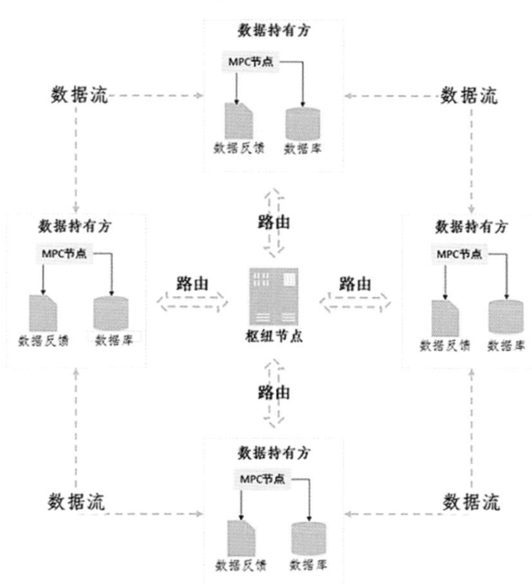

图 5-2　MPC 技术架构

（资料来源：中国信息通信研究院《数据流通关键技术白皮书》）

其中，秘密共享技术的应用最为广泛，适用于所有的 MPC 场景，即将所有的秘密拼凑在一块才能还原出数据全貌。秘密共享技术用于在各个参与者之间分发秘密，每个参与者都被分配了一份秘密分割，只有当足够数量的、不同类型的秘密分割组合在一起时，才能将秘密恢复，单个的秘密分割本身是没有任何意义的。例如，可以使用任意两点确定二维平面上的一条一阶多项式表示的曲线（直线），可以使用任意 3 点确定一条二阶多项式表示的曲线（抛物线），以此类推，任何 3 个人手里的信息都可以确定这条抛物线，那么通过求解一个三元方程组就可以保证任何 *k*（当前为 3）个人凑出来的信息如用来解密，得到的结果都是一样的。

混淆电路（Garbled Circuit）技术则是将两方参与的安全计算函数编译成布尔电路的形式，并将电路的真值表进行加密、打乱，这样既能保证电路的正常输出而又不泄露参与计算的双方的私有信息。混淆电路技术多用于布尔运算，其通信和计算开销比前面几种都大，整体效率最低，应用最少。

同态加密（Homomorhpic Encryption）技术保护隐私不受数据处理者的影响，数据处理者无法查看正在处理的个人详细信息，只能看到处理的最终结果，即让帮你干活的人不知道自己都干了些什么。以企业数据库为例，假设需要员工工资的中位数信息，通常需要一个值得信赖的个人或团队，使用员工的薪酬细节进行计算，这可能会侵犯员工的隐私权。同态加密技术可以在不解密数据、不暴露个人薪酬的情况下提取数字并得出中位数，也就是处理和解密只看到最终数字。实质上，一个有效的同态加密模型意味着敏感数据的暴露程度较低，在这种理想状态下，个人和企业会对自身的数据被收集感到更加安全。例如，云计算使用同态加密方案肯定受益，因为它们可以运行计算而无须访问原始未加密的数据。但是，在同态加密中，一个加密函数如果只满足加法同态则只能进行加减法运算，如果只满足乘法同态则只能进行乘除法运算，待算法进一步成熟后其应用将会更广泛。

MPC 还会带来相当大的性能损失，增加使用成本。这个问题正在解决，目前有使用安全硬件（如在 CPU、内存等硬件内形成保留地）加速的办法，这时需要权衡 MPC 计算效率、成本和安全之间的收益及风险。

市面上有不少成熟的、实现了 MPC 技术的隐私计算产品，因为其以密码学算法为核心，所以其天然满足合规要求。MPC 平台一般分为两类，一类只用到 MPC 相关技术，最终实现隐私求交、隐私统计和联合建模等隐私计算功能；另一类需要结合联邦学习（FL）来实现，底层是 FL 实现，然后使用 MPC 对其进行安全增强，上层是机器学习算法，用于隐私保护和数据安全要求较高的场景下的机器学习。

总的来说，MPC 具有如下特点。

（1）去中心化。各参与方的地位平等，不存在拥有特权的第三方。

（2）安全性。可保证各参与方的输入数据的安全性，安全多方计算过程中各方数据输入独立，计算时不泄露任何本地原始数据。

（3）可验证性。MPC 算法可保证每个计算过程的正确性都是可验证的，最终得到的结果和原始明文数据本地计算结果保持一致。

实际上，任何一个协议都可以化为一个特殊的 MPC 协议。因此，我们如果能够安全地计算任何函数，也就掌握了一种很强大的工具。MPC 技术是隐私计算的重要分支。一直以来，传统的解决方案是通过一个可信第三方实现数据的安全共享和计算，但可信第三方有时也会成为信任的“瓶颈”。而 MPC 本身是基于密码学算法的，不需要依赖可信第三方，天然满足各种隐私保护法律法规的要求，可以实现“数据可用不可见”。尽管 MPC 在现阶段还存在性能不够强的问题，其应用场景也有限，但该技术仍是当下的研究热点，仍在不断发展、完善的过程中，必将在促进数据要素流通和数字经济发展方面发挥更大的作用。

现在 MPC 也有了国际标准，国际标准组织电气与电子工程师协会（IEEE-SA）正式发布了阿里巴巴牵头制定的安全多方计算 IEEE 国际标准——《IEEE2842-2021 - Recommended Practice for Secure Multi-Party Computation》。该标准主要聚焦于数据协作共享过程中的信息泄露风险问题，为了保证“数据可用不可见”，该标准规范了安全多方计算的定义，以及安全多方计算的基本要求、可选要求和安全模型、系统角色、工作流程、部署模式等，并在附录给出了安全多方计算的具体实现案例。

不少互联网公司推出了自己的 MPC 平台，让 MPC 技术更加实用、更容易使用，加速了 MPC 技术的落地，并不断适应更多、更复杂的应用场景。

MPC 技术可在保护数据和隐私不泄露的前提下完成特定的计算任务，适用场景比较多，主要分为数据可信共享、数据安全查询、联合数据分析这 3 类。

1. **数据可信共享**

MPC 理论为不同组织间提供了一套通过协同计算来实现信息查询、交换的规则，可实现机构间数据的可信共享，并能保证数据的安全性、隐私性，降低数据流通成本，为数据提供方和需求方提供安全、合规的数据共享通道。

有人曾提出用 MPC 技术来管理密钥的方案，如管理传统的电子钱包的私钥，将私钥分解成多个碎片，用户自己只持有其中一份或多份，其余的保管在多个 MPC 节点上（确保是受信任的节点），小于额定数量的私钥丢失也是可以恢复的。当需要使用私钥签名时，只要在线进行 MPC 计算，即可得到数字签名，这样可避免私钥的丢失。另外，根据 MPC 的安全特性，小于额定数量的私钥碎片是无法拼凑出完整的私钥的，私钥明文未存储在任何地方，这样同时保证了私钥的安全性和可靠性。

2. 数据安全查询

数据安全查询是 MPC 技术应用得较多的领域。使用 MPC 技术，能保证数据查询方仅得到查询结果，而不能获取任何其他信息。另外，用户具体的查询请求对参与计算的各方也是不可见的。

以下问题都可以归于此类场景。

（1）政府统计选举数据，但是又不想公开投票选民的选举记录。

（2）收集统计数据而不透露任何信息，除了汇总结果（和统计选举结果的例子类似）。

（3）银行之间联合以针对多头贷款的场景进行金融风控。例如，查询某客户是否在多家银行同时存在多于 2 笔的贷款记录，只返回是或否，不返回贷款详细信息。

（4）航空公司之间共享禁飞名单。例如，查询某乘客是否在几家航空公司的禁飞名单中，只返回是或否，不暴露其他不相关信息。

（5）医院之间共享患者病历数据，但不返回具体的病历数据，仅返回所需的最小信息集，如对某类药物是否过敏的信息等。

3. 联合数据分析

随着大数据技术的发展，人们产生的数据量急剧增加。传统的数据分析，在收集敏感数据时，会遇到隐私保护法律法规的限制，从而遇到瓶颈。将 MPC 技术引入传统的数据分析领域，能够在一定程度上解决该问题，其主要目的是改进已有的数据分析算法，通过多方数据源协同分析计算，使得敏感数据不被泄露。

例如，机器学习在许多领域的应用正在迅速增加。MPC 可以用于在机器学习模型中运行数据，既无须将模型（包含宝贵的知识产权）透露给数据所有者，也无须将数据透露给模型所有者。此外，为了达成反洗钱、风险评分计算等目的，可以在组织之间进行统计分析。

在现实生活中，属于此类场景的还有以下几种。

（1）药厂研发新药，既想让医院共享医疗信息，又不泄露患者的隐私信息。

（2）为医疗和其他目的进行私人 DNA 比较分析。

MPC 技术是电子投票、门限签名及网上拍卖等诸多应用得以实施的基础。进行电子投票就是为了保证选举结果的正确性和选票的匿名性，即每个人的选票都不被泄露。这完美地解决了投票人不愿让他人知道自己的投票情况，担心日后遭到其他候选人的打击报复等问题。

工业和信息化部颁布的《工业大数据发展指导意见（征求意见稿）》提出，要在工业领域积极推广 MPC 技术，促进工业数据安全流通。

随着硬件的性能在摩尔定律作用下的不断增强，加上业界对算法的持续优化，多方安全计算产品的性能提升很快。近几年来，产品的计算效率已经被认为基本达到了可商用要求，在市面上也涌现出了不少优秀的多方安全计算平台产品，并且已经应用于精准营销和金融风控等场景。

5.4.3 机密计算

机密计算（Confidential Computing）技术主要保证使用中的数据安全性。作为对比，传统加密技术等主要保证数据传输和存储的安全性，其他隐私计算技术主要依赖于密码学算法，而机密计算的底层技术是可信执行环境（Trusted Execution Environment，TEE）技术，属于硬件技术。

TEE 使用硬件隔离技术构建出安全可信区域，加密后的数据在此区域内运算，而不会暴露给系统的其他部分。若无密钥授权，即使操作系统也无法访问其中的数据。TEE 可减少敏感数据的暴露，可控制性和透明度更高。

TEE 的安全性主要依赖于硬件实现，比较典型的方案为 Intel SGX（软件保护扩展）及 ARM Trust-Zone，主流的机密计算开源框架大多基于 Intel SGX。

2013 年，Intel SGX 技术就被提出了。Intel SGX 是对英特尔体系结构的一组扩展，是一种新的处理器安全技术，并在原有架构上增加了一组新的指令集和内存访问机制，目的是在对所有特权软件（内核、虚拟机监控程序等）都具有潜在恶意的计算机上，提供一个可信的隔离空间，为所要执行的安全敏感计算提供完整性和机密性保护，使其免受拥有特殊权限的恶意软件的破坏。

SGX 技术的实现原理是利用处理器提供的指令，在内存中划出一块 Enclave（飞地），这是一块受保护的区域（安全区），用于存放应用程序的敏感数据和代码。SGX 技术允许应用程序指定需要保护的代码和数据，在创建 Enclave 之前不必对它们进行检查或分析，但这部分代码和数据一旦被加载到 Enclave 中就必须被度量，SGX 技术会保护它们不被外部软件所访问。

当处理器访问 Enclave 中的数据时，CPU 自动切换到新模式，即 Enclave 模式。在 Enclave 模式下，每一个内存访问都会被强制进行额外的硬件检查。安全区既不能通过传统函数调用、转移、注册操作或堆栈操作进入，也不能被其他的任何软硬件（包括其他进程、操作系统、Hypervisor、UEFI/BIOS 代码、软硬件调试器等）访问。

除了硬件支持 TEE，还要有配套的软件，才能对外提供安全的计算服务。图 5-3 描绘了一种软件栈层次关系。其中，Graphene-SGX 是 Intel 官方开源、维护的一款库操作系统（Library Operating System，LibOS），能够为应用程序提供隔离的操作系统，同时可以结合硬件提供 SGX 开箱即用能力，让应用程序不用做任何修改即可使用 SGX 技术。LibOS 相对于 Container/VM 更加轻量，提供了内核能力定制服务，运行资源消耗少。

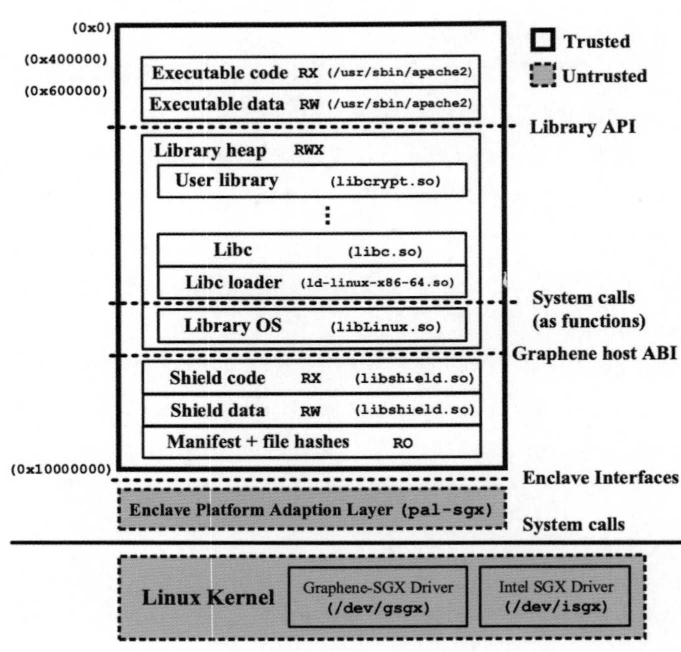

图 5-3 一种软件栈层次关系

Intel SGX 技术可以保护应用程序免遭恶意操作系统或管理程序的攻击，但是其配套的软件开发工具包（Software Development Kit，SDK）要求开发者将程序严格划分为可信和非可信部分，使得现有大部分程序都必须被改造之后才能使用 Intel SGX。开发者和 Intel SGX 的 SDK 的对接工作量很大，开发门槛较高，因为开发引入的安全问题也是需要考虑的。

我们把围绕着 LibOS 封装和构建的软件服务称为 TEE 服务框架。在与用户交互的过程中，TEE 服务框架可以在提供数据处理服务的同时保证用户隐私数据的安全，即使服务端也受制于硬件而无法将数据用于除用户指定的业务逻辑外的地方。TEE 服务框架在执行计算任务时通过以下 3 个基础功能保障数据安全，让数据真正地实现可用不可见。

（1）远程证明。远程证明可以使验证者辨别被验证的可信执行环境上的软件逻辑是否有变更。通常，远程证明的被验证方通过可信硬件生成一个证书，这个证书包含一条 Report 信息，这条信息描述的是当前运行在可信执行环境中的软件（代码度量）。验证者通过验证这个证书的合法性来验证可信硬件上的软件进程是否被修改过。

（2）可信信道。用户与 TEE 服务框架的通信是通过建立在远程证明基础上的加密信道进行的。在远程证明过程中，用户与 TEE 服务框架会协商会话密钥或分享被认证的公钥，用于对业务数据、计算结果的加密。除了用户、TEE 服务框架，包括服务端操作系统在内的其他主体都无法解密密文。而且由于远程证明验证了 TEE 服务框架的代码逻辑的可靠性，TEE 服务框架也不会存在输出用户数据原文的恶意逻辑。

（3）数据密封。对于计算过程中需要持久化的中间数据，TEE 服务框架会使用硬件生成的密钥进行加密并存储。

在应用层使用这种新的 TEE 服务框架，开发者能够利用这块区域来保存身份证书、隐私数据求交、实现数字版权管理等。任何需要安全存储、安全计算、可用不可见等高保障安全应用场景都可以用到 SGX 技术。

2019 年 8 月，Linux 基金会宣布成立“机密计算联盟”（Confidential Computing Consortium，CCC），成员包括埃森哲、谷歌、华为、微软、ARM、红帽等多家企业。该联盟汇集软硬件及云供应商，以及各类软件开发者、知名专家和学者，依托开源项目，打造 TEE 开发、应用的生态环境，以加速机密计算市场的发展。

5.4.4 联邦学习

联邦学习（Federated Learning），也称联邦机器学习，是一种分布式机器学习技术。机器学习，其实就是一种实现人工智能的方法。人们可能认为人工智能应该模仿人的思维方式去解决问题，以前业界一直是按这个思路去发展人工智能的，后面发现这条路不好走，也就是说，计算机并不擅长人类的智能。

机器学习大规模应用的基础非常依赖于大数据。以“阿尔法狗”（AlphaGo）为例，它战胜人类选手并一战成名，并不是靠逻辑推理获胜的，而是靠算法模型和大数据，谷歌使用了 30 多万盘围棋高手之间的对弈数据来训练模型。

这些年随着人们对数据安全和隐私保护越来越重视，想要跨部门进行数据共享变得越来越困难了，也形成了越来越多的数据“孤岛”，而联邦学习正好可以解决这个问题。联邦学习可以让数据的各个拥有方，在各自数据不出本地的情况下建立模型，以降低隐私泄露的风险，各方之间仅交换必需的中间结果以完成训练。

未来，人工智能的大数据“训练”将由数据集中的变为分布式的，“联邦学习法”将会成为人工智能发展的重要趋势。对此，著名的人工智能专家杨强教授有一个形象的比喻：过去的机器人学习是“从世界各地草场买草来喂羊”，未来的机器人学习是“把羊放到世界各地的各个草场中去吃草”。这样主人是无法知道羊吃了哪些草的，也就相当于保护了各个草场的隐私数据。

联邦学习由谷歌公司在 2016 年在 Vanilla 项目提出，是用于解决 Android 的输入法自动补全的预测方法，这是最早实现在不接触用户本地数据的前提下完成模型训练的方案，减少了用户的隐私数据泄露。

图 5-4 展示了 Vanilla 横向联邦学习的过程，该方案由以下 3 个步骤组成。

（1）手机设备端从云端下载模型。

（2）手机设备端基于本地数据来更新模型，并上传至云端。

（3）云端整合，迭代模型。

该方案将重复步骤（1）至步骤（3）直到模型收敛。

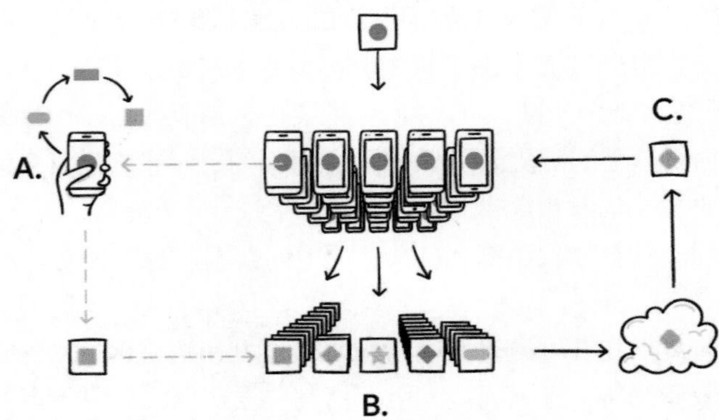

图 5-4 Vanilla 横向联邦学习

针对数据集的不同，联邦学习分为横向联邦学习（Horizontal Federated Learning）、纵向联邦学习（Vertical Federated Learning）与联邦迁移学习（Federated Transfer Learning）3 种。

以包含两个数据拥有方的联邦学习为例，3 种联邦学习的区别如图 5-5 所示。

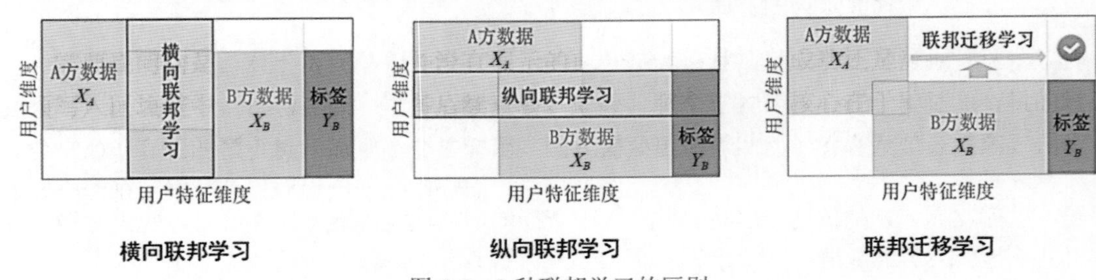

图 5-5 3 种联邦学习的区别

（1）横向联邦学习：两个数据集的用户特征重叠部分多，用户重叠部分少。

（2）纵向联邦学习：两个数据集的用户特征重叠部分少，用户重叠部分多。

（3）联邦迁移学习：两个数据集的用户特征重叠部分少，用户重叠部分少。

1. **横向联邦学习**

在两个数据集的用户特征重叠较多，而用户重叠较少的情况下，我们把数据集按照横向（用户维度）切分，并取出双方用户特征相同而用户不完全相同的那部分数据进行训练。这种方法叫作横向联邦学习，也称按样本划分的联邦学习。

比如，有两家处于不同地区的银行或医院，它们的用户群体分别来自各自所在的地区，相互之间的交集很小，但它们的业务很相似，因此它们记录的用户特征大部分是重叠的。此时，我们就可以使用横向联邦学习来构建联合模型。上面提到的谷歌 Vanilla 项目就属于横向联邦学习。

横向联邦学习针对的数据集的特点是业务（用户特征）相似，但是样本（用户）不同，其学习过程如图 5-6 所示。

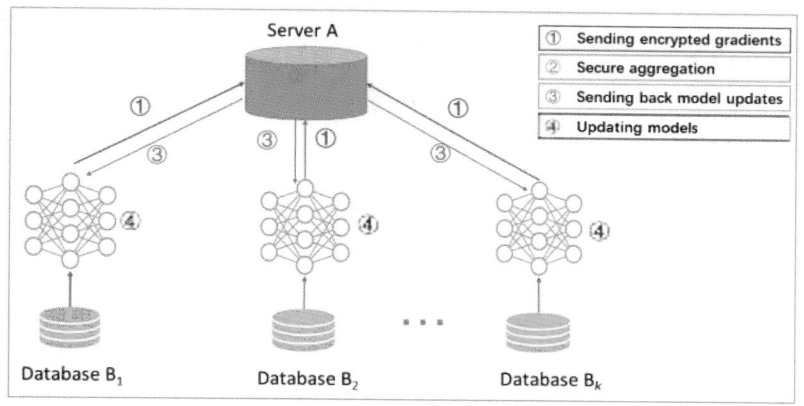

图 5-6　横向联邦学习的学习过程

第一步：参与方各自从服务器 A 下载最新模型。

第二步：每个参与方利用本地数据训练模型，加密梯度，上传给服务器 A，服务器 A 聚合各用户的梯度并更新模型参数。

第三步：服务器 A 返回更新后的模型给各参与方。

第四步：各参与方更新各自的模型。

2. 纵向联邦学习

在两个数据集的用户重叠较多而用户特征重叠较少的情况下，我们把数据集按照纵向（特征维度）切分，并取出双方用户相同而用户特征不完全相同的那部分数据进行训练。这种方法叫作纵向联邦学习，也称按特征划分的联邦学习。

比如，有两个不同的机构，一家是某地的银行，另一家是同一个地方的电商。它们的用户群体很有可能包含该地的大部分居民，因此用户的交集较大。但是，由于银行记录的都是用户的收支行为与信用评级，而电商保存的是用户的浏览与购买历史，因此它们的用户特征的交集较小。

纵向联邦学习可以将这些不同的用户特征在加密状态下加以聚合，以增强模型能力，但不获取相关的数据。

纵向联邦学习针对的数据集的特点是样本（用户）相似，但是业务（用户特征）不同，其学习过程如图 5-7 所示。

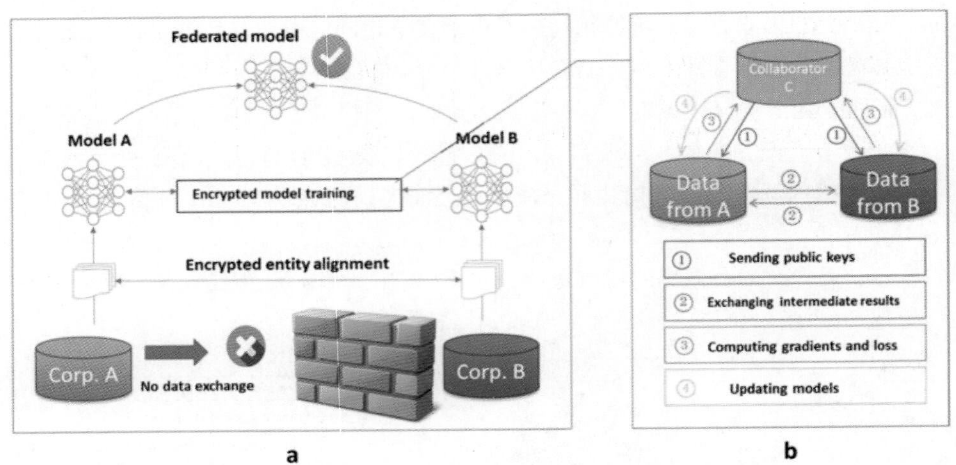

图 5-7 纵向联邦学习的学习过程

（1）加密样本对齐：由于两方的用户群体并不是完全重合的，需要利用基于加密的用户样本对齐技术，由 A 和 B 确认双方的共有用户群体，但不会暴露各自的数据（包括非交叉用户数据）。

（2）加密模型训练：在确定共有用户群体后，利用这些数据训练模型，为了保证训练过程中数据的保密性，需要借助第三方 C（协调方）进行加密训练。

第一步：由协调方 C 向 A 和 B 发送公钥，用来加密需要传输的数据。

第二步：A 和 B 分别计算与自己相关的特征中间结果，并加密交互，用来求得各自的梯度和损失。

第三步：A 和 B 分别计算各自加密后的梯度并添加掩码发送给 C，同时 B 计算加密后的损失发送给 C。

第四步：C 解密梯度和损失后回传给 A 和 B，A、B 去除掩码并更新模型。

3. **联邦迁移学习**

在两个数据集的用户与用户特征重叠都较少的情况下，我们不对数据进行切分，而利用迁移学习来应对数据或标签不足的情况。这种方法叫作联邦迁移学习。

比如，有两家不同的机构，一家是位于中国的银行，另一家是位于美国的电商。受地域限制，这两家机构的用户的交集很小。另外，由于机构类型不同，二者的用户特征也只有小部分重合。在这种情况下，要想进行有效的联邦学习，就必须引入联邦迁移学习，来解决单边数据规模小和标签样本少的问题，从而提升模型的效果。

联邦迁移学习把为任务 A 开发的模型作为起始点，重新为任务 B 开发模型，通过从已学习的相关任务中转移知识来改进学习的新任务。虽然大多数机器学习算法是为了解决单个任务而设计的，但是促进联邦迁移学习的算法的开发是机器学习社区持续关注的话题。

联邦迁移学习对人类来说很常见。例如，学习识别苹果可能有助于我们识别梨，或者学习弹奏电子琴可能有助于我们学习弹奏钢琴。这类似于人们经常说的“照猫画虎”。

联邦迁移学习的步骤与纵向联邦学习相似，只是中间传递结果不同。

联邦迁移学习的典型架构如图 5-8 所示。

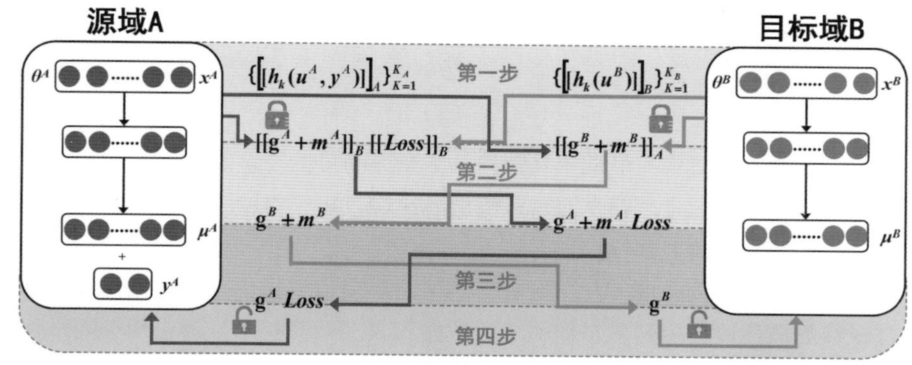

图 5-8 联邦迁移学习的典型架构

第一步：双方交换公钥。

第二步：双方分别计算、加密和交换中间训练结果。

第三步：双方计算加密后的梯度，加上混淆码发给对方。

第四步：双方解密梯度并交换，反混淆并更新本地的模型。

4. **联邦学习的应用场景**

经典联邦学习框架的训练过程可以简单概括为以下步骤。

- 协调方建立基本模型，并将模型的基本结构与参数告知各参与方。
- 各参与方利用本地数据进行模型训练，并将结果返回给协调方。
- 协调方汇总各参与方的模型，构建更精准的全局模型，提升模型的整体性能和效果。

总的来说，联邦学习具有以下特征。

（1）多方参与。两个以上的参与方协作完成共享的机器学习模型训练，且每个参与方都有有效的训练数据。

（2）在模型训练的过程中，每个参与方的数据都不离开本地。

近些年，大数据、人工智能、云计算等技术的推动，使得数字经济发展迅猛，并让数据要素的重要性为社会所共识，也促进了数据隐私保护和数据安全的立法。以往数据在使用时所有权和使用权无法分离，数据无论是用于模型训练还是有别的用途，都很难保证原始数据不被泄露或被多次重复利用，这样数据拥有方的权益就得不到保证，合法合规方面也存在风险。

联邦学习强调不需要将数据集中用于模型训练，数据只需要保存在各参与方本地，各参与方的数据独立存在且不会离开本地，并且在训练过程中使用隐私保护技术，参数交互等通信过程都是加密的，原始数据的相关信息难以泄露，拥有更好的隐私保护特性。

联邦学习可使分布式训练获得的模型效果与传统中心式训练获得的模型效果的差别很小，训练出的全局模型几乎是无损的，各参与方都能受益。

联邦学习解决了近年来在人工智能模型训练中隐私保护难题导致的数据不可用问题，因而其应用前景非常广阔。通过联邦学习可聚合或协同不同企业、组织之间的数据，实现在海量数据集下的模型训练，举例如下。

（1）在智慧交通中，联邦学习可以综合交管部门、物流快递企业、地图导航服务商、交通运输部门的数据，建立交通拥堵模型，用于分析并改善上下班高峰期的交通状况。

（2）在智慧金融领域中，通过联邦学习可以根据多方的多维数据（如联合外部第三方的社交、消费数据等）建立更准确的金融业务模型，从而实现合理定价、定向业务推广、企业风控评定等。

（3）在智慧城市中，通过联邦学习实现各政府机构之间、企业与政府之间的联合，实现更简化的机关办事步骤、更高效的信息内容查询、更全面的疫情安全防控检测等。

（4）在智慧医疗中，通过联邦学习可以综合各医院及第三方检测机构之间的数据，提高如医疗影像智能识别及诊断的准确性，预警病人的身体情况等。

由于金融行业数据的敏感性，对金融数据的使用要受数据提供方和国家监管机构的严格监管。另外，银行的风控评估模型非常依赖于大数据和人工智能技术，而在相关隐私保护法规出台后，银行难以直接获取关于贷款客户的第三方数据用于模型训练。联邦学习解决了这一问题，让银行继续联合第三方机构（如互联网公司）来开展基于机器学习类的业务。

5.5 几种隐私计算技术的比较

以上几类技术的实现路径既有共同点也有差异之处。它们在应用场景上都适用于多方数据的联合计算，但机密计算和 MPC 都不局限于机器学习建模，也可以进行基础运算、集合运算等。

基于可信执行环境进行联合计算时需要将原始数据加密后推送到 TEE，其安全边界范围仅存在于硬件芯片本身，TEE 虽然能够实现相对快速的计算能力，但相比 MPC、联邦学习，其原始数据在逻辑上是脱离私域的，其安全能力取决于硬件厂商及硬件本身的安全。主流的 TEE 平台采用的是 Intel SGX 方案，但该方案在前几年也曝出过存在侧信道攻击［亦称边信道攻击（Side Channel Attack，SCA）］的问题和潜在的软件安全漏洞等。目前，这类产品最大的缺点就是其对国外芯片厂商的强依赖，国内虽然也在发展基于 ARM 芯片的同类技术，但仍未成熟。

联邦学习相对而言更专注于机器学习建模领域。虽然数据不出域，但训练模型是需要共享的，存在攻击者通过模型信息倒推隐私数据的可能，所以联邦学习也经常结合安全多方计算来进一步增强数据安全和隐私保护。

根据数据是否流出、计算方式是否集中，可将隐私计算划分为 4 个不同的象限，如图 5-9 所示。

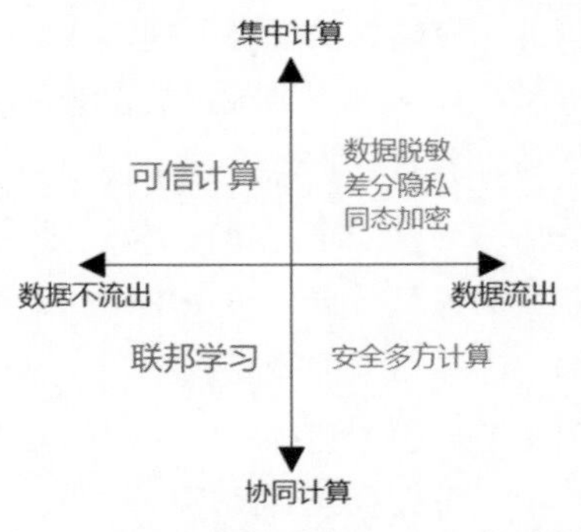

图 5-9　将隐私计算划分为 4 个象限

集中计算意味着中心化的计算模式，协同计算则是分布式计算模式。从性能角度考虑，集中计算意味着更高的计算效率，如可信计算技术。然而，安全多方计算的算法和通信开销较大，导致性能损失较大。

另外，MPC 虽然也会让数据流出参与计算，但流出的并不是明文数据，而是经过分割并用算法加密处理（秘密分割）后的数据，这是由底层机制和密码学算法共同保证了数据的安全和隐私不会被泄露，在形式上可以证明是安全的。

5.6 隐私计算与区块链技术结合

除了安全多方计算、联邦学习、可信执行环境这 3 个方向的隐私计算技术实现路径，隐私计算往往还会结合差分隐私、数据脱敏、匿名化等其他数据安全技术来使用，以及采用区块链技术作为增强多方之间信任的辅助工具。

一方面，隐私计算可以在保护数据本身不对外泄露的前提下实现数据分析计算，这样既能有效促进机构间的数据共享、交换和治理，让数据拥有方不再担心数据泄露的问题，也确保了数据归属权不会转移，从而释放了数据的价值，真正实现了数据要素“管得住”“放得开”，实现了“数据可用不可见”。

另一方面，拥有去中心化、不可篡改、公开透明特性的区块链是解决信任问题的一把“利器”。借助区块链，将隐私计算过程的关键数据和环节上链存证、回溯，使得隐私计算过程可验证、可审计，同时解决了数据提供方和数据使用方的信任问题。

计算网由隐私计算技术负责解决隐私保护问题；信任网由区块链技术负责构建可信协作网络，做好多方协作的信任基石，并实现对数据的全生命周期管理。两种技术的结合让数据共享流通既合规、安全，又充分释放了数据潜在的价值。

在数据共享流通环节，涉及数据提供方、数据使用方、算法提供方、数据监管方等多个角色。他们在链上完成互信，在链下完成计算，并通过区块链智能合约为不同角色提供权限控制与功能边界定义，为隐私计算全过程提供追溯、审计，尽量实现“数据不出库、模型多跑路”。

在金融领域，区块链因其去中心化、防篡改和可追溯等特性，天然适合金融业务场景，可提升多方协作的效率、构建信任基础，在供应链金融、数字货币、跨境支付结算等领域广泛应用。而且，区块链的共享账本、共识机制、交易透明、可追溯等技术可弥补联邦学习在防篡改、数据存储及同步等方面的不足，所以在某些隐私计算平台方案中可看到联邦学习和区块链两种技术的结合使用，这种方案多用于金融场景。

总而言之，隐私计算和区块链技术的结合，在数据共享流通过程中为实现价值挖掘与隐私保护之间的平衡提供了一种非常有效的解决方案。接下来，让我们分析一个保证参与方的数据不出本地，在保护数据安全的同时实现多源数据跨域合作的实例。

2021 年 7 月，某地遭遇特大暴雨并遭受重大的人员伤亡和财产损失，这引起人们对于科技手段能否解决这类问题的关注。城市的各种地下通道和管网错综复杂，让人很难预测暴雨洪水带来的具体影响。比如，哪些地方地势低、排水能力不足、可能会被淹没，哪些地方需要疏散人群并转移等。

某地水务局打算利用大数据来建立一个水安全模型，或称水涝预测模型，用于预测在恶劣天气条件下该地的水涝情况，以便政府决策部门做好相应的安排，最大限度地减少影响和损失。

而建立此模型涉及的外部数据包括水文数据、气象数据、管网数据、地形数据、人口数据、精细地图数据等。上述数据来自不同部门，部分数据由于关系到数据拥有者利益、监管等客观原因不被共享。为了更好地构建水安全模型，需要以不同单位的数据为基础，提供的有效数据越多，模型的率定、预测及展示效果越好。

然而，由于上述数据比较私密，如何在保证第三方数据安全的基础上还能够较好地完成水安全模型的构建成为关键问题。同时，数据质量良好是保证模型计算成果可靠性的前提，保证隐私数据的安全使用既是保证数据质量的关键步骤，也是提升数据提供部门之间信任度和保障数据提供部门利益的有效手段。

此项目用“机密计算+区块链”方案来解决比较合适。因为将可信硬件作为底层支撑，可以使模型多样化。解决外部隐私数据在水安全模型计算的安全使用手段可以通过区块链可信计算和数据哈希链上存证来实现，如图 5-10 所示。

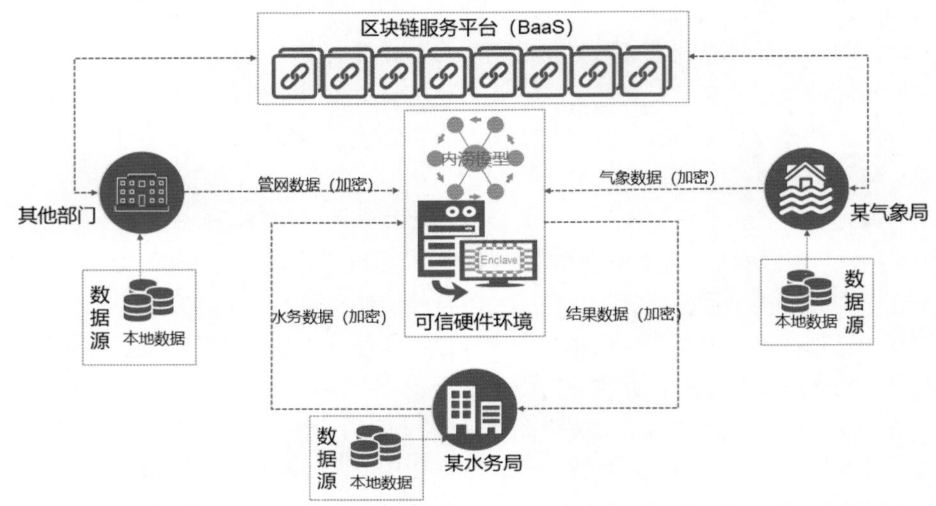

图 5-10　水安全模型

从产品实现角度分析，该项目具有如下特点。

1. 打造可信环境

在使用本系统进行数据计算时，首先要联系相关数据提供单位组建数据联盟，构建联盟区块链，创建共识机制。对于数据各参与方（包括数据提供方和使用方，模型提供方）有准入机制和身份认证；对于数据共享和计算的过程数据，包括从数据的发布、申请、授权到计算模型的上传、计算任务创建执行等，都被记录在区块链上并保存。这样既保证了数据提供方所提供的数据的质量，也实现了全过程的可追溯、可查询、可审计，保障了参与各方的权益，减少了参与各方之间的信任成本。

数据联盟保证了所有信息只在联盟内的成员间共享。可视不同的数据参与方和数据计算任务，组建不同的数据联盟，利用区块链的特性保证不同数据联盟之间的数据隔离和数据安全。

2. 保证数据安全

此项目用“机密计算+区块链”的方案来打消数据持有方对数据安全的顾虑。对于每一次的水安全模型计算，都应遵循以下规范。

（1）从各数据源获取的数据，并非原始明文数据，而是使用 TEE 提供的公钥进行加密后的数据。加密后的数据在被传送到 TEE、只在 TEE 进行计算时，才会对内存中的数据解密并进行机密计算。这些加密后的数据，除了在数据源本地存储，不会在任何其他地方存储。

（2）数据源和 TEE 建立的数据传输通道也采用了 HTTPS 等技术，保证了数据传输过程的安全。

（3）TEE 是基于 Intel SGX 技术实现的，能保证数据计算过程的动态安全，当计算任务结束时，在内存中的数据会立刻被销毁。Intel SGX 技术保证了计算环境对于用户始终是可信的，用户数据在计算环境中不存在被非法访问的可能性。

对于计算结果，需要采用数据使用方提供的公钥进行加密，因此计算结果也只能由数据使用方解密并访问。

以上措施保证了在整个数据计算过程中，无论是源数据，还是计算结果，都是可信的、安全的，不存在非法访问和篡改的可能。

3. **降低使用门槛**

对于数据提供方，既可在系统下载 TEE 提供的数据加密工具自行加密源数据，也可由系统自动完成打包、加密、传输等过程。所有的操作均由系统提供操作界面，操作简单，易于理解，可减少操作失误。除了模型提供方需要有编程经验，该项目对数据提供方和使用方均无特别要求，降低了使用门槛。

可信业务逻辑与系统及外部的交互如图 5-11 所示。

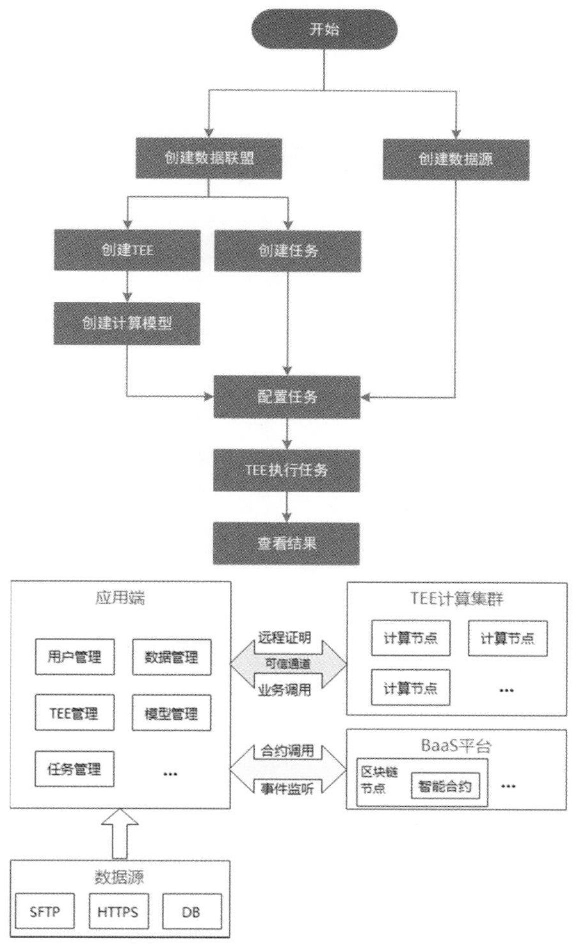

图 5-11　可信业务逻辑与系统及外部的交互

参与数据联盟的每家机构都应有一个独立应用端，多个应用端之间的业务协同主要依赖于区块链网络，通过与 BaaS 平台的合约调用和事件监听接口，完成读链、写链和链上事件监听，实现多个应用端之间的数据同步，并触发业务逻辑的闭环处理。这样，在应用层面也能做到和底层 BaaS 平台一致，实现分布式架构及去中心化。

对于担任数据提供方的机构，需要配置数据源，在执行计算任务时，根据配置信息去读取数据并将数据通过可信通道传输到 TEE 中。

另外，通过调用智能合约接口，将数据发布、审批和任务执行等业务流程的数据（不涉及要共享的数据本身）上链存证，保证数据共享的事后可审核追溯。

如果 BaaS 平台使用 Hyperledger Fabric 引擎，则应用端将通过 BaaS 平台提供的 API 来调用链上对应的智能合约的 Invoke 方法，实现数据上链。

以执行计算任务的数据为例，由数据使用方的应用端发起写链，并通过区块链网络同步到本次计算任务的其他参与方，需要同步的信息如表 5-1 所示。

表 5-1　执行计算任务时需要同步的信息

参数名	描述
InstanceNo	实例编号
TaskNo	任务编号
InstanceName	实例名称
TeeNo	TEE 编号
ModelNo	模型编号
Status	状态（以数字表示）：未开始、运行中、运行完成、强行终止、运行失败
TaskBeginTime	任务开始时间
TaskEndTime	任务结束时间
GroupNo	所属数据合作联盟编号
MemberNo	执行方成员
Description	任务描述

基于 TEE 计算集群的接口，包括远程证明和业务调用。远程证明接口用于可信计算平台向应用端证明自身处于可信的运行状态；而业务调用接口用于执行或终止计算任务，包括将加密后的数据传送到 TEE、计算模型上传等。

6

区块链外传——关于央行数字货币的思考

比特币及区块链的横空出世，让人们对什么是货币及货币的发行有了更多的思考。以往被认为天经地义的货币，在新时代的背景下，我们不得不重新审视其内涵和外延。虽然各类虚拟数字货币（如比特币、以太币、瑞波币等）的发行并未对传统的货币流通造成太大的影响，但各国央行也都严肃、认真地对待其所带来的震撼和冲击，而在是否发行本国的央行数字货币一事上，各国央行也都在审时度势地深入研究或并考虑发行的可行性。在作者截稿之时，中国的央行——中国人民银行的数字货币（Central Bank Digital Currencies，CBDC）已发行，且在部分城市试运行并开始流通。虽然央行数字货币并不采用公有链的虚拟数字货币的路线，也未必完全采用区块链的技术方式，但它与区块链技术确实有着千丝万缕的联系。然而，挣脱技术思维的藩篱和束缚后，当我们以更“高屋建瓴”的角度去观察、分析时，我们可以看到变革正在进行，而央行数字货币本身的发行和流通会给金融系统的运行，以及人类社会的经济领域带来极其深远的影响。本文从这一角度出发，探讨央行数字货币的价值和意义，以及其会对未来人类科技的进步产生什么样的影响。

央行数字货币不同于公有链的虚拟数字货币，它是由一个国家的央行发行、等同于流通中的实物货币的一种数字化形式，是具有法偿性的货币。它的发行量要受到央行的严格控制，要与社会财富及债务总量相对应。它对于经济和社会活动所产生的可能影响，非常类似于**物理学中的四大“神兽”**，借此我们以物理学四大“神兽”作为引言，展开对这个议题的讨论。

在人类历史长河中，物理学界曾经流行着四大“神兽”：**缩地成寸、永远追不上的“芝诺的龟”；推演万物、未卜先知的“拉普拉斯的鬼”；逆转时空、起死回生的“麦克斯韦的妖”；超越因果、亦生亦死的“薛定谔的猫”**。它们如同鬼魅，在物理学界、哲学界、数学界掀起轩然大波，“潘多拉的盒子”一经打开，便阴魂不散，乌云笼罩在科学界的头顶。

但换个角度考虑，困扰人们的问题也如同指路明灯，科学的进步虽然艰辛，但终有拨云见日的一天，每只“神兽”的驯服，都印证着人类认知的巨大飞跃。

有趣的是，冥冥之中，宏观经济学中的自然规律和金融逻辑在很多方面也暗合物理学中的基本定律。人类历经千百万年的发展，虽然有坎坷，也曾停滞不前，但最终造就了今天以市场为导向的繁荣现代经济。

当我们回顾过往，虽有失败的社会实验，也有不世出的天才设计，但更多的是自然发展中不断的优胜劣汰、吐故纳新，在蛮荒蒙昧中造就了今天经济的现代化。

在比特币横空出世以后，全新的数字货币理念给我们带来了天翻地覆的认知变革，各类金融领域的创新层出不穷，区块链从此走上“神坛”，下至各类企业，上至集团组织，从金融机构，再到各国央行纷纷参与到这一狂欢盛宴中，跃跃欲试。但无论是怎样的改革，都要考虑以下问题：是应该挣脱现有经济模式的束缚？还是套用旧有的规律而“新瓶装旧酒”？

本文先从第一只“神兽”谈起，尝试探讨央行数字货币的设计。

6.1 从“芝诺的龟”看央行数字货币的设计

6.1.1 “芝诺的龟”

古希腊的数学家芝诺曾提出这样一个悖论（见图 6-1）：阿喀琉斯是古希腊神话中擅长跑步的英雄，在他和乌龟的竞赛中，他的速度是乌龟的 10 倍，乌龟在他前方 100 米处开始跑，他在后面追，但他不可能追上乌龟。

图 6-1 永远追不上的“芝诺的龟”

因为在竞赛中，追者首先必须到达被追者的出发点，当阿喀琉斯追到 100 米时，乌龟已经又向前爬了 10 米，于是，一个新的起点产生了；阿喀琉斯必须继续追，而当他追完乌龟爬的这 10 米时，乌龟又已经向前爬了 1 米，阿喀琉斯只能再向前追 1 米。

就这样，乌龟会制造出无穷个起点，它总能在起点与自己之间制造出一个距离，不管这个距离有多小，但只要乌龟不停地奋力向前爬，阿喀琉斯就永远也追不上乌龟！

这个悖论曾经困扰了整个科学界上千年，也导致了第二次数学危机，直到近代微积分出现，人类才具备了解构此问题的能力，相对完善地回答了此问题。

芝诺悖论之所以是悖论，就在于无穷级数的求和不一定是无穷大的，其可以是收敛的，即其可以是固定的值，该值既可以是有理数，也可以是无理数，如下所述。

$1+2+3+4+5+6+7+8+\cdots=+\infty$ 正无穷，发散级数

$1+0.1+0.01+0.001+0.0001+\cdots=\dfrac{10}{9}$　　和为有理数，收敛级数

$1+\dfrac{1}{2^2}+\dfrac{1}{3^2}+\dfrac{1}{4^2}+\dfrac{1}{5^2}+\dfrac{1}{6^2}+\dfrac{1}{7^2}+\cdots=\dfrac{\pi^2}{6}$　　和为无理数，收敛级数

$1+\dfrac{1}{2}+\dfrac{1}{4}+\dfrac{1}{8}+\dfrac{1}{16}+\dfrac{1}{32}+\dfrac{1}{64}+\cdots=2$　　和为有理数，收敛级数

还有比较反直觉的级数之和：

$1+\dfrac{1}{2}+\dfrac{1}{3}+\dfrac{1}{4}+\dfrac{1}{5}+\dfrac{1}{6}+\dfrac{1}{7}+\cdots=+\infty$　　正无穷，发散级数

微积分的引入使这一讨论变成了无穷数列之和求极限的问题。

可是“芝诺的龟”与我们现实生活有何关系呢？这一物理学的“神兽”和宏观经济学又有什么联系呢？

6.1.2 基础货币、存款货币与存款准备金

通俗地说，基础货币是央行发行的货币，存款货币是商业银行所“控制”和掌握的货币，这里的“控制”是指存款货币可以由商业银行派生、“凭空”制造出来。举例如下。

用户 A 存入银行 100 元，银行可以将这 100 元贷出去，而这 100 元理论上可能再次回流到银行，银行又可以将这 100 元贷出去，如此往复，循环不止。

我们可以看到真正的货币仅仅是最初始的 100 元，但在不断的放贷过程中，货币被商业银行不断创造出来，这个过程就是存款货币的产生过程，而每次放贷都会导致银行负债增加，即平时所说的银行资产负债表的增加。

这样的过程显然会有很高的风险，真的有可能出现永远也追不上的“芝诺的龟”。在现实场景中显然不是这样的情形，存款准备金应运而生，央行通过调节存款准备金率来撬动银行产生存款货币的杠杆。

以存款准备金率为 10%为例。用户 A 再次来到银行存入 100 元，但银行要向央行存入 10 元（100×10%=10 元）的存款准备金，因此银行只能放贷 90 元，理论上这 90 元会再次回流到银行，银行如果再次放贷则需要向央行存入 9 元的存款准备金，那么有 81 元可以再次放贷……因此，由这 100 元所能产生的总存款货币为

$$S=100\text{ 元}+90\text{ 元}+81\text{ 元}+72.9\text{ 元}+\cdots$$

虽然这是一个无限等比数列，但是其和“芝诺的龟”一样，是收敛的（假定 S_0 是初始存款，P 为存款准备金率）：

$$S=\frac{S_0}{P}=\frac{100}{10\%}=1000\text{ 元}$$

所以我们可以看到，存款准备金的存在导致商业银行不能无限放贷，100 元的存款可以释放出的存款货币的理论上限为 1000 元。

而央行正是通过调整存款准备金率来调节商业银行产生存款货币的杠杆的，降低存款准备金率会释放更多的货币流动性，而提高存款准备金率又会压缩整体社会的信贷规模。

当然，实际情况远比上述过程复杂。上述过程既没有考虑贷款利率和存款利率，也没有考虑商业银行的呆账、坏账问题，以及放贷出去的货币未必能完全回流到银行的问题，这些都会

影响货币乘数。**最终的结论是用来说明在有存款准备金的前提下，存款货币的创造存在上限值，从数学的角度保证了其不能被无限制地创造出来。**

存款准备金率就如同芝诺追上乌龟的速率，央行正是通过这一杠杆来调节宏观经济的运行、释放或收缩货币的流动性的。

6.1.3 央行数字货币的设计

在央行数字货币的设计中，将央行发行的数字货币归于 M_0（现金）范畴，确实是一种深思熟虑之后的明智选择。首先，M_0 属于由央行直接发行的基础货币，是央行的负债，而存款货币是由商业银行和其他借贷机构创造而生的，是商业银行的负债。

其次，作为一种金融社会实验，数字货币不可能在一开始就大规模实施，而是采用对现有经济体影响最小的方式开始逐步试点，用数字货币替代部分 M_0 是社会各界可以接受的模式。

稍微深入思考一下，我们便可以得出这样的结论：**央行发行的数字货币总量一定，商业银行并且不能由此派生出新存款货币。**但这一模式也引发了新的讨论：**数字货币是否可以派生出存款货币？这一点的确面临着非常复杂的两难选择。**

如果可以，央行数字货币似乎和现有的电子货币（微信支付、支付宝等）没什么区别，但这不符合央行发行数字货币的初衷：能够更强有力地控制货币投放（主要是针对存款货币和影子银行）；如果不可以，数字货币对于商业银行的利益何在？除了用行政手段等进行强力干预，传统商业银行是否有真实的驱动力来推行数字货币？

6.1.4 利息与央行数字货币

我们都知道利息是由借贷而产生的，现有的大部分加密数字货币，如比特币、以太币、莱特币等本身都是没有利息设计的，因为利息是由市场行为决定的，且随着市场需求变化而波动，并非数字货币本身所需要考虑的内容，因此在央行数字货币中也借鉴了同样的思路，没有进行利息规划。

数字货币是否应该有利息，取决于银行是否能够派生出存款货币，只有借贷才能够产生利息。虽然数字货币的发行采用了二级结构，但按照我国央行目前的规划，由于其不能派生出存款货币，所以数字货币无利息自然顺理成章。

普遍观点认为，央行数字货币最终会取代现金，作为现有 M_0 的替代品。笔者认为这是一种过于乐观的想法，至少在目前的技术手段下，无论是电子支付还是数字货币，都非常依赖于智能终端、电、通信网络等基础设施。

在基础设施不完善的偏远地带，为了应对不时之需（断电、断网、支付系统异常等极端情况），或者受消费习惯的制约（部分不接受电子支付的人群或商家、机构），现金依然有它的使用空间且具有不可替代性。

在电子支付日益发达的今天，现金的使用频率虽然越来越低，但电子支付的受众和场合已经逐渐触及天花板。未来央行数字货币的使用，其实并非拓展的是目前电子支付所未触达人群和场合，而更多的是与现有电子支付场景的重叠。

那么问题来了，与现有的电子支付相比，数字货币的使用又有哪些优势呢？站在普罗大众的角度来看，用户使用数字货币能带来哪些利益/好处呢？

如果数字货币没有利息，那么用户为什么要放弃既有优惠又有利息的电子支付（指直接绑定信用卡或银行卡方式的电子支付）方式呢？

而零售商（如超市）作为有广泛群众基础的商家，每天所使用的现金依然积少成多，数字货币无利息后，是否会对商家的营收产生影响？

这些问题的本质已经触到了货币设计的哲学，以及货币产生的本源。货币职能的核心到底是什么？货币单纯是为满足交易的需求，作为支付手段而产生的吗？

在加密数字货币（比特币、以太币等）市场上，其实已经出现了数字货币银行，这来源于杠杆炒币及数字货币期货的需求。用户将加密数字货币存入银行会带来相应的利息奖励，但需要将用户与数字货币脱钩。

例如，用户在平台存入一枚比特币，其便失去了对这枚比特币的控制，未来用户来提取时，平台方只保证会返回一枚比特币加上一定的利息，而不保证返还的是原来的那枚比特币。

在此过程中，数字货币银行并不能凭空创造存款加密数字货币。数字货币银行通常有 3 种做法：以法币现金的方式或以平台自身发行的山寨币或从平台外部购买加密数字货币来支付利息。

而央行数字货币是否需要采纳可以派生出存款货币和利息的设计，确实是一个非常值得考虑的议题，虽然它可以解决使用数字货币的激励问题，并提高全体使用者的参与性，但它所带来的新问题并不比它解决的问题少。

一旦可以派生出存款货币，数字货币就不再仅属于 M_0 范畴。它如何和现有的货币系统进行协调、如何创造出不与民争利的合理框架，都是非常复杂的问题。但笔者仍然认为，这是一个虽然充满争议又激进，但极具魅力的解决方案。

从社会的效应和金融实验的角度来说，目前央行数字货币的设计的确是兼顾了各方的考量、摒除了激进的方式并对现有经济环境冲击最小的折中选择。

我们看到了在央行数字货币的规划中，每个因素都是环环相扣、牵一发而动全身的。至此，我们已经能够理解为什么目前我国采用现有央行数字货币的设计，以及未来它将面临的问题和挑战。

而央行数字货币的发行是否最终会外延到更大的范围？

有一种观点认为，央行在下很大的一盘棋，最终由央行来控制整体的货币创造，用以取代传统商业银行的存款货币，从而更好地调节经济。我们是否需要这样一个全能的“神”的存在？集约化的控制是否符合现代经济学的基本规律，是否有益于经济发展？

为了找到答案，我们将在下一节中介绍“从‘拉普拉斯的鬼’看央行数字货币的设计”。

6.2 从“拉普拉斯的鬼”看央行数字货币的设计

上一节曾提到，在人类历史长河中，物理学界曾被四大“神兽”所困扰，但这并不能阻碍科学的进步和人类求知存真的决心。在经济学领域，宏观经济学及货币银行学虽然是理论界热门讨论的显学，但在现实场景及实际应用中又仿佛是“屠龙之技”，对诸多经济问题及危机的研判也往往是“事后诸葛”。科学的进步从来都是步履蹒跚、布满荆棘的，但这并不妨碍我们拥有披荆斩棘的决心。人类精进的步伐，虽然或快或慢，但无比坚定，一步一个脚印。

以比特币为首的数字货币及未来的央行数字货币的到来，让我们看到各类以此为核心的

大规模经济及金融社会实验正在悄然不断地发生，未来社会的颠覆性变革似乎在酝酿中。

让我们来思考一个问题：**央行发行数字货币的意义和目的是什么？**

有一种观点认为，央行数字货币推出后，传统商业银行会逐渐退化为狭义银行甚至消失，商业银行不再派生出存款货币，而央行承担了传统商业银行相当一部分的职责，根据大数据分析，人工智能来决定货币的投放。这的确是一种相当激进的设想，但这样的设想能否成真呢？先来看看物理学界的“拉普拉斯的鬼”。

6.2.1 “拉普拉斯的鬼”

拉普拉斯是法国的数学家，恰逢牛顿经典物理学大行其道之时，他在 1814 年提出一个假设：可以把宇宙现在的状态视为其过去的果及未来的因。如果一个“魔鬼”知道宇宙中每个原子确切的位置和动量，那么就能够使用牛顿定律来展现宇宙事件的整个过程、过去及未来。如果一个“魔鬼”能知道某一刻所有自然运动的力和所有自然构成的物件的位置，且其能对这些数据进行分析，那么从宇宙里最大的物体到最小的粒子的运动都会包含在一条简单公式中。这个“魔鬼”被称为“拉普拉斯的鬼”，如图 6-2 所示。于是乎，宇宙万物的运转及未来尽在这个未卜先知的“魔鬼”的掌握中。

图 6-2 “拉普拉斯的鬼”

量子物理学出现后，量子的不确定性给了“拉普拉斯的鬼”致命一击。第一个对“拉普拉斯的鬼”提出挑战的是量子物理学的奠基人之一：海森堡。这位大师提出了测不准原理：你不可能同时知道一个粒子的位置和速度，既然已经测不准了，推测未来也就无从谈起。而量子物理学中的“有果不一定有因”进一步动摇了经典物理学中的因果学说。随着量子物理学的蓬勃发展，其后的各种理论及实验中所观测到的现象，都与“拉普拉斯的鬼”不相容。

而混沌学说的诞生，再次进行“补刀”，更加完美地驳斥了“拉普拉斯的鬼”的存在。即便不是在微观领域，而是在大尺度的牛顿经典物理学世界中，由于体系中不仅存在外在的随机性，也广泛存在突发事件等不可预测的内在的随机性，从而使系统具有非决定性。混沌中可以产生有序，而有序的世界最终会朝着无序的平衡态发展。**如果说量子力学揭示了微观世界的不可预测性，那么混沌学说则从根本上否定了事件的确定性，最终“拉普拉斯的鬼”这只“神兽”终于被驯服。**

6.2.2 经济的混沌性：人工智能不能替代传统商业银行的存在

首先，我们必须承认自然界存在不规则性和不确定性，以及内在的随机性，从而导致了一定程度上的不连续和无规律。自然世界如此，微观的量子物理、宏观的热力学亦是如此，在经济领域，是否也呈现出了世界的混沌性？

诺贝尔经济学奖的获得者、美国著名经济学家保罗•萨缪尔森曾一针见血地指出："经济学的规律只是在平均意义上才是对的，它们并不表现为准确的关系。"和物理世界一样，我们可以把经济领域划分为微观经济领域和宏观经济领域，微观经济领域中个人或单个经济主体的行为可以表现出很大的随机性，但从宏观经济领域的角度看又在一定程度上有章可循，兼具未来的可预测性和最终结果的未知性。混沌经济学对经济呈现出的这种两面性进行了研究。保罗•萨缪尔森所谓的"平均意义"就是指混沌经济系统在宏观层面和整体层面才具备统计性、分析性。

同样，传统的商业银行所面对的正是这些微观的个体，如生活中每一个在银行开户的人、需要贷款的企业、需要担保的公司。商业银行针对每个鲜活的经济个体开展业务，它不仅创造信用，在微观经济领域更承担了信用中介这样重要的角色。还有一个不能忽视的重点是，商业银行业务的拓展与法律法规等制度紧密联系，业务风险与法律风险相伴而生，借助风险控制、法律的约束，才能建立起契约关系，而这些无疑都少不了微观经济领域中人工的参与。

如果传统商业银行沦为狭义银行，仅仅变成货币的批发机构，失去派生存款货币的能力，那么商业银行的部分职责就会完全上浮至央行，由央行来承担，这就要求央行具备事无巨细的能力，就像"拉普拉斯的鬼"一样，可以掌握事物的方方面面。虽然当前现实社会中不具备这样的条件，但是有一种论调强调，在大数据、人工智能大行其道的今天，经过发展，未来是有可能通过这样的组合技术来决定微观经济领域的货币投放的。

众所周知，大数据和人工智能都非常依赖于数据的产生及累积，这样就出现了一个问题，那就是各类经济因素、社会活动、行为决策等是否都可以量化？如果都可以量化，哪些因素需要量化，量化的权重如何确定？正如洛伦兹的蝴蝶效应，南美洲的一只蝴蝶拍动翅膀，会引起得克萨斯州的风暴，那些微不足道的因素是否需要引入模型系统中？特别是一些看似简单的物理问题（如三体问题）目前还没有解决。如果所有因素都不被遗漏，也能成功地建模，那么这些指标的产生和定义是否需要人工介入？如果部分指标需要人工采集和人工干预，那么如何避免人的主观因素，以及作弊的可能？即便我们处在一个理想国中，不需要人工的参与，而万物条件皆可为客观指标，我们又该如何避免微观经济中的混沌性和随机性？

对于传统商业银行狭义论和消失论，我们需要回答以上若干问题，并严肃地对待、慎重地考虑。

因此，在央行数字货币的设计中，央行—商业银行这样的二元货币发行结构就有其存在的必要性，而绝非仅仅为了遵循现有体系架构、避免过大的冲击所采取的过渡措施。

需要补充的是，笔者并非反对大数据及人工智能在未来央行数字货币发行体系中的应用，而是对用它们来替代传统商业银行这一提议提出质疑。引入这些新兴技术，可以对宏观经济的运行进行更精准的分析，从而形成更好的正向反馈机制，来辅助央行货币政策的实施，这才是其积极的作用和现实的意义。

除了经济的混沌性所带来的不确定性需要商业银行这样的设定，央行和商业银行无论是在历史中，还是在当前，都存在微妙的协作关系。

6.2.3 微妙的协作：央行与商业银行

前文曾对央行数字货币归属的范畴进行过讨论，如果央行数字货币仅仅属于 M_0（现金）范畴，那本系列讨论就可以结束了。初期的金融社会实验，肯定要相对稳健、循序渐进地进行，但央行未来数字货币的目标肯定不仅限于此。如果数字货币的触角延伸到更广泛的范围会发生什么呢？这不可避免地需要对货币的内生性理论与货币的外生性理论进行探讨。

一些区块链及数字货币的“原教旨主义者”认为，数字货币的出现就是为了荡涤一切类似于商业银行这样的中介机构，消除金融交易中信息的不对称性，摒除金融活动中信贷的不确定性，从而降低金融风险并减少交易中介费用。这就回到了本源问题：现代货币仅仅是支付手段吗？如果仅仅是支付手段，那么商业银行确实可以被替代，如果不是，那么商业银行创造存款货币就有其必要性。而“原教旨主义者”所倡导的，到底是理想中的乌托邦，还是现实中可以达到的桃花源，还需要我们进行一番梳理。

商业银行最早出现于意大利，远早于央行的起源。央行不是天然存在的，美国央行更是两度设立两度解散，直到 1907 年的金融危机导致大范围商业银行的破产，才最终催生了现代美国央行——美联储。

央行—商业银行这样的二元货币发行结构，并非一蹴而就，而是为适应经济及时代的发展而造就的。中央银行的出现需要以现代意义上国家的确立为先决条件。商业银行与央行各司其职，商业银行负责经济体中具体的信用贷款与存款吸纳，对应着实体及个人，央行负责制定货币政策和操控宏观经济的整体运行。

商业银行其实还承担了信用中介及缓冲器的作用。首先，借贷本身是有风险的，而作为银行存款人的用户，实际上无须承担这样的风险。换句话说，商业银行中的单一坏账、呆账并不影响存款人在银行中的金融活动，该存的存，该取的取。也就是说，在一个健康的经济体系中，商业银行只要将资产负债率及商业贷款的风险控制在一定范围内，即可实现盈利并保证整个银行业务的正常运转，而银行的存款人，大可放心地将存款保存在银行中。

货币的确脱胎于交易的互换手段，但人类进入商业社会以后，特别是近现代，货币的需求更多地源于债务。货币可以被看作结清债务债券关系的支付工具，债务又依赖于信用，商业银行恰恰承担着信用中介这一角色。而信用又是由契约来保证的，因此商业银行同时承担着契约的整个生命周期监督者和管理者这一重要职责。因此，一方面，为了承担这样持重的角色，其必然会有着一定的运维成本；另一方面，为了满足由于经济增长日益扩大的信贷需求，需要商业银行派生出存款货币。如果商业银行不能派生出存款货币，不仅使其很难维持正常运行，也会对微观经济领域货币的投放产生困扰，这就使我们看到了存款货币对于银行和经济体的重要性。

区块链的粉丝常常会说，区块链中的智能合约在未来将会是契约与合同的替代品，因此其可以取代商业银行的信用中介角色。然而事与愿违，在现实中的合同执行过程中，风险的控制仍然离不开人工的干预和控制，以太坊的创始人 V 神（Vitalik Buterin）曾表示，很后悔采用“智能合约”这一术语，因为现阶段的智能合约既不智能，也不是合约，因而称为“持久脚本”更合适些。

而央行数字货币的引入在于规范商业银行行为，避免过度放贷，同时从宏观上把握经济的运行，通过货币政策来防止危机的发生，或在必要的时段刺激经济的增长。这样的结构使国家把握住了整个经济命脉的运行，央行与商业银行一大一小、一宏观一微观，各司其职地承担着不同的角色。

因此，**除了支付手段与价值衡量尺度，现代货币最重要的职能是债务与契约关系的纽带，同时也是结清债务债券关系的支付工具。**

6.2.4 新的移动支付体系：各国央行发行数字货币的根源

还有一种说法，央行之所以发行数字货币，是为了应对以比特币为首的“无监管”的数字货币的冲击。

其实从目前的情况来看，整体数字货币的市值还非常小，使用场景也非常有限，还远远构不成对现有货币体系的威胁。另外，以比特币为首的数字货币，其价格波动幅度很大，暴涨、暴跌使其很难作为价值的衡量尺度；而其在支付过程中不具备实时性，又使其在交易过程中很难承担一般等价物的角色。

也有人强调，央行数字货币的发行还会带来成本上的优势，但笔者并不这样认为。虽然从央行的角度来说，数字货币相比于纸币拥有更低的成本（纸币存在设计、制造、运输、保管和销毁等过程），但从整体社会的角度来说，新的数字货币体系所带来的冲击和改造成本并不低，在相当长的时间内，只要保持和传统的货币体系并存，企业、公司，乃至个人，都需要两套不同的财务系统共存，并需要使二者相互兼容。从整个社会体系来看，整体运营和维护的成本并不见得会降低。因此，成本优势既非央行发行数字货币的优势，也非央行发行数字货币的目的。

在当前的使用环境中，以微信支付、支付宝支付为代表的移动支付渐入人心，以年轻人为基础的使用人群越来越倾向于使用无现金、无钱包、无卡片等更快捷的方式。而基于这样的大趋势，逐渐形成了一个新的、庞大的移动支付体系，并且这一新的移动支付体系的触角正在外延至更深、更广的领域。**新的移动支付体系的形成，不仅有可能逐渐解构现有以央行为核心的金融架构，更重要的是会钝化央行的货币传导政策。在央行的构想中，利用新的数字货币工具，可以在新的数字支付、数字经济秩序中重新掌握主动权，加强货币的控制，并实现对宏观经济更加精准的监控和管理。**

另外，我们往往会“轻视”欧美等经济体，因为其移动支付并不普及，仍然以信用卡、支票、现金等“守旧”的方式进行交易。一方面，欧美等经济体已经有了健全、发达的以信用卡为主体的支付体系，对现有系统进行改造（扫描枪、新网络等）需要付出一定的成本；另一方面，人们的固有习惯一旦形成，便很难改变。

目前主要的发达经济体，特别是欧盟不仅经济出现滞涨，更为严重的是欧元危机似乎又要卷土重来。而之前屡试不爽的货币政策，在目前也不再有效。究其原因，一方面是因为在一个资源有限的封闭系统里，其经济规模和发展存在边界，而人类的发展似乎正在接近这个边界；另一方面是因为传统的货币手段通过新技术、新方法的改进仍然存在创新的空间，数字货币的推出恰恰可以满足这一技术需求，为“压榨”货币政策新手段提供了途径，如负利率政策的实施。

一言以蔽之，无论中外，以往由于传统货币技术手段的限制，货币政策的实施在目前并

非那么有效，央行之所以发行数字货币，就是为了强化货币政策的有效性和对宏观经济的可控性。

6.2.5 商品货币："骨骼清奇"的数字货币

在数字货币大潮中，有一类"骨骼清奇"的数字货币与一定实物相对应，如钻石币、黄金币、石油币、稀土币等，此类货币称为商品货币。

提及央行数字货币的发行，我们不得不说一下委内瑞拉的石油币。委内瑞拉政府称，其发行的石油币的物质基础是该国 Ayacucho 油田储备的 50 亿桶原油，但据路透社报道，该油田目前荒无人烟，没有任何石油基础设施，也就是说石油币没有一滴石油作为支持。

此类货币都面临同样一个问题，即如何做到链上的数字资产与链下的实物相对应。解决这类问题的关键是要解决好链上与链下的信任关系，这就离不开一个或多个中央信任机构的背书，每发行一个数字货币，必须有与之等价的实物商品作为抵押，否则商品货币就真的沦为"空气币"了。

以上讨论的诸多内容，包括了货币的功能，以及商业银行、众多金融机构和央行在数字货币推出后新形势下的作用和职责，但似乎问题依然没有解决。既然数字货币并不能派生出存款货币，那么商业银行如何产生借贷？我们已经看到了加密数字货币（如比特币、以太币等）在借贷中的困难性，那么央行数字货币应如何获得可扩展的流动性呢？

以上讨论的林林总总，都困囿于央行数字货币的设计，但我们是否能挣脱这一思维束缚，有着更加大胆的创新呢？货币需求的外生性和内生性又有什么关系呢？

这些问题将在下一节"从'麦克斯韦的妖'看央行数字货币的设计"中进行讨论。

6.3 从"麦克斯韦的妖"看央行数字货币的设计

亚当·斯密在《国富论》中曾写道："当人们谋求自身利益时，无形的手会引导社会走向繁荣。"正如他所预期的那样，在这只"无形的手"的庇护下，近现代世界的市场经济持续繁荣了近 200 年的时间。

我们曾乐观地反问：经济的发展难道会有尽头吗？

然而，当我们踏入千禧年之后，一切似乎真走到了尽头。2008 年的经济危机让全世界的繁荣景象戛然而止，曾经经济发展的"火车头"，要么陷入债务泥潭，要么经济持续低迷，而曾经被赞誉有加的新兴经济体，也因为老龄化、内需不足、环境保护等问题出现后续增长乏力的情况。

经济危机过后，各国普遍采取了量化宽松政策，然而十几年后我们依然面对的是经济低迷的世界，曾经无往而不利的凯恩斯主义终于黔驴技穷。

是的，今天经济的发展确实迎来了历史拐点，我们可能不得不面对一个经济持续低迷的世界，即经济的长期停滞（Secular Stagnation）。在面临困顿的今天，我们急需一只"上帝之手"，庇护全球经济重新踏上发展的道路。但要找到这只神秘的"上帝之手"，需要我们在经济学特别是货币学理论方面有重大突破。遗憾的是，对货币的研究虽然是显学，但其在现实中其实是一个生僻的领域，我们在此领域并未有更多的建树。

然而，经济危机的频繁出现，以及加密数字货币的出现，重新燃起了人们对这一领域的研

究热度和兴趣。未来如果能推出央行数字货币，是否真的够找到预测经济危机的办法？是否能够有效调控货币政策，避免经济危机的发生？它会不会是我们苦苦寻觅的“上帝之手”呢？

解答这个问题之前，我们先来看一下曾给科学界带来无比头疼问题和麻烦的另一只“神兽”——“麦克斯韦的妖”。

6.3.1 “麦克斯韦的妖”

“麦克斯韦的妖”是一只假想出来的“妖怪”，它能探测并控制单个分子的运动，于 1871 年由英国物理学家麦克斯韦为了说明违反热力学第二定律的可能性而设想出来。

如图 6-3 所示，一个绝热容器被分成相等的两格，中间是由“妖怪”之手控制的一扇小“门”，容器中的空气分子做无规则热运动时会向门上撞击，“门”可以选择性地将速度较快的分子放入一格，而将速度较慢的分子放入另一格。这样，其中的一格就会比另外一格温度高，可以利用此温差驱动热机做功，这样一台神奇的永动机就出现了。

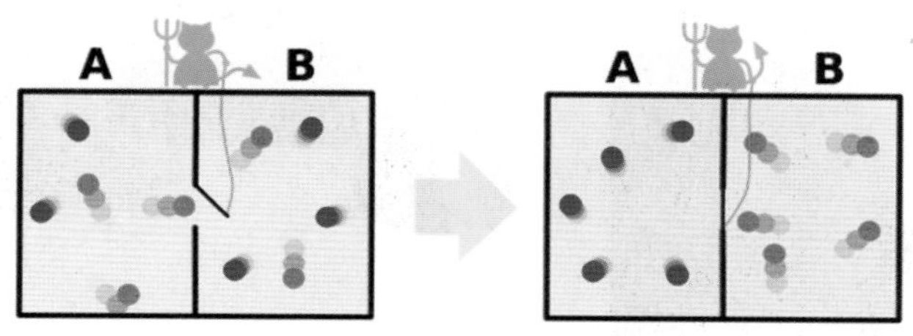

图 6-3 “麦克斯韦的妖”

在真实世界中真的可以利用这只“妖怪”之手产生永动机吗？

这只想象中的“妖怪”曾令物理学家们伤透了脑筋，长期以来争论不休。直到 20 世纪 50 年代，法国物理学家布里渊用信息论驱逐了这只“妖怪”，捍卫了热力学第二定律的正确性。

由于容器中是一个密闭的、孤立的系统，“妖怪”处于绝对黑体中，它是不可能看清任何东西的，当然也就无法分辨分子运动的速度和方向，系统只能继续处于原来的平衡状态。除非外面提供光亮，它才有可能看清楚并正确控制阀门，从而增加系统的有序性并使熵减少，但这种有能量输入的系统就不再是孤立的系统了，也就不再适用热力学第二定律了。

这只“妖怪”的驯服，意味着热力学中的“上帝之手”是不存在的，想获得一个能够一劳永逸解决能源问题、帮人类持续做功的第二类永动机也是不可能的。

在经济学界，在寻找货币调控、追求货币与信用实现完美平衡的坎坷荆棘路上，不乏创新而另类的观点——哈耶克成书于 20 世纪 70 年代的《货币的非国家化》提出，货币不应该由国家或者央行控制，而应让其处于自由市场竞争中。这的确是大胆而惊骇世俗的猜想。以比特币为首的加密数字货币被推出后，这部哈耶克晚年最后的一部著作受到数字货币拥趸们如“圣经”般的盛赞，因其一些主张和信条符合数字货币与现实世界的结合，作为货币的非国家化在现实世界的践行而被奉为圭臬。

与央行数字货币相反，哈耶克主张的是另外一条完全不同的、独辟蹊径的、由“自由市场竞争之手”（简称“市场之手”）来决定发行的货币之路。这难道就是我们苦苦寻找的“上帝之手”吗？结论还不能轻易地下，事实远比想象的要复杂。

6.3.2 货币的非国家化与数字货币

从经济学的角度来说，央行本来具有独立性，但实际的情况是，尽管程度有所不同，但几乎所有的政府都会干预央行的货币政策与独立运营，由此哈耶克在他的晚年最后一部著作中提出了创新而大胆的理论。

如图 6-4 所示，在《货币的非国家化》这部著作中，颠覆了正统的货币制度观点，哈耶克认为国家发行货币弊大于利，只要拥有绝对的权威垄断权，国家就一定会有货币超发的冲动，要么是假以刺激经济为目的的主动行为，要么是为了解决财政赤字问题而进行的必然选择。因此，在垄断的货币发行下，通货膨胀就像瘾君子要吸毒一样不可避免，更重要的是它会让经济陷入周期性的衰退与繁荣。

图 6-4 哈耶克与《货币的非国家化》

哈耶克所主张的是，在一般的商品市场，市场化的自由竞争最有效率，并带来繁荣，在货币市场领域为什么不能引入市场竞争呢？因此，废除中央银行制度，允许私人机构（银行）自由地发行货币，并引入市场竞争，从而优胜劣汰，“作恶者”（超发货币者）会受到市场机制的惩罚而离场，合规者会受到市场的青睐而获胜，在这个过程中一定会发现最好的货币群。而每种货币，需要选择一篮子有代表性的多种商品的价值作为锚点，加权取其均值后决定货币的价格及其与其他货币兑换的汇率。这是一个动态的过程，由于不同地区、不同国家的经济发展得不均衡，商品价值并非一成不变，需要实时进行调整以适应这种变化。而一篮子的商品的选择亦有其规则，必须是多种门类的多个商品，以避免一个商品的价格变化导致整个货币价值的大幅波动。从统计学的角度来说，商品的种类越多、数量越多，价值的评估越准确；同时还要兼具有代表性，以更好地体现价格变化，从大宗商品到生产所需的原材料，再到最终的消费品，都是很好的可进行评估的标的物。

从笔者的角度来看，在很多情况下，加密数字货币的拥趸们多在断章取义，哈耶克的主张与加密数字货币所倡导的并不一致，两者也仅在非国家化和自由竞争两个维度有相通之处。哈耶克的非国家货币仍需要与现实商品，或者说和社会财富做价值锚定，而加密数字货币采用“挖矿”的形式来获得货币，不以任何资产做对照。哈耶克的非国家化的货币没有上限的约定，而加密数字货币往往有一定的发行上限（如比特币为 2100 万枚）。加密数字货币是某种意义上的通缩型“货币”。此外，在信用和货币的派生方面，两者也截然不同，这也导致了两者属于不同性质的“货币”。哈耶克所倡导的货币仍然是通过银行来派生的，依然是传统的信用货币，而加密数字货币更类似于黄金，属于商品“货币”。哈耶克所倡导的货币仍然需要与社会总财富相对应，货币的供应量会随着经济的增长而增加，因此哈耶克所倡导的货币是“内生”的，而加密数字货币不存在“内在”的信用发生关系，其信用是以数学为基础的外在信用，和经济体内各个鲜活的主体信用无关，因此算是一种外生型货币。

回到货币的非国家化这一议题，这种看似美好的货币形态是否真的能兑现呢？“市场之手”是那只“上帝之手”吗？

现实的情况是，哈耶克自己也承认，货币的非国家化在理论层面和技术细节层面还有很多未解议题，需要进一步研究和实践。6.1 节中曾对货币的派生进行详细论述，对央行存款准备金的意义和作用也给出了详细的解释。如果央行不存在，非国家化的货币如何规避风险？寄生银行派生货币如果不受控制，是否会对被寄生的银行货币产生持续而不可逆的损害？一篮子商品如何选择？选择多少门类？每个门类选择多少商品才符合统计学中商品价值的定义。哈耶克所选择的商品门类多基于动产，如工业原材料、日用商品、半成品等，但是否需要纳入不动产和无形资产，这些无疑都需要大规模社会实践去检验。此外，竞争所引起的垄断应如何避免？商品市场可以引入反垄断法，但这无疑很难适用于货币自由竞争的市场。**普通商品具有一定的抗性，小众商品如果能够满足人们某种需求或价值就有存在和生存的空间，而货币不同，人类出于趋利避害的心理一定会选择大品牌、发行量更大、更加可靠的货币，小币种很难有生存空间。“作恶的货币”如果退市，其退出机制怎样的？这无疑也是一个很大的难题。而对于新入市的小币种，如何快速获得用户的认可则是一个难题，新货币无疑很难像商品那样通过主打差异性和新颖性来获得市场。**

因此，哈耶克所倡导的货币的非国家化至今还没有任何能够让其施展空间的试验田，至少从目前来看，其所倡导的内容还遥不可及。笔者认为，哈耶克的主张依然没有解决货币供给及信贷扩张中弹性过高的问题，它也绝非那只可以一劳永逸解决经济问题的“上帝之手”。

虽然不是那只“上帝的手”，但哈耶克的主张是否就完全没有了用武之地呢？哈耶克的倡导是否就没有丝毫价值了呢？显然不是，答案就在于最近逐渐在区块链应用领域崭露头角的“资产数字化”或“商品数字化”。

6.3.3 资产数字化与数字货币

海曼·明斯基曾说：“如果货币是债务，显然每个人都可以创造货币，只是问题在于是否会被接纳。”海曼·明斯基从债务的角度将货币划分为 3 个层次：顶部是由央行发行的基础货币，也被认为是中央政府的负债，对私人部门持有者来讲是安全性最高的流动性资产，如图 6-5 所示；第二层是广义货币，即银行存款，是银行的负债，是非银行部门（如企业和个人）的流动性资产；第三层是非银行部门（企业和个人）的负债，在一定范围内、一定条件下也可以作为支付手段，如企业的商业承兑汇票，再如供应链金融中的白条，可以流转或用于上游供货商的支付，以及针对 C 端有京东白条这样以个人信用作为支持的支付手段。

从海曼·明斯基的观点来看，最基层的层面其实是企业或个人的债务，表现形式可以是借据、白条、商业票据等。如果从广义的范围来看，加密数字货币出现后，区块链技术中所倡导的通证经济学，更加泛化了对数字资产的定义，任何具有商业价值和交换价值的东西都可以被认为是资产，其对象可以是股权、债券、票据、有形商品、无形资产、数据或信息等，而这些资产通过某种形式的确权来实现链下资产与链上资产的对应。

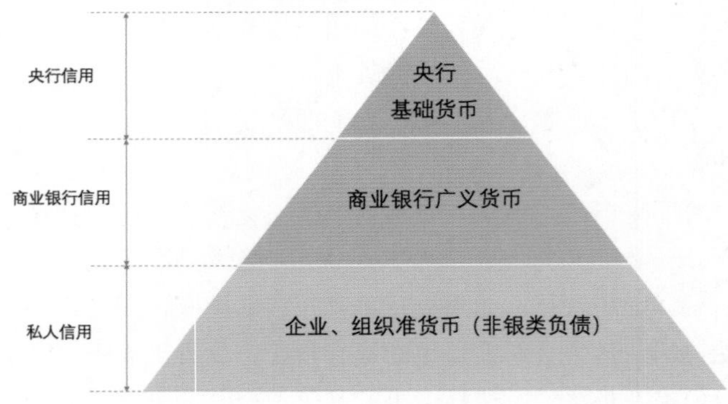

图 6-5 海曼 • 明斯基定义的货币结构

我们在已实施或验证的区块链项目中已经可以看出以上端倪，但目前尚有很多亟待解决的困难和问题。目前所遇到难点在于：法律上需要明确定义和规范，以及中介机构或权威机构能否在确权中起到背书的作用，即做到链上与链下信用的核实和对接，链上的数字资产如何被其他实体（其他公司、机构、公众等）接受。

但无论如何，这场大规模社会实践如同射出的箭，不可逆转。其在未来是否会取得成功，让我们拭目以待！

如果说商品的数字化解决了现实生活中基于融资的部分需求的话，那么关于借贷部分仍然是悬而未决的议题。加密数字货币的拥趸们，寄希望于通过资产的数字化，来加速资产或货币的流动性，从而替代商业银行的借贷，这种思路是否可行呢？或者说，资产数字化所产生的通证（Token）是否能替代现有的信用货币呢？

笔者认为，从博弈论和信息经济学的角度来看，至少在目前和未来很长一段时间内，这种思路是不可行的。通证背后所对应的商品，以及交易本身，都会存在着很强的信息的不对称性。

信息的不对称性有两个维度，一个是内容维度（信息的缺失或失真），另一个是时间维度（信息获得的时间差），无论是在信贷市场、融资市场，还是在交易环节，这两种不对称性都会不可避免地存在。这种不对称性导致了逆向选择及道德上的风险，而传统的金融中介机构（商业银行、投资银行、信托公司等）的存在，就是为了降低这样的不对称性。金融中介机构的核心能力之一便是风险控制，风险控制的目标就是尽量降低信息的不对称性，并在给定的信息结构上做出最优的契约安排。而信用货币的出现，就是为了解决信贷中借与贷在空间和时间上的耦合，分离了借款人与贷款人的强关联，便利了借贷与融资市场，商业银行和信用货币的出现显然是金融市场历史的必然选择。

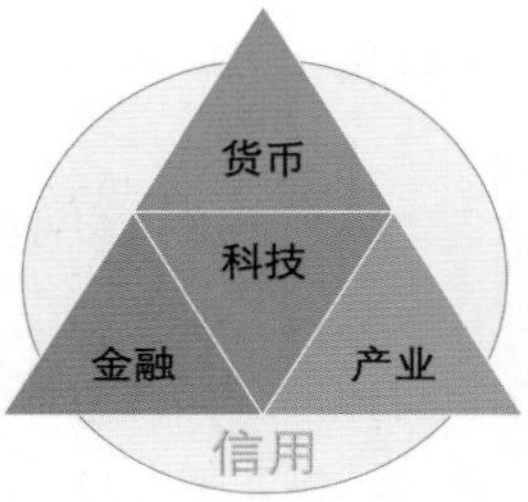

货币
科技
金融 产业
信用

图 6-6 现代金融的要素

如果把现代金融看作一个系统，其核心的三要素便是金融、科技及产业（见图 6-6），而作为上层建筑的货币，是现代金融行业的血液与中枢神经，四者的背后是所有经济活动赖以生存的前提——信用。纵观整个金融发展史，我们可以看到科技虽然分别与产业、金融和货币有相关性，但都在各自的发展道路上前行，而货币与金融的结合一直是难题。数字货币的出现，让科技真正成为黏合剂，成为其他三者的纽带，使信用的穿透成为可能，从而具有了划时代的意义：数字货币前时代与数字货币后时代。

6.3.4 最终的结论

那只让我们无往而不利的“上帝之手”是否存在？如果存在，那只“上帝之手”会出现在哪个方向？是央行数字货币还是哈耶克所倡导的货币？

在笔者看来，这只“上帝之手”和物理世界中的“麦克斯韦的妖”之手一样，是不存在的。我们想获得经济发展引擎中的“永动机”，从而无须付出任何代价而又一劳永逸地解决现有经济问题，一定是徒劳无获的。

究其原因，这个问题核心的本质就在于经济的发展是否有边界，这也呼应了本文开篇所提的问题，如下所述。

（1）如果有边界，我们必然受限于所处的外部环境。实际上已经有许多经济学家给出了答案，这取决于资源，确切地讲是我们所能够掌控的资源。在资源给定并且某些资源是不可再生的前提下，实际上我们所能发展的上限存在“天花板”。纵观整个人类史，进入有文字以来的文明史后，之所以人们能够保持几千年的经济长盛不衰，是因为这个“天花板”相对于人类来说一直足够高，科技的发展、技术的进步可以不断地将经济领地向前拓展。如今的情况是，我们终于来到了十字路口，全球类人口已膨胀至近 80 亿，资源这个边界瓶颈终于清晰可见了，看似无所不能、促进经济发展的“上帝之手”最终将无计可施、后继乏力。

（2）即便没有边界，我们依然不能获得经济界的“麦克斯韦的妖”，正如 6.2 节“从‘拉普拉斯的鬼’看央行数字货币的设计”所述，经济系统和“麦克斯韦的妖”所处的热力学世界一样，是一种混沌系统，微观经济环境中的个体随机变化，必定是央行鞭长莫及或不能触及之所在，而众多的微观个体“运动”又决定了宏观系统的走向，央行数字货币必然不能扮演全能的“神”而存在。

虽然不存在“上帝之手”，但我们仍应对未来充满期望，原因在于，通过新的手段，我们可以拓展边界，面对“天花板”，我们依然能够通过充分挖掘潜力，实现运用效率和利用率的提升。

6.3.5 现实的困境与数字货币的作用

在货币金字塔最基层的私人信用体系中，我们可以看到，企业债券、数字资产、企业股票在未来都可数字化，成为某种意义上的通证，虽然它们显然不是严格意义上的货币，也不具有弹性供给、派生货币的能力，但和今天的企业债券、银行票据、公司股票等相比，不是更具有流动性和交易性吗？

在区块链技术出现之前，虽然已经有了股票、债券、票据、大宗商品等品类的数字化交易，但其种类和数量都极为有限。而通过区块链技术，未来有可能实现资产领域的另一场长尾效应变革，让资本运作的成本更低、货币流通的速度更快、资产交易的方式更加便捷。

这类第三层“功能残缺”的私人信用“货币”，从某种意义上来讲不就是哈耶克所倡导的竞争型货币在某种层面上的实现吗？哈耶克自己也承认，在他的理论中还有很多尚待解决的结构性问题，这些问题也一直困扰着哈耶克的拥趸们。哈耶克既没预料到今天所出现的异彩纷呈的局面，也没有预料到技术的进步会带来如此大的跨越。这些竞争型数字“资产”，如果能够克服法律风险进入流通领域，从某种意义上讲也是通过市场的手段来促进货币的优胜劣汰。

而央行数字货币又有哪些价值和意义呢？其主要目的在于让货币的发行与管理更加具象

化。央行如何做到货币发行的具象化，我们将在下一节“从‘薛定谔的猫’看央行数字货币的设计”中进行介绍。现有的加密数字货币大多采用免费的交易输出（Unspent Transaction Outputs，UTXO）模型，未来央行可以借鉴这一模式，便于央行追踪每一笔款项的走向，大大加强金融监管，不仅防范洗钱、金融诈骗更加便利，更让影子银行、地下金融无所遁形。

当前我国金融领域最大的风险之一便是影子银行体系。利用央行数字货币，确实是现实中解决问题的不二法门。这种具象化最大的好处还在于让近年来兴起的大数据、人工智能等技术在货币管理中有了用武之地，央行从此对金融的宏观调控有了更加可靠的真实数据作为依据，这无疑对经济的宏观调控更加有利。央行利用数字货币，可以将其对经济的调控作用发挥到极致。欧洲央行为了刺激经济，更是将利率降到零，但提振效果依旧不佳，未来通过央行数字货币不仅可以随时动态灵活地调整利率，还有可能助力负利率的实施，实现最佳的传导效果，从而更好地应对通缩型经济衰退。

因此，如果推出数字货币，从货币金字塔的结构来看，毫无疑问，央行数字货币将作为主导货币成为流通中的主要手段，而在最底层的私人信用层面，会在一些国家或地区出现类似哈耶克所倡导的存在竞争关系的私人信用“货币”的局面，同时这对其上层建筑也将产生巨大的变革影响和推动作用。至于谁是谁非，如何保持合作与竞争关系，还有待未来的实践去检验。货币其实不应该追求静态的稳定性，实际上也无法做到静态的稳定，如果把整个经济系统看作一个混沌系统，那么我们只能去追求动态的平衡，这才是我们的终极目标。

凡人皆有一死，货币也不例外。货币从投放，到流通，渗透到社会中的每一个环节，再到最后的回笼，实现了整个生命周期的全过程。央行数字货币亦不能免俗，也需要经过同样的历程。但生与死的界限在哪里呢？有的猫死了，其实它还活着；有的猫虽然还活着，但它已经死了。亦生亦死，这就是诡异的量子世界观。在数字货币时代是否也存在着这样奇异的叠加态？我们将在下一节“从‘薛定谔的猫’看央行数字货币的设计中”中寻找答案。

6.4 从“薛定谔的猫”看央行数字货币的设计

“一生一灭几时休。恰似轮回，来往业沦流。”

“有来由。万劫轮回向此休。”

是的，有来头也有缘由，天地运行自有其道，一生一死，万物皆有轮回，亘古之律，货币亦不能免俗，从其发行，到流通，再到回笼，走完“生命”轮回的一个周期。然而，“骨骼清奇”的数字货币的出现，特别是央行数字货币的发行，是否颠覆了这一准则？央行发行数字货币的终极梦想是什么？

上一节提到，面对全球经济持续低迷的现状，我们急需一只“上帝之手”，庇护经济重新踏上迅猛发展的道路，但即便央行数字货币有万般好处，又可以让其获得更多高新科技的加持，央行数字货币也绝对不会是这只“上帝之手”。既然世间并没有无往不利的“银弹”，那么央行发行数字货币最核心的意义又是什么呢？

要解答清楚这个问题，必须祭出物理学中的最后的“神兽”——“薛定谔的猫”。这只“神兽”将带领我们一览数字货币的本质。

6.4.1 “薛定谔的猫”

在物理学领域众多的佯谬和悖论中，“薛定谔的猫”无疑是物理学领域著名的思想实验。之所以称之为思想实验，是因为这一实验在现实中很难实施或测试，但这并不妨碍我们对这些深刻的物理理论所映射出的问题在逻辑学和哲学层面的推导及演绎。该实验的提出，是薛定谔在1935年对哥本哈根学派的量子力学中“不确定性原理”的嘲讽和反驳。

如图6-7所示，把一只猫关在一个密闭容器里，容器里装有一台放射物质检测计数器，并在检测装置内放入极少量放射性物质（半衰期为一小时），假定这些设备不被猫所干扰或破坏，那么在一小时内，这些放射性物质至少有一个原子衰变的概率为50%，没有任何原子衰变的概率同样为50%；假若衰变事件发生了，则放射性物质检测计数器会检测到衰变所引起的放射性。我们把设备设计成此时会触发一个开关，这个开关可以启动一个榔头，榔头会打破装有氰化氢剧毒气体的烧瓶。经过一小时以后，如果没有发生衰变事件，则猫仍旧存活；如果发生了衰变事件，则这套机构被触发，氰化氢毒气会挥发，导致猫死亡。本来原子层面的衰变，是量子世界中统计学意义上的概率问题，在半衰期内存在衰变或不衰变的叠加态，但通过一个经过巧妙设计的一系列装置（放射性检测器、继电器开关、烧瓶、毒气等），把宏观的物体和事件也引进来，便可以用现实环境中的猫表现出量子世界中才能出现的或生或死、纠缠在一起的状态。如果我们不揭开密闭容器的盖子，根据我们以往的经验可以认定，猫或者死，或者活，它必定处于一种确定的状态。但在量子物理中，这只猫既非生，也非死，而是处于既生又死的叠加态，只有在揭开密闭容器盖子的瞬间进行了观察，才会使猫的命运最后坍缩为二者之一的固定状态。但在揭开谜底之前，这只处于既生又死状态的猫显然违背了宏观世界中的逻辑常识。

图6-7 诡异的“薛定谔的猫”

我们知道在量子物理学中，各类量子效应和不确定性原理只存在于原子及亚原子尺度的微观世界中，宏观世界则由牛顿经典物理和爱因斯坦相对论所支配。在目前的理论物理体系框架下，微观世界和宏观世界的两套理论尚不能融合。但是这个思想实验的巧妙之处在于，它把微观世界的量子叠加态引申到宏观的世界中，使微观不确定原理变成了宏观的不确定原理，让“薛定谔的猫”处于既生又死的叠加态。

而在人类的经济领域，无论是传统的货币，还是新近“C位出道”的央行数字货币，都存在这样吊诡的“悖论”。

6.4.2 货币发行中的“薛定谔的猫”

所谓的货币回笼，字面含义是货币投放的对称，在实际中则意味着货币生命周期的一个暂时终结。但我们从前文了解到，狭义的货币发行也包含两个部分，即央行直接发行的基础货币（现金）与商业银行从贷款中派生出来的货币，这些都是货币的“出生”（央行向商业银行提供基础货币，商业银行通过一系列信用资产扩张行为，在资产端创造资产，在负债端派生等额存款，使得银行体系资产负债表不断扩大，存款不断增加，社会总货币量不断增多，形成了从基础货币到总货币的派生）。针对这两种货币，资金回笼的方式也不一样，对于央行来说更多是指其财政收入（税收等），而对于商业银行来说，则是指贷款的收回。广义的资金回笼包含了存款与支付利息、运营成本之间的差值。但无论是哪种情况，它们之中都存在着既生又死的“薛定谔的猫”。

1. **在基础货币的情况下**

对于央行基础货币的发行，我们都知道会存在自然损耗（现金丢失或损毁）。对于这类永久消失的货币我们同样认为是货币的“死亡”。因此对于投放出去的现金货币，在它再次出现之前，我们无法预先判断出其最终的状态，这就是基础货币或生或死的状态。这里其实衍生出一个现实问题，即现金的状态无法监控，这让现金成为行贿受贿、黑色交易、非法洗钱、逃避纳税等非法收入的最佳载体。虽然在某些国家已经最大化地做到了在现金通过银行提取/存款时编号登记（自动化记录到银行系统数据库中），但其绕开银行在实时交易中的监控仍然是盲区。

在移动互联网兴起的时代，Paypal、支付宝、微信等移动支付的崛起，已经逐渐占据了我们日常生活中大部分现金活动的场景，这些商业公司逐渐取代了传统商业银行在支付活动中的地位。但我们在拥有了如此便利的数字支付的情况下，为何还要“多此一举”地发行央行数字货币呢？这是因为，在这些背后的移动支付垄断商毕竟是私营公司，对于央行和监管机构来说，这种情况同样加深了支付领域的“黑盒”效应。虽然监管机构或公安机关有权在事后调取一些非法资金交易的记录，但在操作上并不方便也不便实时追踪。如果需要对金融系统间进行大规模的实时统计分析，就需要更加便捷的替代方式出现。而我国央行发行的数字货币，正是针对现金的替代品进行的尝试。在本文发布之时，我们看到包括在微信支付、支付宝等移动支付手段都已经开通了央行数字货币的接口，而这些现金型数字货币在这些系统（支付宝或微信支付）内部的循环过程，在央行和监管机构看来就转变为透明的“白盒”，而这仅用了最小的代价，即在不改变现有用户的使用习惯，以及不对支付宝、微信支付等后台支付系统做重大侵入改造的前提下，利用央行的现金型数字货币这一形式一劳永逸地解决了现金交易不透明的问题。但现金型数字货币同样避免不了“薛定谔的猫”的宿命。只要是现金，无论何种形式，都存在自然损耗，对于现金型数字货币而言更可能是遗忘或设备损坏导致的数字货币遗失，这非常类似于比特币的情形。很多早期挖出的巨额比特币从未被使用过，这些比特币很可能早已遗失，如同宝藏沉入浩渺的烟尘大海。例如，中本聪所持有的比特币，便从未被动用。这也可能是持有者刻意而为之，让其作为一种象征或符号，如图腾般永远尘封在历史的长河中。这些比特币是“生”是“死”，我们无从得知，就如同“薛定谔的猫”，只有在它重出江湖的那一刻，我们才知道结果。

但以上所阐述的自然损耗所造成的“薛定谔的猫”并非本节的重点，要知道这种损耗在整个货币的发行量中不过九牛一毛，我们只是想引出央行发行现金型数字货币的部分原因，**透过现金交易来洞察社会经济活动的每一个细节。**

但这依然不是问题的全部！

这里面有一个分水岭，千禧年（2000年）之前我们还是一个以现金为主的社会，特别是在20世纪90年代以前，银行卡和信用卡尚不普及，那个时代央行发行的基础货币（现金：纸币和硬币）在社会中具有举足轻重的地位。但随着时代的进步，移动支付大行其道，现金在整个社会金融交易的比重越来越微不足道，这无疑在稀释央行在货币发行中的角色地位，这可不是一件小事情！

然而，**通过央行所发行的现金型数字货币，可以扭转央行在货币业务中份额下滑的历史趋势，恢复其在现金业务中曾扮演的重要角色！**

2. **在派生货币的情况下**

央行所发行的基础货币在整个货币体系面前也不过是个零头，货币体系中的主要货币是商业银行所派生出来的货币，这也是我们即将讨论的重点。商业银行的派生货币虽然不存在自然损耗，但面对的问题依然不少。针对货币的回笼，金融风险必然存在，资本存在损益当属常态，商业银行在经营中不可避免地会遇到各类呆账、坏账。对于商业银行来说，在发放贷款的那一刻，谁都不知道这笔派生货币在未来的生死，就像“薛定谔的猫”一样，处于一种叠加态，可能会收回贷款，也可能永久都不会有偿付。如果将其放到整个国家，甚至整个国际社会中，情形就又不一样了，这就变成了一个连带的整体社会债务水平的管控、整体社会经济危机的避免，包括当出现金融问题后，央行对商业银行的救济等。

这就演化出一个最终的问题，即央行利用新型数字货币到底在经济系统中能起到怎样的作用？

回答这个问题之前，还需要看一下我们当前面对的是什么，以及当务之急是什么。

随着人类的技术进步，经济大踏步向前发展，但我们依然没有摆脱经济危机的困扰，这就如同头上悬着“达摩克利斯之剑”，随时有性命的危险。特别当世界各国面对经济停摆，为了刺激经济，各国央行对货币发行的放水行为，让这种危机更加迫在眉睫。如何避免危机的发生，或者说如何预测危机的发生，目前看来更像一种玄学，虽然不乏成功预测的专家和学者，但这些所谓的“成功”预言者往往会在下一次危机发生的预测中败北。

那么，货币发行的真谛，就是追求货币要与经济中的财富总量、债务总量，以及与未来发展预期对应的平衡。如果债务过高、货币发行量过大，实际的资产泡沫就会放大，通胀则不可避免；如果经济发展较快，而货币发行量跟不上经济发展的节奏，又会造成通缩，阻碍进一步的进步，凡此总总都会对经济的运营造成损害。通过前文所述内容，我们得知货币的发行不仅取决于央行，商业银行同样扮演着重要的角色，除了现金在投放时是央行直接发行的，在派生货币的市场中央行扮演的更多是规则的制定者、规则的修改者，以及裁判员、监督者的角色，而众多商业银行在商业行为中派生出的大量货币，甚至广义货币中发行的各类债券都是货币发行的成员。众多的参与者，众多的类型，跨国界、跨时空，都让整个货币系统成为一个混沌的复杂系统。

央行数字货币的发行与流通，无疑是打开这个混沌系统——金融活动监控的金钥匙！虽然目前已发行的央行数字货币都是现金型数字货币，但未来各商业银行的派生货币是否也能参照这一形式，并与央行数字货币绑定，需要谨慎考虑。

我们可以看到，随着人类科技的进步，以及众多的社会实验为总结经济规律并为调控经济开启了一个新的纪元。经济各领域的数字化转型，特别是金融系统的数字化蜕变，让信息的反馈和收集不仅更加全面，也更加及时、迅速，这也为人们将大数据、人工智能、智能决策分析等高科技运用到经济系统中铺平了道路。以央行为主导的数字货币再辅以这些新兴技术的支持，确实为我们提供了更多的想象空间。

但它是否能够预测经济危机的发生？

在笔者看来，其依然可能是量子世界中的“测不准”。那么，利用央行数字货币辅以新兴技术支持的预测分析又有什么意义呢？这就好比现实生活中的天气预报，其同样是一个混沌的复杂系统，云象雷达、卫星监控等观测技术的日新月异，以及超级计算机能力的突飞猛进，让天气预报变得越来越靠谱，但我们依然会抱怨天气预报不准确，特别是中长期的天气预报更加不可靠。但不可否认的是，天气预报能够大概率地测算到风云突变的情况，且为防灾减损提供了更好的依据。同样，数字货币与高新技术的结合，能够为我们提供更好的经济形势晴雨表，确实能让我们感受到危机的临近，并未雨绸缪、提前采取行动。

这方面又有哪些依据呢？从理论层面来看，2021 年诺贝尔奖的颁发无疑是让人欢欣鼓舞的。此次诺贝尔物理学奖颁给了统计物理和复杂系统领域（Complex System）的研究者，Syukuro Manabe、Klaus Hasselmann 和 Giorgio Parisi 这 3 位获奖者因“对我们理解复杂系统做出的突破性贡献”而获奖，表彰他们“为地球的气候进行物理建模，量化其可变性并可靠地预测全球变暖”，另表彰其“发现从原子到行星尺度的物理系统内的无序和波动的相互作用”。这组被称为“世界上使用超级计算机最频繁的人”，开创性地简化复杂系统，掌握其内在的本质，利用高新技术特别是超级计算机来计算和模拟复杂系统。通过他们的研究，人类对复杂系统的描述和预测上了一个新台阶。

人类社会对于类似于经济学领域等复杂系统的研究，开始有了更加确切的方法论，从此不再盲人摸象、管中窥豹。这样的理论研究成果，如果应用在金融和经济领域，则可以在未来对经济危机的预测和整体经济的运行进行合理解读，从而推动更大的技术性进步。

2021 年的诺贝尔经济学奖则颁给了在经济领域在“自然实验方法”的运用，以及对“实证因果关系检验”方面做出了巨大的贡献的 3 位经济学家：David Card、Joshua D. Angrist 和 Guido W. Imbens。对 Card 教授主要表彰“他对劳动经济学的经验性贡献”，而对于 Angrist 教授和 Imbens 教授，则“表彰他们对因果关系分析的方法学贡献”。总体而言，这届诺贝尔经济学奖肯定了近 30 年以来因果推断方法在经济学中的成功应用与发展，借助现代经济学里的统计学中对因果关系的再认知，促成了这样一场因果推断研究革命的爆发。如果说诺贝尔物理学奖是人类对复杂系统的预测取得进展的肯定，那么经济学奖则是对经济学中“可信度”及“可计量”取得进展的褒奖。由于社会科学很难像自然科学一样通过实验室数据来验证理论和评估政策，之前的经济学实证研究长期不能很好地解决因果关系识别问题，让经济学陷入了更像是“艺术研究学”的窘境，而 3 位学者的努力，让经济学终于体现出了其“科学性”和“实验性”。

这 6 位诺贝尔奖的获奖者对于人类经济活动的描述和对经济危机的预测，无疑为人们窥视这样的复杂系统提供了一线生机。而货币及其相关的金融活动，无疑是经济命脉中的中枢神经，利用数字货币监控经济活动的细节更是提供了独一无二的法门，未来央行数字货币还有更多的想象空间，如可编程的数字货币、商业银行在央行监管下自行发行的数字化的派生货币（并与央行数字货币相绑定）等，这些都为经济活动的管控提供了更加可靠的基石。

可以肯定的是，在新时代下，人们会比以往具有更强的掌控力和监控力，央行数字货币、人工智能、大数据与金融的结合一定会在未来的经济活动中大放异彩并“无处不在”。对于驯服商业银行的派生货币中的债务情况这只“薛定谔的猫”来说，无疑是令人欢欣鼓舞的。然而，虽然我们会在这条道路上不断前进，但仍然不能说我们已经掌握了经济这个混沌系统中的方方面面。同时，管理这样的复杂系统，不仅需要及时的大数据反馈，而且需要在理论层面有更多的突破性认知，如像 2021 诺贝尔经济学奖那样不断由大规模的社会实验来总结各项因果学说。目前人类取得的进步在面对浩瀚的经济问题时，如同面对星辰大海只找到了一些漂亮的贝壳，借用牛顿的一句话概括来说就是“将简单的事情深入想，可以发现新领域；把复杂现象简洁讲，可以发现新规律”。

6.4.3 写在最后的结论

至此，关于央行数字货币与物理学四大“神兽”的讨论就告一段落了，央行数字货币一定是一个充满魅力和风险的议题，它给人类社会带来的革命也一定极具颠覆性。未来也许很美好，但一定充满了未知的变数，其发展的过程和最终结果如何，让我们拭目以待！

责任编辑：康　静
封面设计：杜峥嵘

ISBN 978-7-121-45765-4
9 787121 457654 >
定价：49.00元